# ANALYSE DE SENSIBILITÉ ET EXPLORATION DE MODÈLES

## APPLICATION AUX SCIENCES DE LA NATURE ET DE L'ENVIRONNEMENT

Robert Faivre, Bertrand Iooss, Stéphanie Mahévas,
David Makowski, Hervé Monod, éd.

## Collection Savoir-faire

Les déversoirs sur digues fluviales
Gérard Degoutte, coord.
2012, 184 p.

Production de canards
Heinz Pingel, Gérard Guy, Elisabeth Baéza
2012, 252 p.

Nutrition et alimentation des chevaux
William Martin-Rosset, coord.
2012, 624 p.

Le Paraha peue ou Platax orbicularis
Biologie, pêche, aquaculture et marché
Éric Gasset, Georges Remoissenet
2011, 64 p.

Méthodes de création de variétés en amélioration des plantes
André Gallais
2011, 286 p.

Bio-informatique. Principes d'utilisation des outils
Denis Tagu, Jean-Loup Risler, coord.
2010, 280 p.

Éditions Quæ

RD 10, 78026 Versailles Cedex, France

ISBN : 978-2-7592-1906-3     ISSN : 1952-1251

© Éditions Quæ, 2013

# Table des matières

# Contributeurs

**Claude Bruchou**
*INRA, UR546*
*Biostatistique et Processus Spatiaux*
*Domaine Saint Paul, site Agroparc*
*84914 Avignon cedex 9*
*Claude.Bruchou@paca.inra.fr*

**Nicolas Dumoulin**
*IRSTEA Clermont-Ferrand, LISC*
*Ingénierie des Systèmes Complexes*
*Campus universitaire des Cézeaux*
*24 avenue des Landais, BP50085*
*63172 Aubière cedex*
*nicolas.dumoulin@irstea.fr*

**Thierry Faure**
*IRSTEA Clermont-Ferrand, LISC*
*Ingénierie des Systèmes Complexes*
*Campus universitaire des Cézeaux*
*24 avenue des Landais, BP50085*
*63172 Aubière cedex*
*thierry.faure@irstea.fr*

**Sigrid Lehuta**
*IFREMER*
*Halieutique Manche Mer du Nord*
*150 Quai Gambetta*
*62200 Boulogne-sur-Mer*
*sigridlehuta@gmail.com*

**Jean Couteau**
*Code Lutin*
*Les Espaces Jules Verne*
*12 avenue Jules Verne*
*44230 Saint-Sébastien-sur-Loire*
*couteau@codelutin.com*

**Robert Faivre**
*INRA, UR 875*
*Mathématiques et Informatique*
*Appliquées de Toulouse*
*Auzeville, CS 52627*
*31326 Castanet-Tolosan cedex*
*Robert.Faivre@toulouse.inra.fr*

**Bertrand Iooss**
*EDF R&D*
*Management des Risques Industriels*
*6 quai Watier*
*78401 Chatou*
*bertrand.iooss@edf.fr*

**Stéphanie Mahévas**
*IFREMER*
*Ecologie et Modèles pour l'Halieutique*
*rue de l'Ile d'Yeu, BP 21105*
*44311 Nantes cedex 03*
*Stephanie.Mahevas@ifremer.fr*

## David Makowski

*INRA, UMR 211*
*Agronomie*
*INRA AgroParisTech*
*78850 Thiverval-Grignon*
*david.makowski@grignon.inra.fr*

## Benjamin Poussin

CODE LUTIN
*Les Espaces Jules Verne*
*12 avenue Jules Verne*
*44230 Saint-Sébastien-sur-Loire*
*poussin@codelutin.com*

## Hervé Richard

*INRA, UR546*
*Biostatistique et Processus Spatiaux*
*Domaine Saint Paul, site Agroparc*
*CS40509*
*84914 Avignon cedex 9*
*Herve.Richard@paca.inra.fr*

## Jean-Christophe Soulié

*CIRAD - BIOS (UMR AGAP)*
*Avenue Agropolis*
*TA-A 108/01*
*34398 Montpellier cedex 5*
*jean-christophe.soulie@cirad.fr*

## Hervé Monod

*INRA, UR 341*
*Mathématiques et Informatique*
*Appliquées de Jouy-en-Josas*
*Domaine de Vilvert*
*78350 Jouy-en-Josas cedex*
*herve.monod@jouy.inra.fr*

## Éric Ramat

*Université du Littoral - Côte d'Opale*
*Informatique Signal et Image*
*Maison de la Recherche Blaise Pascal*
*50, rue Ferdinand Buisson, BP 719*
*62228 Calais cedex*
*ramat@lisic.univ-littoral.fr*

## Lauriane Rouan

*CIRAD - BIOS (UMR AGAP)*
*Avenue Agropolis*
*TA-A 108/01*
*34398 Montpellier cedex 5*
*lauriane.rouan@cirad.fr*

## Juhui Wang

*INRA, UR 341*
*Mathématiques et Informatique*
*Appliquées de Jouy-en-Josas*
*Domaine de Vilvert*
*78350 Jouy-en-Josas cedex*
*juhui.wang@jouy.inra.fr*

# Avant-Propos

Le développement de modèles de système intégrant de plus en plus de dynamiques et de processus suscite le besoin de méthodes adaptées d'analyse et d'exploration de ces modèles. Ce contexte a conduit les auteurs à se structurer en réseau et groupement de recherche (GdR) afin d'apporter des réponses et des règles d'analyse dont certaines peuvent dès à présent être transférées auprès des modélisateurs. Le réseau Mexico, pour Méthodes pour l'EXploration Informatique de modèles COmplexes, dont sont issus la plupart des auteurs, est une émanation de cette structuration.

Mexico est un réseau méthodologique du département de Mathématiques et Informatique Appliquées (MIA) de l'Inra regroupant des chercheurs de différents organismes, Inra, Ifremer, Irstea, Cirad, Université du Littoral. Ce réseau est par ailleurs labellisé et soutenu régulièrement par le RNSC (Réseau National des Systèmes Complexes) ou l'ISF-PIF (Institut des Systèmes Complexes, Paris-Île de France) et en contact très étroit avec le GdR MASCOT-Num regroupant plus particulièrement les mondes universitaires et industriels sur ce thème. Cet ouvrage bénéficie de l'expérience de sessions de formation que le réseau Mexico a conduites en 2009, 2010 et 2012 en partenariat avec le service FormaSciences de formation permanente de l'Inra.

Nous remercions tout particulièrement Andrea Saltelli d'avoir bien voulu préfacer cet ouvrage avec sa faconde et son enthousiasme habituels, qu'il nous a fait partager lors de congrès SAMO et lors de nos écoles-chercheurs. Nos remerciements se tournent également vers Bruno Goffinet, ancien chef du département MIA de l'Inra qui a soutenu les activités du réseau Mexico dès sa création.

Nous espérons que cet ouvrage sera un complément utile aux modélisateurs de nos organismes d'origine et pensons qu'il va bien au-delà du cadre de nos champs d'applications respectifs.

# Préface

*Bruno Goffinet*
*Chef du département Mathématiques et Informatique Appliquées*
*de l'Inra de 2003 à 2011.*

Les modèles développés par les chercheurs des sciences de la vie et de l'environnement (Goffinet *et al.*, 2005) sont de plus en plus souvent complexes au sens où ils comprennent des multiples éléments en interaction les uns avec les autres, et dont le comportement global ne peut pas être simplement inféré à partir du comportement de ses composantes. Le modélisateur introduit dans ces modèles sa connaissance fine des processus en jeu, en couplant des sous modèles correspondant à des processus relativement bien étudiés, et dont certains paramètres sont appréhendables expérimentalement. Ce couplage peut associer des niveaux d'organisation du vivant différents, des échelles spatiales ou temporelles variées, et des informations hétérogènes. Le modèle obtenu finit par ressembler à une boite noire pouvant associer des entrées et des sorties sans que l'on puisse s'en donner une représentation globale.

Qu'ils soient conçus pour la connaissance ou pour l'action, il est indispensable d'analyser les propriétés de tels assemblages si l'on veut les valider qualitativement, inférer de nouvelles connaissances ou évaluer l'impact précis d'une action sur le système. Ceci est d'autant plus nécessaire que ces modèles ne sont qu'une approximation de la réalité. L'enjeu de l'analyse de sensibilité et de l'exploration des modèles est de répondre à cette question en offrant des méthodologies permettant d'appréhender ces modèles complexes dans leur globalité. On peut ainsi comprendre leur comportement, les confronter aux connaissances que l'on peut avoir sur le système et ainsi le valider et le faire évoluer. Il s'agit d'une étape cruciale dans le processus de construction d'un modèle. Et il est essentiel que les modélisateurs, qu'ils soient agronomes, biologistes ou spécialistes de l'environnement, etc., maîtrisent ces méthodologies car cette phase du processus de modélisation est très difficile à déléguer entièrement à un spécialiste des méthodes.

Parmi les auteurs de ce livre, on trouve à la fois des spécialistes des méthodes qui ont développé des recherches dans ces domaines et des modélisateurs qui les ont mises en œuvre. Ils présentent donc à la fois un panorama de qualité des méthodes existantes en en montrant les propriétés et les limites, et des exemples de mise en œuvre qui précisent la démarche et ce que l'on peut en attendre. Ils travaillent ensemble depuis plusieurs années dans le cadre du réseau Mexico, qui est un « modèle » de fonctionnement intégré et efficace, et ont montré leur capacité à enseigner dans ce domaine avec la mise en place de plusieurs formations approfondies destinées aux modélisateurs.

Ce livre apparaît donc comme une composante nécessaire de la panoplie d'un modélisateur dans les domaines des sciences de la vie et de l'environnement. Il ne faudra pas y rechercher des méthodes concernant la phase de construction de modèles, domaine pour lequel il existe déjà de nombreux ouvrages. Par contre, il apporte une information large et approfondie sur la phase essentielle d'analyse, exploration et exploitation des modèles par le biais de la simulation.

# Références

B. Goffinet, J.-P. Amigues, Y. Brunet, F. Clément, F. Courtois, G. Della Valle, L. Di Piotro, M. Duru, R. Faivre, P. Faverdin, C. Fourichon, A. Franc, V. Ginot, J.-J. Godon, F. Hospital, S. Lardon, R. Martin-Clouaire, H. Monod, H. Seegers, H. Sinoquet, J. Traas, G. Trystram, J.-P. Vila, and D. Wallach. La modélisation à l'INRA. Technical report, INRA, 2005.

# Foreword

## The cautious modeller : craftsmanship without wizardry

*Andrea Saltelli*
*European Commission, Joint Research Centre,*
*Unit of Econometrics and Applied Statistics,*
*Ispra (I)*

According to Naomi Oreskes (2000) "[…] models are complex amalgam of theoretical and phenomenological laws (and the governing equations and algorithms that represent them), empirical input parameters, and a model conceptualization. When a model generates a prediction, of what precisely is the prediction a test ? The laws ? The input data ? The conceptualization ? Any part (or several parts) of the model might be in error, and there is no simple way to determine which one it is".

Oreskes's point is linked to the parallel often made between a logical proposition – a theory-based statement - and a model prediction. Although models share the scientific flavour of postulated laws or theories they are not laws in that the making of a model is substantially more fraught with assumptions than crisp theories or agile laws ordinarily are.

She notes "[…] to be of value in theory testing, the predictions involved must be capable of refuting the theory that generated them." What when the "theory" is not a law but a mathematical model ? "This is where predictions [...] become particularly sticky."

The crux of the matter is that model based inferences are very delicate artefacts. These artefacts can be immensely useful as well as dramatically deceiving. Foremost this is due to the fact that models lend themselves to a universe of possible uses. Philosopher Jean Baudrillard was among the many to note how different model use is between controlled laboratory conditions and – to make just an example – model use in mass communication (Baudrillard, 1999, p.92).

In his critique of man's addiction to a "simulated" version of reality he states :

One "fabricates" a model by combining characteristics or elements of the real ; and, by making them "act out" a future event, structure or situation, tactical conclusions can be drawn and applied to reality. It can be used as an analytic tool under controlled scientific conditions. In mass communication, this procedure assumes the force of reality, abolishing and volatilizing the latter in favour of that neo-reality of a model materialized by the medium itself.

For Funtowicz and Ravetz different quality control standards apply to different contexts, depending mostly on the stakes associated to a model prediction (e.g. relevant to many versus relevant to a few), as well on the associated uncertainties (Funtowicz and Ravetz, 1990, 1993). High stakes, high uncertainty settings call – also in the case of mathematical modelling – for forms of quality assurance beyond those in use within the discipline. In this respect the use of models' pedigree has been advocated by van der Sluijs (2002).

To complicate the matter further, prediction's stakes and prediction's uncertainties are not independent from one another, as – in a situation where stakes are high - competing parties may inflate or deflate the uncertainty associated to a model inference according to their convenience (Michaels, 2005 ; Oreskes and Conway, 2010).

A modeller quietly going about her business and toiling with algorithms to solve a technical tasks – be it a mechanism identification, an optimization, a ceteris paribus analysis, or an expert system may wonder in which way all this should be of concern. In a sense linked to Oreskes' initial remarks, the considerations above should be a concern to all modellers. How does the reader of the present manual test her model when it is built by combining a conceptualization, a set of laws and input data, with algorithms, boundary conditions and who knows how many other explicit or implicit assumptions? Depending on what kind of analysis the modeller is engaged she may be more concerned about the model's sensitivity to one or another of the features above. This implies that she must have a sure grasp, a firm understanding of what drives the inference of her model, foremost for herself, but also because she might be called to defend her analysis.

One way to invalidate a model is to bring out in the open the many assumptions possibly hidden in its construction (Laes et al., 2011; Kloprogge et al., 2011).

Recommendations along these lines can be found in several disciplines. A need for a global sensitivity analysis has been advocated by econometricians (Leamer, 1990, 2010; Kennedy, 2007), as well and by international agencies (EPA, 2009; OMB, 2002, 2006) and practitioners (Saltelli, 2010). The team running the Écoles Chercheurs MEXICO has made a fortunate choice in naming the present Handbook "Analyse de sensibilité et exploration de modèles", in that sensitivity analysis is foremost about exploring the space of the input assumptions is such a way as to be able to map the inference to the assumptions in a transparent fashion. Such a mapping is precious in several respects.

Having done such a mapping the modeler will naturally tend to present her inference in the form of a distribution, or at least to give confidence bounds, avoiding the ludicrous spurious accuracy often accompanied to model inferences (e.g. giving an economic prediction with four significant digits when two would already be difficult to defend).

Knowing what factors drive the variation in model prediction allows one to simplify models. When models are to be audited by an external entity a simplified model representation can be extremely useful, especially if guidelines applicable to the subject domain prescribe transparency, i.e. in the form of reproducibility by independent actors (OMB, 2007).

At the most basic level of the analysis, the mapping will most likely help identify inconsistencies or "surprises" in the way the model reacts.

Still, sensitivity analysis (or sensitivity auditing, which is sensitivity analysis deployed in a context of scientific support to policy (Saltelli et al., 2012)) is no panacea. A few caveats are de rigueur:

"It is important [...] to recognize that the sensitivity of the parameter in the equation is what is being determined, not the sensitivity of the parameter in nature. [...] If the model is wrong or if it is a poor representation of reality, determining the sensitivity of an individual parameter in the model is a meaningless pursuit." (Pilkey and Pilkey-Jarvis, 2007).

Some sensitivity analyses can be poor or perfunctory, either because of lack of ingenuity in their construction or because of a cavalier attitude with regard to uncertainties. To make just an example, a sensitivity analysis performed by changing one factor at a time is definitely a poor practice (Saltelli and Annoni, 2010).

Simply because we do not know what we do not know, all sensitivity analysis will remain subject to an incompleteness principle. In controversial cases, the quality of a SA will be judged by its fitness for purpose, e.g. by its acceptance and defensibility.

We would like to conclude this short preface to the excellent work of our MEXICO team with a spoon of irony, borrowed from Douglas Adams, the popular author of the BBC's Hitchhiker Guide to the Galaxy. In one of his novels a character states (Adams, 1987, p. 69) :
"Well, [...] [the] great insight was to design a program which allowed you to specify in advance what decision you wished it to reach, and only then to give it all the facts. The program's task, [...], was to construct a plausible series of logical-sounding steps to connect the premises with the conclusion."

Modelling has been defined as an art, or better a craftsmanship (Rosen, 1991). Like all creative activities, modelling gives joy to its maker. Might the users of this manual enjoy their craft with a vigilant eye against malpractice !

# References


D. Adams, 1987. Dirk Gently's Holistic Detective Agency, Pocket Books.

J. Baudrillard, 1999. Revenge of the Crystal : Selected Writings on the Modern Object and Its Destiny, 1968-83, Pluto Classics.

EPA, 2009. Guidelines, p. 69-76, accessed June 12, 2012.
http://www.epa.gov/crem/library/cred_guidance_0309.pdf

S.O. Funtowicz and J.R. Ravetz, 1990. Uncertainty and Quality in Science for Policy, Springer, Dordrecht, p. 54.

S.O. Funtowicz and J.R. Ravetz, 1993. Science for the Post Normal age, Futures, 25, 739–755.

M. Henrion, 2006. Open-Source Policy Modelling, accessed June 12, 2012.
http://www.whitehouse.gov/sites/default/files/omb/assets/omb/inforeg/comments_rab/mh.pdf

P. Kennedy, 2007. A guide to econometrics, Fifth edition, Blackwell Publishing, p. 396.

D. Michaels, 2005. Doubt is their product, Scientific American, June, 292, Issue 6.

E. Laes, G. Meskens and J.P. van der Sluijs, 2011. On the contribution of external cost calculations to energy system governance : The case of a potential large-scale nuclear accident, Energy Policy, 39(9), p. 5664–5673.

E. Leamer, 1990. Let's take the con out of econometrics, and Sensitivity analysis would help. In C. Granger (ed.) Modelling Economic Series, Clarendon Press, Oxford, or : Leamer, E., 1990, Let's Take the Con Out of Econometrics, American Economics Review, 73 (March 1983), 31-43.

E. Leamer, 2010. Tantalus on the Road to Asymptopia, Journal of Economic Perspectives, 24, (2), 31–46.

OMB : Office of Management and Budget, 2002. Guidelines for Ensuring and Maximizing the Quality, Objectivity, Utility, and Integrity of Information Disseminated by Federal Agencies; Federal Register / Vol. 67, No. 36 / Friday, February 22, 2002 / Notices, p. 8456, accessed June 12, 2012.
http://www.whitehouse.gov/omb/fedreg/reproducible2.pdf

OMB : Office of Management and Budget's, 2012. Office of Information and Regulatory Affairs (OIRA), January 9, 2006, Proposed Risk Assessment Bulletin, p. 16-17, accessed June 12, 2012.
http://www.whitehouse.gov/sites/default/files/omb/assets/omb/
inforeg/proposed_risk_assessment_bulletin_010906.pdf

N. Oreskes, 2000. Why predict ? Historical perspectives on prediction in Earth Science, in Prediction, Science, Decision Making and the future of Nature, Sarewitz et al., Eds., Island Press, Washington DC.

N. Oreskesand and E. M. Conway, 2010. Merchants of Doubt, Bloomsbury Press.

O. H. Pilkey and L. Pilkey-Jarvis, 2007. Useless Arithmetic. Why Environmental Scientists Can't Predict the Future, Columbia University Press, New York.

R. Rosen, 1991. Life Itself - a Comprehensive Inquiry into Nature, Origin, and Fabrication of Life, Columbia University Press, p. 49-55.

A. Saltelli and P. Annoni, 2010. How to avoid a perfunctory sensitivity analysis, Environmental Modeling and Software, 25 : 1508-1517.

A. Saltelli and B. D'Hombres, 2010. Sensitivity analysis didn't help. A practitioner's critique of the Stern review, Journal of Global Environmental Change, 20 : 298–302.

A. Saltelli, S. Funtowicz, A. Pereira and J. van der Sluijs, 2012. What do I make of your Latinorum ? Sensitivity auditing of mathematical modelling, in preparation.

J.P. Van der Sluijs, 2002. A way out of the credibility crisis around model-use in Integrated Environmental Assessment, Futures, 34, 133-146.

# Préface

## Le modélisateur avisé : de l'artisanat sans sorcellerie

*Andrea Saltelli (traduction Hervé Monod)*
*European Commission, Joint Research Centre,*
*Unit of Econometrics and Applied Statistics,*
*Ispra (I)*

Selon Naomi Oreskes (2000), "[…] les modèles sont un amalgame complexe de lois théoriques et phénoménologiques (et des équations et algorithmes qui les représentent), de paramètres empiriques et d'une conceptualisation du modèle. Lorsqu'un modèle engendre une prédiction, qu'est-ce qui est vraiment testé par la prédiction ? Les lois ? Les variables d'entrée ? La conceptualisation ? N'importe quelle partie (une ou plusieurs) du modèle peut être dans l'erreur, et il n'y a pas de façon simple de déterminer de laquelle il s'agit ".

La question que pose Oreskes est liée au parallèle qui est souvent établi entre une proposition logique - une déclaration basée sur la théorie - et la prédiction issue d'un modèle. Bien que les modèles partagent la saveur scientifique de lois postulées ou de théories, ce ne sont pas des lois en ce sens que la création d'un modèle est nettement plus grosse de suppositions que de croustillantes théories ou d'agiles lois ne le sont d'ordinaire.

Elle fait remarquer que "[…] pour avoir de la valeur au moment de tester une théorie, les prédictions impliquées doivent être capables de réfuter la théorie qui les a générées". Que dire alors lorsque la "théorie" est non pas une loi mais un modèle mathématique ? "C'est là que les prédictions […] deviennent particulièrement peu accomodantes".

Le nœud du problème est que les inférences basées sur un modèle sont de très subtils artefacts. Ces artefacts peuvent être immensément utiles autant que dramatiquement trompeurs. Plus que tout, cela est dû au fait que les modèles se prêtent à tout un univers d'utilisations possibles. Le philosophe Jean Baudrillard a été un parmi d'autres à faire remarquer combien sont différentes les utilisations d'un modèle entre des conditions contrôlées en laboratoire et - pour donner juste un exemple - son utilisation pour de la communication de masse (Baudrillard, 1999, p.92).

Dans sa critique de l'addiction de l'homme à une version "simulée" de la réalité il déclare :

On "fabrique" un modèle en combinant des caractéristiques ou des éléments du réel ; et, en les faisant "exprimer" un événement, une structure ou une situation futurs, des conclusions tactiques peuvent être tirées et appliquées à la réalité. Le modèle peut être utilisé comme un outil analytique, sous des conditions scientifiques contrôlées. En communication de masse, cette procédure postule la force du réel, abolissant et faisant se volatiliser ce dernier en faveur de cette néo-réalité d'un modèle matérialisé par le medium lui-même.

Pour Funtowicz et Ravetz différents standards de qualité s'appliquent suivant le contexte, selon principalement les enjeux associés à une prédiction du modèle (par ex. pertinente pour beaucoup versus pertinente pour un petit nombre), ainsi qu'aux incertitudes qui y sont liées (Funtowicz and Ravetz, 1990, 1993). Des enjeux importants, des niveaux d'incertitude élevés appellent - également dans le cas de modèles mathématiques - à des formes d'assurance qualité au-delà de celles en usage dans la discipline. De ce point de vue, l'utilisation du pedigree des modèles a été préconisée par van der Sluijs (2002).

Pour compliquer encore le problème, les enjeux de la prédiction et les incertitudes de la prédiction ne sont pas indépendants l'un de l'autre, vu que - dans une situation où les enjeux sont élevés - les parties en compétition peuvent gonfler ou dégonfler l'incertitude associée à l'inférence sur un modèle, selon leur convenance (Michaels, 2005 ; Oreskes and Conway, 2010).

Une modélisatrice vaquant tranquillement à ses affaires et travaillant dur sur des algorithmes pour résoudre des tâches techniques - qu'il s'agisse de l'identification d'un mécanisme, d'une analyse *ceteris paribus*, ou d'un système expert - peut se demander en quoi tout cela la concerne. En un sens qui est lié aux remarques initiales d'Oreskes, les considérations ci-dessus devraient préoccuper tous les modélisateurs. Comment la lectrice du présent manuel teste-t-elle son modèle alors qu'il est construit en combinant une conceptualisation, un ensemble de lois et de données d'entrée, avec des algorithmes, des conditions au bord et qui sait combien d'autres hypothèses explicites ou implicites ? Selon le type d'analyse dans laquelle elle est engagée, la modélisatrice peut se sentir plus ou moins concernée par la sensibilité du modèle à l'une ou l'autre des caractéristiques mentionnées ci-dessus. Cela implique qu'elle doit avoir une prise en main solide, une compréhension ferme de ce qui pilote l'inférence de son modèle, avant tout pour elle-même, mais aussi parce qu'elle pourrait être appelée à défendre son analyse.

Une bonne façon d'invalider un modèle est de sortir au grand jour les nombreuses hypothèses plus ou moins cachées dans sa construction (Laes et al., 2011 ; Kloprogge *et al.*, 2011).

Des recommandations selon ces grandes lignes peuvent être trouvées dans de nombreuses disciplines. Un besoin en analyse de sensibilité globale a été préconisé par des économétriciens (Leamer, 1990, 2010 ; Kennedy, 2007), aussi bien que par des agences internationales (EPA, 2009 ; OMB, 2002, 2006) et des praticiens (Saltelli, 2010). L'équipe qui organise les Écoles-Chercheurs MEXICO a fait un choix heureux en nommant le présent Manuel "Analyse de sensibilité et exploration de modèles", en ce sens que l'analyse de sensibilité porte avant tout sur une exploration de l'espace des hypothèses d'entrée de façon telle qu'il devienne possible de relier l'inférence aux hypothèses d'une façon transparente. Une telle liaison est précieuse pour de multiples raisons.

Ayant établi une telle liaison, la modélisatrice va tendre à présenter son inférence sous la forme d'une distribution, ou au moins à donner des bornes d'incertitude, évitant la précision factice et ridicule qui accompagne souvent les inférences d'un modèle (par ex. en donnant une prédiction économique avec quatre chiffres significatifs alors qu'il serait difficile d'en défendre ne serait-ce que deux).

Savoir quels facteurs jouent sur la variation de la prédiction du modèle permet de simplifier les modèles. Quand les modèles doivent être vérifiés par une entité externe, une représentation simplifiée du modèle peut s'avérer extrêmement utile, en particulier si les directives applicables au domaine en question préconisent la transparence, *i.e.* en termes de reproductibilité par des acteurs indépendants (OMB, 2007).

Au niveau le plus basique de l'analyse, la liaison aidera le plus vraisemblablement à identifier les incohérences ou les "surprises" sur la façon dont le modèle réagit.

Néanmoins, l'analyse de sensibilité (ou l'évaluation de la sensibilité, qui désigne de l'analyse de sensibilité déployée dans le cadre de l'aide scientifique à la décision politique (Saltelli et al., 2012)) n'est pas la panacée.

Quelques avertissements sont de rigueur : "Il est important [...] de reconnaître que ce qui est déterminé, c'est la sensibilité du paramètre dans l'équation, et non la sensibilité du paramètre dans la nature. [...] Si le modèle est faux ou s'il est une pauvre représentation de la réalité, déterminer la sensibilité d'un paramètre individuel dans le modèle est une démarche dénuée de toute signification." (Pilkey and Pilkey-Jarvis, 2007).

Certaines analyses de sensibilité peuvent être faibles ou superficielles, soit par manque d'ingéniosité dans leur construction soit à cause d'une attitude cavalière vis-à-vis des incertitudes. Pour donner juste un exemple, une analyse de sensibilité conduite en changeant un facteur à la fois est définitivement une mauvaise pratique (Saltelli and Annoni, 2010).

Simplement parce que nous ne savons pas ce que nous ne savons pas, toute analyse de sensibilité restera sujette au principe d'incomplétude. Dans les situations controversées, la qualité d'une analyse de sensibilité sera jugée par son adéquation à l'objectif poursuivi, par ex. par son acceptabilité et sa capacité à être défendue.

Nous voudrions conclure cette courte préface à l'excellent travail de notre équipe MEXICO par une pincée d'ironie, empruntée à Douglas Adams, le populaire auteur de l'émission de la BBC *Hitchhiker Guide to the Galaxy*. Dans l'un de ses romans, un personnage déclare (Adams, 1987, p. 69) : "Eh bien, [...] [la] grande avancée était de concevoir un programme qui vous permette de spécifier à l'avance quelle décision vous souhaitez qu'il atteigne, et alors seulement à lui fournir tous les faits. La tâche du programme, [...], était de construire une série plausible d'étapes apparemment logiques pour connecter les prémisses à la conclusion."

Modéliser a été défini comme un art, ou mieux comme un artisanat (Rosen, 1991). Comme toutes les activités créatrices, modéliser apporte de la joie à son créateur. Puissent les utilisateurs de ce manuel prendre plaisir à leur artisanat tout en gardant un œil vigilant contre les mauvaises pratiques !

# Références

D. Adams, 1987. Dirk Gently's Holistic Detective Agency, Pocket Books.

J. Baudrillard, 1999. Revenge of the Crystal : Selected Writings on the Modern Object and Its Destiny, 1968-83, Pluto Classics.

EPA, 2009. Guidelines, p. 69-76, accessed June 12, 2012.
`http://www.epa.gov/crem/library/cred_guidance_0309.pdf`

S.O. Funtowicz and J.R. Ravetz, 1990. Uncertainty and Quality in Science for Policy, Springer, Dordrecht, p. 54.

S.O. Funtowicz and J.R. Ravetz, 1993. Science for the Post Normal age, Futures, 25, 739–755.

M. Henrion, 2006. Open-Source Policy Modelling, accessed June 12, 2012.
`http://www.whitehouse.gov/sites/default/files/omb/assets/omb/inforeg/comments_rab/mh.pdf`

P. Kennedy, 2007. A guide to econometrics, Fifth edition, Blackwell Publishing, p. 396.

D. Michaels, 2005. Doubt is their product, Scientific American, June, 292, Issue 6.

E. Laes, G. Meskens and J.P. van der Sluijs, 2011. On the contribution of external cost calculations to energy system governance : The case of a potential large-scale nuclear accident, Energy Policy, 39(9), p. 5664–5673.

E. Leamer, 1990. Let's take the con out of econometrics, and Sensitivity analysis would help. In C. Granger (ed.) Modelling Economic Series, Clarendon Press, Oxford, or : Leamer, E., 1990, Let's Take the Con Out of Econometrics, American Economics Review, 73 (March 1983), 31-43.

E. Leamer, 2010. Tantalus on the Road to Asymptopia, Journal of Economic Perspectives, 24, (2), 31–46.

OMB : Office of Management and Budget, 2002. Guidelines for Ensuring and Maximizing the Quality, Objectivity, Utility, and Integrity of Information Disseminated by Federal Agencies ; Federal Register / Vol. 67, No. 36 / Friday, February 22, 2002 / Notices, p. 8456, accessed June 12, 2012.
`http://www.whitehouse.gov/omb/fedreg/reproducible2.pdf`

OMB : Office of Management and Budget's, 2012. Office of Information and Regulatory Affairs (OIRA), January 9, 2006, Proposed Risk Assessment Bulletin, p. 16-17, accessed June 12, 2012.
`http://www.whitehouse.gov/sites/default/files/omb/assets/omb/inforeg/proposed_risk_assessment_bulletin_010906.pdf`

N. Oreskes, 2000. Why predict ? Historical perspectives on prediction in Earth Science, in Prediction, Science, Decision Making and the future of Nature, Sarewitz et al., Eds., Island Press, Washington DC.

N. Oreskesand and E. M. Conway, 2010. Merchants of Doubt, Bloomsbury Press.

O. H. Pilkey and L. Pilkey-Jarvis, 2007. Useless Arithmetic. Why Environmental Scientists Can't Predict the Future, Columbia University Press, New York.

R. Rosen, 1991. Life Itself - a Comprehensive Inquiry into Nature, Origin, and Fabrication of Life, Columbia University Press, p. 49-55.

A. Saltelli and P. Annoni, 2010. How to avoid a perfunctory sensitivity analysis, Environmental Modeling and Software, 25 : 1508-1517.

A. Saltelli and B. D'Hombres 2010. Sensitivity analysis didn't help. A practitioner's critique of the Stern review, Journal of Global Environmental Change, 20 : 298–302.

A. Saltelli, S. Funtowicz, A. Pereira and J. van der Sluijs, 2012. What do I make of your Latinorum ? Sensitivity auditing of mathematical modelling, in preparation.

J.P. Van der Sluijs, 2002. A way out of the credibility crisis around model-use in Integrated Environmental Assessment, Futures, 34, 133-146.

# Introduction à l'ouvrage

La modélisation est une approche classique d'étude des systèmes réels. La volonté de reproduire au plus juste le système étudié conduit souvent à la construction de modèles compliqués voire complexes. La complexité du modèle n'est pas un but en soi et le modélisateur, soucieux de la maîtrise et de l'exploitation de son modèle, s'engage le plus souvent dans une démarche de simplification du modèle. Pour assister le développement et l'utilisation d'un modèle dans chacune de ses phases (depuis la conception du modèle théorique jusqu'à la production de diagnostic et pronostic par simulation), il est souvent fait référence à une grande classe de méthodes, les analyses de sensibilité globales (Saltelli *et al.* [175]). Ces méthodes permettent notamment de déterminer quelles sont les variables d'entrée du modèle qui contribuent le plus à une quantité d'intérêt donnée en sortie du modèle, quelles sont celles qui n'ont pas d'influence et quelles sont celles qui interagissent au sein du modèle. Pour un ingénieur ou un chercheur, l'intérêt est indéniable car les résultats d'une analyse de sensibilité peuvent lui permettre de simplifier son modèle, de mieux l'appréhender, voire de le vérifier. Au final, l'analyse de sensibilité est une aide à la validation d'un code de calcul, à la justification en terme de qualité de la représentation d'un système ainsi qu'à l'orientation des efforts de recherche.

Cet ouvrage est structuré en 3 parties. La première partie, regroupant deux chapitres, présente les principes de base (chapitre 1) ainsi qu'un panorama des méthodes d'analyse de sensibilité (chapitre 2). La seconde partie s'attache à présenter un certain nombre de méthodes, les plus importantes à notre avis, permettant une initiation et une mise en pratique rapide de l'analyse des modèles. Elle est décomposée en 4 chapitres portant sur l'échantillonnage en grande dimension (chapitre 3), aux méthodes de criblage par discrétisation de l'espace (chapitre 4), aux calculs d'indices de sensibilité par décomposition de la variance (chapitre 5) et aux méthodes d'exploration par construction de méta-modèles (chapitre 6). Cette partie se termine par une aide au choix d'une méthode d'analyse de sensibilité (chapitre 7). La troisième partie est consacrée aux applications et à la mise en œuvre des méthodes sur des cas concrets. Le chapitre 8 s'intéresse à l'analyse d'un modèle complexe de gestion de la pêche. Le chapitre 9, plus informatique, s'intéresse au développement d'un environnement informatique générique pour piloter l'exploration de modèles. Le chapitre 10 présente le package mtk, bibliothèque de fonctions **R** développée pour l'analyse et l'exploration numérique des modèles. Enfin le chapitre 11 présente, sur un exemple, les séquences d'analyse d'un modèle à l'aide du package mtk ainsi développé.

Tout au long de cet ouvrage, des exemples de mise en œuvre des méthodes sont effectuées à l'aide du langage et logiciel de traitements statistiques **R** [160]. **R** est un logiciel gratuit qui offre à la fois un environnement et un langage pour les calculs statistiques. Il est très largement utilisé dans le monde de la recherche. Sa conception modulaire permet facilement aux équipes qui ont mis au point de nouvelles méthodes de les partager avec la communauté scientifique sous forme de paquetages ou bibliothèques de fonctions (le terme "package" sera employé tout au long de cet ouvrage) rapidement installables par les utilisateurs. **R** dispose, entre autres, de plusieurs packages dédiés ou utiles pour conduire une analyse de sensibilité.

Afin de faciliter la lecture et le passage d'une méthode à l'autre, nous avons cherché à homogénéiser, dans la mesure du possible, nos notations.

# Première partie

# Principes de base

# Chapitre 1

# Objectifs et principales étapes de l'analyse d'incertitude et de sensibilité

*David Makowski*

## 1.1 Définitions et objectifs

### 1.1.1 Sources d'incertitude dans un modèle

Les modèles mathématiques sont souvent utilisés en biologie, écologie, halieutique et agronomie pour analyser les risques environnementaux. Ils constituent des outils d'aide à la décision utiles pour aider les décideurs à gérer ces risques. Certains modèles peuvent, par exemple, être utilisés pour évaluer les risques de développement d'une maladie dans une culture de blé et identifier des pratiques permettant de limiter le développement et l'impact de cette maladie (*e.g.*, Ennaifar *et al.* [52]). D'autres permettent d'évaluer les effets de diverses pratiques de pêche sur la ressource halieutique, par exemple sur les stocks de langoustines (*e.g.*, Mahévas et Pelletier [124], Pelletier et Mahévas [153]).

Il existe une grande diversité de modèles, mais tous sont composés de quatre éléments :
– des variables d'entrée,
– des variables de sortie,
– des valeurs de paramètres,
– des équations.

Les variables d'entrée d'un modèle correspondent à des variables mesurées ou renseignées par les utilisateurs du modèle. Elles décrivent les caractéristiques du système modélisé, par exemple des caractéristiques du sol d'une parcelle de blé, le climat et les pratiques agricoles appliquées sur cette parcelle. Les variables de sortie sont les variables simulées par le modèle, par exemple le rendement d'une culture ou le pourcentage de plantes attaquées par une maladie. Les paramètres d'un modèle sont des éléments non mesurés ou non renseignés par l'utilisateur, mais essentiels au fonctionnement du modèle. Dans un modèle agronomique, un paramètre peut correspondre, par exemple, à la perte de rendement maximale induite par une maladie ou à l'efficience de conversion du rayonnement intercepté en biomasse. Les paramètres doivent être estimés avant de pouvoir utiliser le modèle, à partir de données expérimentales, par méthodes inverses, ou par expertise (de Rocquigny [36]). Finalement, les équations du modèle relient les variables de sortie aux variables d'entrée et aux paramètres. Ces équations peuvent être plus ou moins complexes. Ainsi, dans le cas d'un modèle linéaire, les équations correspondent simplement à des combinaisons linéaires des paramètres. En général, les biologistes préfèrent cependant utiliser des modèles plus complexes de manière à tenir compte de leurs connaissances théoriques sur le fonctionnement du système. Les équations des modèles biologiques et écologiques sont ainsi souvent non linéaires et ces modèles incluent généralement plusieurs dizaines, voire plusieurs centaines de variables d'entrée et de paramètres.

Les modèles biologiques, écologiques et agronomiques sont des outils séduisants d'aide à la décision, mais ils peuvent parfois être à l'origine d'erreurs de prédictions importantes et conduire à des décisions erronées. Les erreurs de prédiction des modèles sont dues à des incertitudes sur les valeurs des paramètres, sur les valeurs des variables d'entrée et sur les équations. Ces incertitudes peuvent avoir diverses origines :

- manque de connaissance (*e.g.*, température optimale pour le développement d'un champignon pathogène inconnue),
- erreur de mesures / Echantillonnage (*e.g.*, erreur de mesure de la densité de plantes dans une parcelle agricole),
- variabilité des caractéristiques du système (*e.g.*, variabilité de la température moyenne journalière entre années),
- erreur dans la modélisation du phénomène (*e.g.*, oubli de phénomènes importants).

Du fait du rôle opérationnel croissant des modèles, il est essentiel que leurs concepteurs et utilisateurs soient capables d'identifier les principales sources d'incertitudes des modèles et d'analyser leurs conséquences pour la prédiction et l'aide à la décision. Les méthodes d'analyse d'incertitude et de sensibilité constituent des outils puissants pour décrire l'incertitude dans les sorties d'un modèle et hiérarchiser l'importances des différents éléments incertains. L'objectif de ce chapitre est de présenter les objectifs et principales étapes de ces deux types d'analyse.

### 1.1.2 Notations

On note $\mathbf{z}$ le vecteur des variables d'entrée du modèle considéré, $\theta$ le vecteur des paramètres du modèle, $\mathbf{y}$ le vecteur des variables de sortie du modèle et $\mathscr{G}$ l'équation reliant $\mathbf{y}$ à $\mathbf{z}$ et $\theta$ tel que $\mathbf{y} = \mathscr{G}(\mathbf{z}, \theta)$. Les sections 2 et 3 traitent des incertitudes dans les paramètres et les variables d'entrée. La section 4 traite de l'incertitude dans les équations.

On note dans la suite $\mathbf{x}$ le vecteur incluant l'ensemble des paramètres et variables d'entrée incertains : $\mathbf{x} = (x_1, ...., x_K)$, où $K$ est le nombre de facteurs (paramètres et/ou variables d'entrée) incertains. On note finalement $\mathscr{G}(\mathbf{x})$ le vecteur des variables de sortie du modèle obtenu pour une valeur $\mathbf{x}$ donnée. Si le modèle ne comporte qu'une seule variable de sortie ou si on ne s'intéresse qu'à une seule des variables de sortie du modèle, $\mathscr{G}(\mathbf{x})$ est un scalaire.

L'incertitude associée à une quantité donnée (variable d'entrée, variable de sortie, paramètre) est souvent décrite à l'aide d'une distribution de probabilité. Dans la suite, on note $\mathbb{Pr}(\mathbf{x})$ la densité de probabilité du vecteur des facteurs incertains $\mathbf{x}$ et $\mathbb{Pr}(\mathbf{y})$ la densité de probabilité de $\mathbf{y}$.

### 1.1.3 Questions pratiques pouvant être traitées par analyse d'incertitude et par analyse de sensibilité

Les analyses d'incertitude et de sensibilité répondent à des questions différentes et complémentaires. L'analyse d'incertitude répond à la question : « Quel est le niveau d'incertitude de $\mathscr{G}(\mathbf{x})$ induite par l'incertitude de $\mathbf{x}$ ? » (Monod *et al.* [138]).

L'analyse de sensibilité répond à une autre question : « Quelles sont les principales sources d'incertitude parmi les différents facteurs incertains $x_1, ..., x_K$ ? »

L'analyse d'incertitude permet au modélisateur ou à l'utilisateur d'un modèle d'obtenir des informations sur l'incertitude associée aux prédictions du modèle. De telles informations sont utiles pour juger de la valeur des prédictions du modèle et pour optimiser des variables décisionnelles.

A titre d'illustration, les questions suivantes peuvent être traitées par analyse d'incertitude :
- Quelle est la probabilité qu'une nouvelle mesure de gestion du stock de langoustine soit plus efficace que la mesure actuelle ?
- Quelle est la probabilité de perdre plus de 0.2 t ha$^{-1}$ si la dose d'engrais appliquée sur du blé est réduite de 20 % ?

Ces deux questions peuvent être traitées en réalisant une analyse d'incertitude avec, dans le premier cas, un modèle simulant le stock de langoustine en fonction de mesures de gestion et, dans le deuxième cas, un modèle simulant le rendement d'une culture de blé en fonction de la dose d'engrais appliquée.

L'analyse de sensibilité a un rôle différent : elle permet au modélisateur d'identifier les paramètres et les variables d'entrée qui ont une forte influence sur les sorties d'un modèle et, inversement, d'identifier les paramètres et les variables d'entrée qui ont une influence moindre sur les sorties. En d'autres termes, l'analyse de sensibilité permet de hiérarchiser l'importance des différents facteurs incertains d'un modèle. Les résultats d'une analyse de sensibilité peuvent ainsi aider le modélisateur à identifier les facteurs qu'il serait utile de connaître de manière plus précise. Les questions présentées ci-dessous peuvent être traitées par analyse de sensibilité :
- Est-il important de mesurer précisément les caractéristiques du sol pour prédire le rendement d'une culture ?
- Quels sont les paramètres d'un modèle de culture à estimer en priorité génotype par génotype ?

Il est possible de répondre à ces questions en réalisant une analyse de sensibilité avec des modèles agronomiques tenant compte des caractéristiques du sol et incluant des paramètres potentiellement liés aux caractéristiques des génotypes.

## 1.2 Etapes de l'analyse d'incertitude

Le but de l'analyse d'incertitude est de déterminer la distribution de probabilité de $\mathbf{y}$, $\mathbb{P}r(\mathbf{y})$, induite par les distributions de probabilité des facteurs incertains $\mathbb{P}r(\mathbf{x})$. Dans les cas les plus simples, la distribution de probabilité de la variable de sortie peut être calculée analytiquement à partir des distributions de probabilité des facteurs incertains. Cependant, en pratique, les modèles sont trop complexes et le calcul analytique est impossible. Il est alors nécessaire d'estimer la distribution de probabilité de la variable de sortie. Diverses méthodes ont été proposées pour réaliser cette

estimation, notamment la méthode du cumul quadratique basée sur des calculs de dérivés du modèle et une méthode par simulations de Monte Carlo basée sur des tirages aléatoires (de Rocquigny [36]). Cette dernière peut être appliquée à l'aide d'une démarche comportant les quatre étapes suivantes :
- définition des distributions de probabilité des facteurs incertains,
- échantillonnage dans les distributions,
- calcul des sorties du modèle,
- description de la distribution de la (des) variable(s) de sortie.

Ces étapes sont détaillées ci-dessous.

### 1.2.1 Etape 1 : définition des distributions des facteurs incertains

Les distributions de probabilité des facteurs incertains (paramètres ou variables d'entrée) peuvent être définies en utilisant la littérature scientifique, l'expertise, des séries de mesures (*e.g.*, série climatique), les valeurs des paramètres estimées. Considérons par exemple le paramètre $x_1$ d'efficacité d'utilisation du rayonnement intercepté permettant aux modèles de culture dynamiques de calculer la quantité de biomasse produite par unité de rayonnement intercepté. La valeur de ce paramètre a été estimée dans diverses études agronomiques et les valeurs publiées dans la littérature peuvent être utilisées pour définir une distribution de probabilité. Ainsi, d'après Jeuffroy et Recous [90], l'efficacité d'utilisation du rayonnement intercepté varie entre 1.09 et 3.8 g.MJ$^{-1}$ pour le blé. Ces deux valeurs peuvent être utilisées pour définir, par exemple, les bornes inférieure et supérieure d'une loi uniforme, $\Pr(x_1) = Unif(1.09, 3.8)$.

Il est également possible de définir les distributions de probabilité des facteurs incertains à partir d'informations fournies directement par des experts du domaine concerné. Diverses procédures permettant d'éliciter les connaissances des experts ont été récemment proposées et testées dans diverses situations (Oakley et O'Hagan [147]). Finalement, les mesures expérimentales peuvent être utilisées pour définir les distributions de probabilité des facteurs incertains, soit en ajustant des distributions paramétriques aux valeurs disponibles, soit à l'aide de techniques statistiques non-paramétriques (*e.g.*, Venables et Ripley [208], chap.5).

Ces diverses possibilités techniques ne doivent pas faire oublier que cette étape est délicate et qu'elle inclut presque toujours une part de subjectivité. Dans l'exemple du paramètre $x_1$ d'efficacité d'utilisation du rayonnement intercepté, il est ainsi possible de définir d'autres distributions qu'une loi uniforme. La loi uniforme donne un poids égal à toutes les valeurs comprises entre la borne inférieure et la borne supérieure. Si l'expert considère qu'une valeur particulière (ou un ensemble de valeurs) est plus vraisemblable que les autres, il peut préférer utiliser une loi non uniforme comme, par exemple, une loi triangulaire. La figure 1.1 présente deux distributions de probabilité pouvant être utilisées pour $x_1$, la distribution uniforme $\mathrm{Pr}(x_1) = Unif(1.09, 3.8)$ et la distribution triangulaire $\mathrm{Pr}(x_1) = Triang(1.09, 2.445, 3.8)$. La deuxième distribution est définie sur le même intervalle que la première (*i.e.* 1.09-3.8), mais donne un poids plus grand aux valeurs centrales, c'est-à-dire aux valeurs proches de 2.445.

Enfin, il est important de tenir compte des corrélations éventuelles entre facteurs incertains. En pratique, les facteurs sont souvent supposés indépendants mais, lorsque l'hypothèse d'indépendance n'est pas réaliste et lorsque des informations sont disponibles sur les corrélations des facteurs, il est important de tenir compte de ces corrélations pour définir les distributions de probabilité des facteurs incertains.

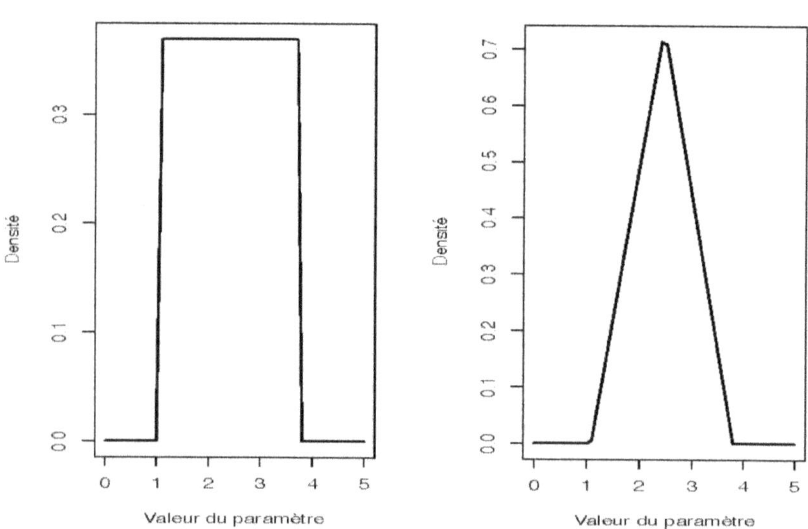


FIGURE 1.1 – Distributions uniforme (gauche) et triangulaire (droite) pour le paramètre $x_1$ d'efficacité d'utilisation du rayonnement intercepté.

### 1.2.2   Etape 2 : échantillonnage

Le but de cette étape est de tirer aléatoirement des valeurs des facteurs incertains $x_1$, ..., $x_K$ dans les distributions définies à l'étape précédente. Le résultat se présente sous la forme de $N$ séries de valeurs de $x_1$, ..., $x_K$ :

série 1 $x_{11}$, ..., $x_{K1}$

série 2 $x_{12}$, ..., $x_{K2}$

...

série $N$ $x_{1N}$, ..., $x_{KN}$

Cette étape implique trois choix importants :
– le nombre $N$ de valeurs générées,
– l'algorithme pour générer les $N$ valeurs,
– un logiciel pour appliquer l'algorithme.

Le choix de $N$ est crucial. Une valeur trop petite conduira à des résultats instables et imprécis, mais le choix d'une valeur trop grande conduira à des calculs longs à l'étape 3, inutiles, voire impossibles à réaliser en pratique. Plusieurs méthodes seront présentées dans les chapitres suivants pour déterminer la valeur de $N$, mais en pratique $N$ sera souvent fixé à des valeurs égales à plusieurs milliers ou plus. Divers algorithmes ont été proposés pour générer des valeurs aléatoires dans des distributions de probabilité (cf. chapitre 3). Sur le plan pratique, ces algorithmes peuvent être mis en œuvre avec de nombreux logiciels, par exemple avec le logiciel **R**. Les valeurs générées par ces logiciels sont en fait tirées de manière pseudo-aléatoire, c'est à dire selon une procédure qui mime un tirage aléatoire. Il est souvent utile de définir le point de départ, appelé aussi graine, utilisé par le logiciel. L'utilisation d'une graine permet d'obtenir systématiquement le même résultat en relançant plusieurs fois la procédure.

A titre d'illustration, le code **R** ci-dessous permet de générer deux séries de 10 valeurs tirées dans la distribution $\Pr(x_1) = Unif(1.09, 3.8)$. Les tirages aléatoires dans la loi uniforme sont réalisés avec l'instruction runif. Ces deux séries sont différentes car elles ont été générées à partir de deux graines respectivement égales à 1 et 2 définies par l'instruction set.seed.

```
set.seed(1)
runif(10, 1.09, 3.8)

>1.809528 2.098456 2.642433 3.551243 1.636558 3.524636 3.650070
> 2.880762 2.794899 1.257441
```

```
set.seed(2)
runif(10, 1.09, 3.8)

>1.591031 2.993434 2.643714 1.545421 3.647805 3.646817 1.440021
> 3.348646 2.358330 2.580456
```

Dans l'exemple ci-dessus, les facteurs sont supposés indépendants. Mais, dans certains cas, il est possible de considérer les facteurs corrélés, notamment lorsque les distributions de probabilité sont gaussiennes.

### 1.2.3   Etape 3 : calcul des sorties du modèle

Cette étape consiste à calculer les $N$ valeurs des variables de sorties du modèle correspondant aux $N$ séries de valeurs des facteurs incertains générées à l'étape précédente. On obtient ainsi une série de $N$ valeurs de $\mathbf{y}$ définies par :

$$
\begin{aligned}
\mathbf{y}_1 &= \mathscr{G}(x_{11},...,x_{K1}) \\
\mathbf{y}_2 &= \mathscr{G}(x_{12},...,x_{K2}) \\
&\cdots \\
\mathbf{y}_N &= \mathscr{G}(x_{1N},...,x_{KN}).
\end{aligned}
$$

Sur le plan pratique, cette étape consiste à faire tourner le modèle avec les $N$ séries de valeurs générées. La difficulté de cette troisième étape dépend du temps de calcul requis pour faire une simulation. Un temps de calcul long rendra l'utilisation d'une valeur élevée de $N$ difficile, voire impossible.

### 1.2.4   Etape 4 : description de la distribution des variables de sortie

Le but de cette dernière étape est de décrire les $N$ valeurs des sorties du modèle $\mathbf{y}_1$, ..., $\mathbf{y}_N$ calculées à l'étape 3. Cette étape est généralement assez facile, mais devient plus délicate lorsque le modèle comporte de nombreuses variables de sortie. Différentes approches sont possibles pour décrire les valeurs de la variable de sortie :
- calcul de la moyenne et de la variance,
- calcul de quantiles (quartiles, déciles...),
- histogramme,
- fonction de distribution cumulée,
- box plot etc.

Ces techniques seront illustrées dans les sections et les chapitres suivants. Des méthodes spécifiques ont été proposées pour décrire des sorties multivariées. Par exemple, Lamboni *et al.* ([108]) font porter leur analyse sur des indices issus de l'analyse en composantes principales.

### 1.2.5 Exemple pédagogique

Nous considérons le modèle suivant : $y = \mathcal{G}(x_1, x_2) = x_1 + 2x_2$. Ce modèle comporte une variable de sortie $y$ et deux facteurs incertains, $x_1$ et $x_2$. Supposons que l'incertitude de ces deux facteurs puisse être décrite à l'aide de deux lois gaussiennes indépendantes de densités $\Pr(x_1) = N(20, 16)$ et $\Pr(x_2) = N(60, 64)$. Réaliser une analyse d'incertitude avec ce modèle revient à calculer la loi de probabilité de $\mathcal{G}(x_1, x_2)$ à partir des lois de $x_1$ et de $x_2$. Comme ce modèle est linéaire et que les lois de $x_1$ et de $x_2$ sont gaussiennes, il est possible de calculer analytiquement la loi de $\mathcal{G}(x_1, x_2)$ qui est ici une loi gaussienne d'espérance $\mathbb{E}(x_1) + 2\mathbb{E}(x_2)$ et de variance $\mathbb{V}\mathrm{ar}(x_1) + 4\mathbb{V}\mathrm{ar}(x_2)$. On obtient ainsi : $\Pr[\mathcal{G}(x_1, x_2)] = N(140, 272)$. Avec ce modèle, la distribution de probabilité de la variable de sortie est connue analytiquement. La formule de cette distribution se calcule à partir d'une propriété classique de la loi gaussienne. Il n'est donc pas nécessaire d'estimer la distribution à l'aide d'une méthode numérique.

En général, les modèles considérés sont beaucoup plus complexes que l'exemple ci-dessus. Il est alors nécessaire d'approcher la distribution de probabilité de $\mathcal{G}(\mathbf{x})$ en utilisant, par exemple, la démarche en quatre étapes décrite plus haut. Cette démarche est illustrée avec le modèle simple précédent $\mathcal{G}(x_1, x_2) = x_1 + 2x_2$ et nous montrons comment la distribution de la variable de sortie de ce modèle peut être approchée de manière satisfaisante de cette manière.

**Etape 1 : définition des distributions de probabilité des facteurs incertains**

Cette étape consiste à définir les distributions de $x_1$ et $x_2$. Elles sont définies ici par des lois gaussiennes, $\Pr(x_1) = N(20, 16)$ et $\Pr(x_2) = N(60, 64)$.

**Etape 2 : génération de valeurs des deux facteurs incertains**

$N$ valeurs de $x_1$ et $x_2$ sont tirées aléatoirement dans les distributions telles que $\Pr(x_1) = N(20, 16)$ et $\Pr(x_2) = N(60, 64)$. Trois valeurs de $N$ sont successivement considérées ici : $N = 10$, $N = 100$, $N = 1\,000$.

## Etape 3 : calcul de la variable de sortie

Cette étape consiste à calculer les $N$ valeurs de $y = \mathcal{G}(x_1, x_2) = x_1 + 2x_2$ correspondant aux $N$ valeurs de $x_1$ et $x_2$.

## Etape 4 : description de la distribution de la variable de sortie

Les $N$ valeurs de la variable de sortie du modèle sont résumées par diverses quantités : les valeurs minimale et maximale, la médiane, la moyenne, les premier et troisième quartiles et la variance. Les $N$ valeurs de $x_1$, $x_2$ et de $\mathcal{G}(x_1, x_2)$ sont également présentées graphiquement.

Le programme **R** utilisé pour réaliser cette analyse est présenté ci-dessous pour $N = 100$. Il suffit de modifier cette valeur dans le programme pour obtenir les résultats avec un nombre de tirages aléatoires plus grand ou plus petit. Les vraies valeurs des densités de probabilité de $x_1$, $x_2$ et $y$ sont superposées aux histogrammes des valeurs simulées (trait plein) (Figures 1.2, 1.3 et 1.4).

```
N <- 100
# Tirage dans des lois gaussiennes
x1 <- rnorm(N, 20, sqrt(16))
x2 <- rnorm(N, 60, sqrt(64))
# Calcul des sorties du modéle
y <- x1+2*x2
# Présentation graphique des résultats
hist(x1, xlab="Valeur de x1", main="", freq=FALSE)
x1.dens <- dnorm(seq(0,35, by=1), 20, sqrt(16))
lines(seq(0, 35, by=1),x1.dens, lwd=2)
hist(x2, xlab="Valeur de x2", main="", freq=FALSE)
x2.dens <- dnorm(seq(30,90, by=1), 60, sqrt(64))
lines(seq(30, 90, by=1),x2.dens, lwd=2)
plot(x1, x2, xlab="Valeur de x1", ylab="Valeur de x2")
hist(y, main="", freq=FALSE)
y.dens <- dnorm(seq(50, 250, by=1), 140, sqrt(272))
lines(seq(50, 250, by=1),y.dens, lwd=2)
summary(y)
>   Min. 1st Qu. Median    Mean 3rd Qu.    Max.
>    108.7   128.4   137.1   139.8   151.2   178.8
var(y)
>[1] 247.6870
```

L'instruction rnorm est utilisée pour générer les valeurs de $x_1$ et $x_2$ par tirage aléatoire dans des lois normales. Les valeurs correspondantes de $y$ sont ensuite calculées. Les valeurs simulées sont représentées graphiquement avec les instructions hist et plot. Les vraies valeurs des densités de probabilité sont ensuite calculées avec dnorm et superposées aux histogrammes avec l'instruction lines. La distribution de $y$ est décrite avec les instructions summary et var. Les graphiques sont présentés sur la figure 1.2 pour $N = 100$ et sur les figures 1.3 et 1.4 pour $N=10$ et $N=1\,000$ respectivement. Les résultats numériques montrent que la moyenne et la variance des 100 valeurs générées de $y$ (139.8 et 247.69 respectivement) sont très proches des vraies valeurs (140 et 240), mais les histogrammes révèlent que les répartitions des 100 valeurs de $x_1$, $x_2$ et $y$ sont assez éloignées des répartitions théoriques (Figure 1.2). Les graphiques des valeurs générées avec $N = 10$ (Figure 1.3) montrent un écart encore plus grand avec la répartition théorique. Les résultats obtenues avec $N = 1\,000$ sont par contre nettement plus satisfaisants (Figure 1.4).

En pratique, la vraie distribution de probabilité de $y$ est inconnue et il n'est donc pas possible de l'utiliser pour déterminer une valeur satisfaisante de $N$. Une approche courante consiste à étudier la convergence des quantités d'intérêt (moyenne, quantile etc.) en fonction de $N$ et de choisir une valeur $N$ à partir de laquelle ces quantités d'intérêt semblent se stabiliser.

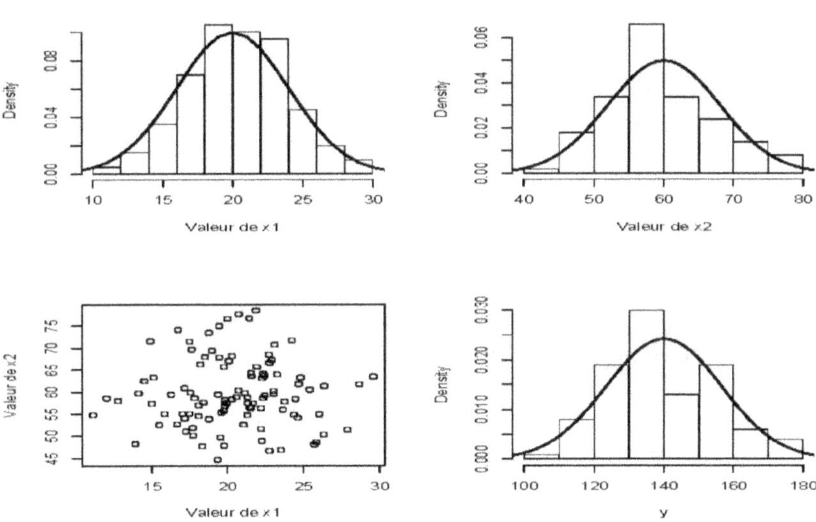

FIGURE 1.2 – Valeurs simulées de $x_1$, $x_2$, et $y$ (histogrammes et points) et vraies densités de probabilité (courbes). $N=100$.

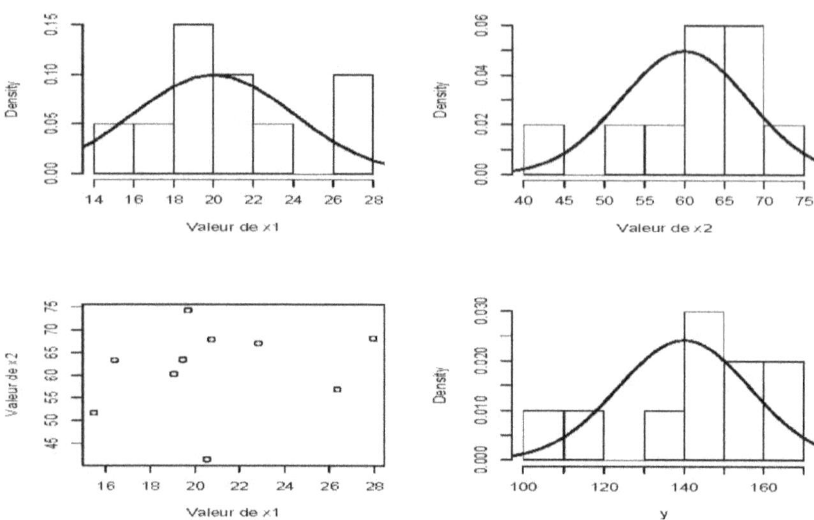

FIGURE 1.3 – Valeurs simulées de $x_1$, $x_2$, et $y$ (histogrammes et points) et vraies densités de probabilité (courbes). $N=10$.

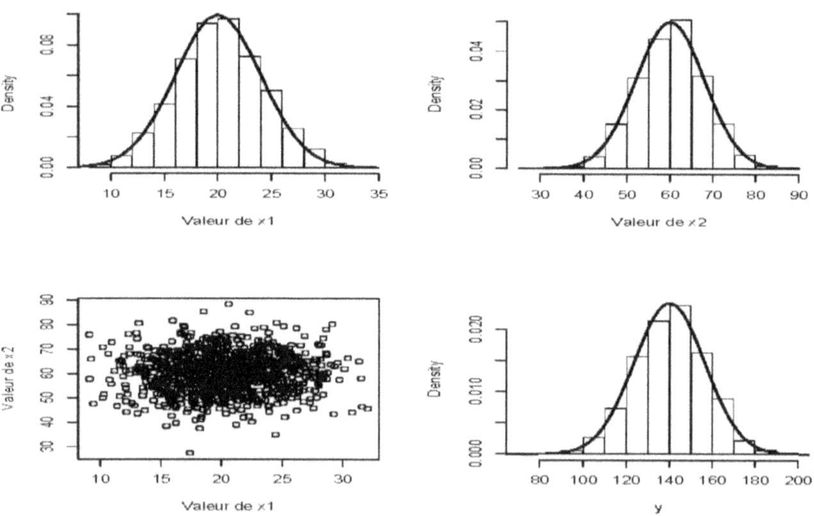

FIGURE 1.4 – Valeurs simulées de $x_1$, $x_2$, et $y$ (histogrammes et points) et vraies densités de probabilité (courbes). $N=1\,000$.

## 1.3  Principes de base de l'analyse de sensibilité

### 1.3.1  Analyse de sensibilité locale ou globale ?

L'objectif de l'analyse de sensibilité locale est d'étudier la variabilité de $\mathbf{y} = \mathscr{G}(\mathbf{x})$ induite par une petite variation de $\mathbf{x}$ autour d'une valeur de référence $\mathbf{x}_0$. L'analyse de sensibilité locale est basée sur des calculs de dérivées de $f(\mathbf{x})$ par rapport à $\mathbf{x}$. Elle permet au modélisateur d'analyser le comportement du modèle autour d'une ou de plusieurs valeurs de référence $\mathbf{x}_0$. Ce type d'analyse est utile pour comprendre le fonctionnement du modèle autour de certaines valeurs de paramètres et/ou de variables d'entrée, mais ne permet pas au modélisateur d'étudier facilement les effets de facteurs incertains lorsque ces facteurs peuvent varier sur un domaine d'incertitude important.

L'objectif de l'analyse de sensibilité globale est d'analyser la variabilité de $\mathscr{G}(\mathbf{x})$ induite par la variation de $\mathbf{x}$ sur l'ensemble de son domaine d'incertitude. Nous nous intéressons ici essentiellement à l'analyse de sensibilité globale car elle prend explicitement en compte l'incertitude des facteurs incertains et permet de répondre à de nombreuses questions pratiques.

### 1.3.2  Notion d'indice de sensibilité

Un indice de sensibilité mesure l'influence d'un facteur incertain sur une variable de sortie d'un modèle : une valeur élevée d'indice indique que le facteur a une forte influence sur la sortie et, inversement, un indice faible indique que le facteur a un effet faible sur la sortie du modèle. Le calcul d'indices de sensibilité pour plusieurs facteurs incertains permet ainsi de hiérarchiser l'influence de ces facteurs.

L'indice de Bauer et Hamby [3] est un exemple simple d'indice de sensibilité. L'indice associé au facteur $x_i$ est défini par :

$$I_{x_i} = \frac{\max_{x_i}\left[\mathscr{G}(x_1, ..., x_i, ..., x_K)\right] - \min_{x_i}\left[\mathscr{G}(x_1, ..., x_i, ..., x_K)\right]}{\max_{x_i}\left[\mathscr{G}(x_1, ..., x_i, ..., x_K)\right]}.$$

Cet indice est calculé successivement pour chaque facteur $x_i$ en définissant plusieurs valeurs possibles pour $x_i$ et en fixant les autres à des valeurs de référence. La variable de sortie du modèle est déterminée pour toutes les valeurs de $x_i$, les valeurs minimales et maximales sont identifiées et l'indice est calculé.

## Exemple

Nous illustrons le calcul de l'indice de Bauer et Hamby avec le modèle $\mathscr{G}(x_1, x_2) = x_1 + 2x_2$ déjà considéré ci-dessus. L'objectif est de calculer l'indice pour le facteur $x_2$. Cinq valeurs sont définies pour $x_2$, 40, 50, 60, 70, 80, et $x_1$ est fixé à 20. L'indice est égal à :

$$I_{x_2} = \frac{20 + 2*80 - (20 + 2*40)}{20 + 2*80} = 0.444.$$

Cet indice de sensibilité est très simple à calculer mais il a une limite importante : chaque facteur est analysé séparément et la valeur de l'indice pour un facteur $x_i$ peut dépendre fortement des valeurs auxquelles sont fixées les autres facteurs incertains. Cette dépendance apparaît dès que l'effet d'un facteur dépend des valeurs prises par un ou plusieurs autres facteurs incertains du modèle. Considérons par exemple le modèle défini par : $\mathscr{G}(x_1, x_2) = 2x_1 x_2$. Avec ce modèle, l'indice $I_{x_2}$ sera égal à zéro si $x_1 = 0$, mais pourra prendre une valeur élevée dès que $x_1 \neq 0$. La conclusion basée sur la valeur de l'indice sera donc différente selon la valeur choisie pour $x_1$ et, comme ce facteur est lui même incertain, le fixer à une valeur particulière est arbitraire.

Les modèles biologiques sont généralement complexes et incluent des paramètres et des variables d'entrée qui agissent de manière non indépendante. L'utilisation d'indices de sensibilité simples comme celui décrit ci-dessus n'est donc pas suffisante et il est souhaitable d'utiliser des indices de sensibilité plus sophistiqués avec ces modèles. Les indices de sensibilité basés sur une décomposition de la variance de la variable de sortie sont particulièrement utiles. Plusieurs indices de ce type peuvent être définis, mais on utilise souvent *l'indice de sensibilité principal* et *l'indice de sensibilité total* (Saltelli [171], Saltelli *et al.* [176], Monod *et al.* [138]). Ces deux indices, notés respectivement SI et TSI, sont définis, pour une variable de sortie $y$ donnée, par :

$$\mathrm{SI}(x_i) = \frac{\mathbb{V}\mathrm{ar}[\mathbb{E}(y \mid x_i)]}{\mathbb{V}\mathrm{ar}(y)}$$

$$\mathrm{TSI}(x_i) = \frac{\mathbb{E}[\mathbb{V}\mathrm{ar}(y \mid x_j, j \neq i)]}{\mathbb{V}\mathrm{ar}(y)}.$$

Dans les deux indices, $\mathbb{V}\mathrm{ar}(y)$ mesure la variance totale de la sortie du modèle $y$ lorsque tous les facteurs incertains varient sur leur domaine d'incertitude. L'indice de premier ordre (ou indice principal) SI mesure l'importance de la variance de l'espérance de $y$ conditionnellement au facteur $x_i$. En d'autres termes, cet indice mesure la variabilité des simulations du modèle lorsque ces simulations sont moyennées sur les autres facteurs incertains que $x_i$. L'indice de premier ordre est une mesure de l'effet principal de $x_i$.

L'indice total TSI mesure l'espérance de la variance de $y$ sur les facteurs incertains autres que $x_i$. Il correspond à une mesure de l'effet principal de $x_i$ plus l'effet des interactions de ce facteur avec les autres facteurs incertains. Cet indice est également interprété comme la fraction moyenne d'incertitude qui resterait si tous les facteurs incertains sauf $x_i$ était parfaitement connus (*i.e.* si seulement $x_i$ restait inconnu).

Les deux indices SI et TSI sont compris entre 0 et 1, mais l'indice de sensibilité total est supérieur à l'indice de premier ordre car il inclut les effets des interactions entre facteurs incertains. Sur le plan pratique, une valeur de $\mathrm{TSI}(x_i)$ proche de zéro indique qu'il n'est pas nécessaire de connaître $x_i$ avec une grande précision, mais un indice $\mathrm{TSI}(x_i)$ proche de la valeur 1 indique qu'il est au contraire probablement important de réduire l'incertitude de ce facteur.

### 1.3.3 Principales étapes

Il existe de nombreuses méthodes d'analyse de sensibilité globale, mais toutes comportent quatre étapes :
- **Etape 1 :** définition de gammes de valeurs possibles ou de distributions pour les facteurs incertains. Cette étape est similaire à l'étape 1 de l'analyse d'incertitude.
- **Etape 2 :** génération de valeurs des facteurs incertains par planification expérimentale, tirage aléatoire et/ou simulation numérique. Selon la technique utilisée, des valeurs sont définies en choisissant des valeurs particulières à l'aide d'un plan d'expérience (par exemple en combinant les valeurs minimales et maximales des gammes d'incertitude) ou par des procédures numériques plus ou moins sophistiquées qui seront décrites dans les chapitres suivants.
- **Etape 3 :** calcul des sorties du modèle. Cette étape est similaire à l'étape 3 de l'analyse d'incertitude. Les valeurs de $y$ correspondant aux valeurs des facteurs incertains générées à l'étape 2 sont simulées à l'aide du modèle.
- **Etape 4 :** calcul d'indices de sensibilité. Différentes techniques peuvent être utilisées pour calculer les indices SI et TSI définis ci-dessus, par

exemple l'analyse de variance, la méthode de Sobol ou la méthode FAST étendu. Elles seront détaillées dans les chapitres suivants.

## 1.4 Illustration de l'analyse de sensibilité globale avec un modèle de pathologie végétale

Dans cette section, les principes de l'analyse d'incertitude et de l'analyse de sensibilité sont illustrés avec un modèle non linéaire incluant cinq paramètres incertains en utilisant le logiciel **R**. L'analyse d'incertitude est réalisée à partir de tirages aléatoires dans des lois uniformes et l'analyse de sensibilité globale est réalisée à l'aide d'une analyse de variance.

### 1.4.1 Description du modèle

Nous considérons un modèle utilisé en pathologie végétale qui calcule la durée d'humidité requise (en heures) pour qu'un champignon puisse infecter une plante (Magarey *et al.* [122]). Ce modèle est utilisé pour identifier les zones climatiques qui offrent des conditions favorables au développement d'espèces de champignons pathogènes pour des cultures ou des arbres (*e.g.*, EFSA [50]). Nous considérons ici les infections induites par les pycnidiospores du champignon *Guignardia citricarpa* Kiely, une espèce pathogène des agrumes. Le modèle inclut une variable de sortie, notée $W$, représentant la durée d'humidité ($y = W$). Cette variable est calculée en fonction d'une variable d'entrée qui correspond à la température de l'air (°C) notée $T$, et cinq paramètres correspondant à trois seuils de température (la température minimale d'infection $T_{min}$, la température maximale d'infection $T_{max}$, la température optimale d'infection $T_{opt}$) et deux seuils d'humidité (durée minimale d'humidité $W_{min}$ et durée maximale d'infection $W_{max}$). L'équation du modèle est définie par :

$$W = \min\left[W_{max}, \frac{W_{min}}{g(T)}\right]$$

avec $g(T) = \left[\dfrac{T_{max} - T}{T_{max} - T_{opt}}\right]\left[\dfrac{T - T_{min}}{T_{opt} - T_{min}}\right]^{\frac{T_{opt} - T_{min}}{T_{max} - T_{opt}}}.$

Ce modèle peut être facilement programmé dans une fonction **R**, comme la fonction Wetness définie ci-dessous. Cette fonction permet de calculer la valeur de $W$ en fonction des valeurs de la variable d'entrée et des cinq paramètres.

```
Wetness <- function(T, Tmin, Topt, Tmax, Wmin, Wmax) {

gT <- ((Tmax-T)/(Tmax-Topt))*(((T-Tmin)/(Topt-Tmin))
          ^((Topt-Tmin)/(Tmax-Topt)))
W <- Wmin/gT
W[W>Wmax] <- Wmax
return(W)

}
```

Des exemples de valeurs simulées de $W$ sont présentées sur la figure 1.5 pour des valeurs particulières de paramètres et des températures comprises entre 10 et 35 °C. Les résultats montrent que la valeur de $W$ est minimale pour $T = T_{opt}$ et maximale pour des températures extrêmes. Nous montrons ci-dessous comment réaliser une analyse d'incertitude et une analyse de sensibilité avec ce modèle.

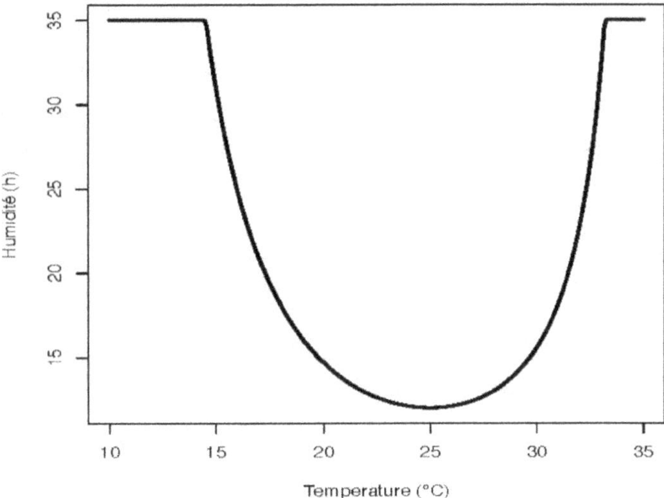


FIGURE 1.5 – Courbe de réponse de $W$ (durée d'humidité en h) à la température pour les paramètres $T_{min}=$ 10 °C, $T_{opt}=$ 25 °C, $T_{max}=$35 °C, $W_{min}=$12 h, $W_{max}=$ 35 h.

Analyse de sensibilité et exploration de modèles

## 1.4.2 Incertitude dans les paramètres

Les valeurs des paramètres du modèle pour le champignon *Guignardia citricarpa* Kiely ne sont pas parfaitement connues. Des experts ont défini des gammes de variation possibles pour les cinq paramètres présentées dans le tableau 1.1 (EFSA [50]).

| Paramètre | Valeur min. | Valeur max. |
|---|---|---|
| $T_{min}$ (°C) | 10 | 25 |
| $T_{max}$ (°C) | 32 | 35 |
| $T_{opt}$ (°C) | 25 | 30 |
| $W_{min}$ (h) | 12 | 14 |
| $W_{max}$ (h) | 35 | 48 |

Tableau 1.1 – Gammes d'incertitude des valeurs des paramètres.

## 1.4.3 Code R pour l'analyse d'incertitude

**Etape 1 : définition des distributions de probabilité des facteurs incertains**

Les facteurs incertains correspondent aux cinq paramètres. Les distributions de probabilités associées aux paramètres sont définies comme des lois uniformes indépendantes avec des bornes inférieures et supérieures fixées aux valeurs reportées dans le tableau 1.1.

**Etape 2 : tirage aléatoire des valeurs des facteurs incertains**

500 valeurs de paramètres sont tirées aléatoirement dans les distributions uniformes avec l'instruction runif. Les valeurs ainsi générées sont stockées dans des vecteurs.

```
Num <- 500
Tmin <- runif(Num, 10, 15)
Topt <- runif(Num, 25, 30)
Tmax <- runif(Num, 32, 35)
Wmin <- runif(Num, 12, 14)
Wmax <- runif(Num, 35, 48)
```

**Etape 3 : calcul des sorties du modèle**

La valeur de $W$ est calculée pour les 500 séries de valeurs de paramètres et pour des températures $T$, comprises entre 15 et 32 °C avec un pas de 0.1°C, définies dans un vecteur. Les simulations sont réalisées à l'aide d'une boucle qui permet d'utiliser les 500 séries de valeurs de paramètres. Les valeurs simulées de $W$ sont stockées dans une matrice de taille 300 x (32-15+1)/0.1.

```
T_vec <- seq(from=15, to=32, by=0.1)
W_mat <- matrix(nrow=Num, ncol=length(T_vec))

for (i in 1:Num) {
W_mat[i,] <- Wetness(T_vec, Tmin[i], Topt[i], Tmax[i], Wmin[i],
  Wmax[i])
lines(T_vec, W_mat[i,])
}
```

## Etape 4 : description de la distribution de la variable de sortie

L'étape 3 permet d'obtenir une distribution composée de 500 valeurs de $W$ pour chacune des températures $T$ testées. Chacune de ces distributions est résumée à l'étape 4 par :

- la moyenne des 500 valeurs,
- les quantiles 0.01 et 0.99 ($1^{er}$ et $99^e$ percentiles),
- les quantiles 0.1 et 0.9 ($1^{er}$ et $9^e$ déciles).

Les résultats sont présentés graphiquement (Figure 1.6).

```
mean_vec <- apply(W_mat, 2, mean)
Q0.01_vec <- apply(W_mat, 2, quantile, 0.01)
Q0.1_vec <- apply(W_mat, 2, quantile, 0.1)
Q0.9_vec <- apply(W_mat, 2, quantile, 0.9)
Q0.99_vec <- apply(W_mat, 2, quantile, 0.99)

plot(c(0), c(0), pch= " ",  xlim= c(10, 35), ylim= c(10, 60),
 xlab= "Température ($^o$C)",
 ylab="Wetness duration requirement (h)")
lines(T_vec, mean_vec, lwd=3)
lines(T_vec, Q0.9_vec, lty=2)
lines(T_vec, Q0.1_vec, lty=2)
lines(T_vec, Q0.99_vec, lty=9)
lines(T_vec, Q0.01_vec, lty=9)
```

### 1.4.4 Code R pour l'analyse de sensibilité

#### Etape 1 : définition des distributions de probabilité des facteurs incertains

Les distributions définies pour l'analyse d'incertitude sont utilisées pour l'analyse de sensibilité.

#### Etape 2 : valeurs des facteurs incertains

Un plan factoriel complet à trois niveaux est défini en réalisant toutes les combinaisons possibles de trois valeurs des cinq paramètres (min, max et médiane des gammes de valeurs du tableau 1.1). Ce plan inclut ainsi $3^5 = 243$ combinaisons de valeurs de paramètres.

```
# Tableau incluant 243 valeurs de paramètres
para.mat <- expand.grid(Tmin = c(10, 12.5, 15),
    Topt = c(25, 27.5, 30), Tmax =c(32, 33.5, 35),
    Wmin = c(12, 13, 14), Wmax = c(35, 41.5, 48))
print(para.mat)
```

#### Etape 3 : calcul des sorties du modèle

La valeur de $W$ est calculée pour les 243 combinaisons de valeurs de paramètres et pour trois températures $T$, 20, 25 et 30 °C.

```
# Valeur des températures
T.vec <- c(20, 25, 30)

# Création d'une matrice vide pour stocker les valeurs simulées
W.Mat <- matrix(nrow=243, ncol=3)

# Boucle pour simuler W
for (i in 1:243) {
W.mat[i,] <- Wetness(T.vec, para.mat$Tmin[i], para.mat$Topt[i],
        para.mat$Tmax[i], para.mat$Wmin[i], para.mat$Wmax[i])
}
```

#### Etape 4 : calcul d'indice de sensibilité

Les indices de sensibilité sont calculés par analyse de variance avec l'instruction aov. Les 243 valeurs des paramètres sont préalablement définies comme des facteurs avec l'instruction factor et stockées avec les valeurs simulées de $W$ dans un tableau de type dataframe. Les sommes des carrés calculées par aov sont extraites, divisées par la somme des carrés totale, exprimées sous forme d'indices de sensibilité en pourcentages, ordonnées puis finalement imprimées à l'écran.

```
# Définition des facteurs pour l'ANOVA
Tmin <- as.factor(para.mat$Tmin)
Topt <- as.factor(para.mat$Topt)
Tmax <- as.factor(para.mat$Tmax)
Wmin <- as.factor(para.mat$Wmin)
Wmax <- as.factor(para.mat$Wmax)

# Sélection des simulations pour T=30
W <- W.mat[,3]

# Création d'un tableau
TAB <- data.frame(W, Tmin, Topt, Tmax, Wmin, Wmax)

# ANOVA (somme des carrés associés avec les effets principaux
# et les interactions
Fit <- summary(aov(W ~ Tmin*Topt*Tmax*Wmin*Wmax, data = TAB))
print(Fit)

# Calcul des indices
SumSq <- Fit[[1]][,2]
Total <- 242*var(W)
Indices <- 100*SumSq/Total
print(Indices)
TabIndices <- cbind(Fit[[1]],Indices)
print(TabIndices)
TabIndices <- TabIndices[order(Indices, decreasing=T),]
print(TabIndices)
```

### 1.4.5   Résultats

Les résultats de l'analyse d'incertitude sont présentés sur la figure 1.6. Cette figure présente les 500 valeurs générées de quatre des cinq paramètres, les 500 courbes de réponse de la variable de sortie $W$ à la variable d'entrée $T$ (chaque réponse correspond à une des 500 séries de valeurs de paramètres) et les valeurs moyennes de ces réponses, ainsi que quatre quantiles extrêmes. Les valeurs générées couvrent assez bien l'espace de variation définie par les experts. La distribution des courbes de réponse montre que la gamme de valeurs couverte par les simulations de $W$ dépend fortement de la température : cette gamme est étroite lorsque la température est proche de la température optimale $T_{opt}$ (25-30 °C), mais elle est beaucoup plus large lorsque $T$ est éloignée de $T_{opt}$. Ainsi, l'incertitude sur la durée d'humidité requise pour l'infection est faible lorsque la température est proche de la température optimale du champignon, mais elle est grande dans le cas inverse.

Le plan d'expérience utilisé pour l'analyse de sensibilité est présenté sur la figure 1.7. Clairement, les zones couvertes par les valeurs incluses dans le plan d'expérience sont beaucoup plus restreintes que celles couvertes par les 500 valeurs tirées aléatoirement pour l'analyse d'incertitude (Figure 1.6). Les sommes des carrés et indices de sensibilité obtenus par analyse de variance sont présentés ci-dessous.

|  | Df | Sum Sq | Mean Sq | Indices |
| --- | --- | --- | --- | --- |
| Topt | 2 | 2.31523e+03 | 1.15761e+03 | 6.3628e+01 |
| Tmax | 2 | 5.90768e+02 | 2.95384e+02 | 1.6236e+01 |
| Topt:Tmax | 4 | 4.55531e+02 | 1.13883e+02 | 1.2519e+01 |
| Wmin | 2 | 2.57085e+02 | 1.28542e+02 | 7.0653e+00 |
| Topt:Wmin | 4 | 9.13304e+00 | 2.28326e+00 | 2.5100e-01 |
| Tmin:Topt | 4 | 3.19142e+00 | 7.97854e-01 | 8.7707e-02 |
| Tmin | 2 | 3.02981e+00 | 1.51491e+00 | 8.3266e-02 |
| Tmax:Wmin | 4 | 2.33045e+00 | 5.82612e-01 | 6.4046e-02 |
| Topt:Tmax:Wmin | 8 | 1.79697e+00 | 2.24621e-01 | 4.9385e-02 |
| Tmin:Topt:Tmax | 8 | 3.08922e-01 | 3.86152e-02 | 8.4899e-03 |
| Tmin:Tmax | 4 | 2.87011e-01 | 7.17528e-02 | 7.8877e-03 |
| Tmin:Topt:Wmin | 8 | 1.25894e-02 | 1.57368e-03 | 3.4599e-04 |
| Tmin:Wmin | 4 | 1.19519e-02 | 2.98798e-03 | 3.2847e-04 |
| Tmin:Topt:Tmax:Wmin | 16 | 1.21863e-03 | 7.61641e-05 | 3.3491e-05 |
| Tmin:Tmax:Wmin | 8 | 1.13219e-03 | 1.41524e-04 | 3.1115e-05 |
| Tmin:Topt:Tmax:Wmin:Wmax | 32 | 8.55697e-28 | 2.67405e-29 | 2.3516e-29 |
| Tmin:Tmax:Wmin:Wmax | 16 | 7.69209e-28 | 4.80756e-29 | 2.1140e-29 |
| Tmin:Topt:Tmax:Wmax | 16 | 4.27207e-28 | 2.67004e-29 | 1.1741e-29 |
| Tmin:Wmin:Wmax | 8 | 4.22833e-28 | 5.28541e-29 | 1.1620e-29 |
| Tmin:Topt:Wmin:Wmax | 16 | 4.04599e-28 | 2.52874e-29 | 1.1119e-29 |
| Tmin:Tmax:Wmax | 8 | 3.93421e-28 | 4.91776e-29 | 1.0812e-29 |
| Topt:Tmax:Wmin:Wmax | 16 | 2.60951e-28 | 1.63094e-29 | 7.1715e-30 |
| Tmin:Topt:Wmax | 8 | 1.96872e-28 | 2.46090e-29 | 5.4105e-30 |
| Tmin:Wmax | 4 | 1.91197e-28 | 4.77991e-29 | 5.2545e-30 |
| Tmax:Wmin:Wmax | 8 | 1.60590e-28 | 2.00737e-29 | 4.4134e-30 |
| Topt:Wmin:Wmax | 8 | 1.59077e-28 | 1.98847e-29 | 4.3718e-30 |
| Topt:Tmax:Wmax | 8 | 1.18968e-28 | 1.48711e-29 | 3.2695e-30 |
| Wmin:Wmax | 4 | 7.46205e-29 | 1.86551e-29 | 2.0507e-30 |
| Tmax:Wmax | 4 | 6.74652e-29 | 1.68663e-29 | 1.8541e-30 |
| Topt:Wmax | 4 | 4.94661e-29 | 1.23665e-29 | 1.3594e-30 |
| Wmax | 2 | 4.76157e-29 | 2.38079e-29 | 1.3086e-30 |

L'indice de sensibilité de premier ordre du paramètre $T_{opt}$ est de 63.63%. C'est le paramètre qui a l'indice de sensibilité le plus élevé. L'indice de premier ordre de $T_{max}$ est égal à 16.23%, celui de $W_{min}$ est de 7.1% et les autres paramètres ont des indices inférieurs à 1%. La seule interaction importante est celle entre $T_{opt}$ et $T_{max}$ qui a un indice de 12.5%. Les indices de sensibilité totaux ne sont pas présentés ici mais peuvent être facilement déduits des résultats présentés ci-dessus ; l'indice de sensibilité total d'un paramètre est en effet égal à la somme des indices présentés ci-dessus qui impliquent le paramètre considéré. Comme seuls les neuf premiers indices sont non négligeables (>0.001%), il suffit de calculer cette somme sur ces neuf indices. Ainsi, l'indice de sensibilité total du paramètre $T_{opt}$ est égal à $63.63 + 12.52 + 0.25 + 0.088 + 0.05 = 76.54\%$. Il est nettement supérieur à l'indice de sensibilité total de $T_{max}$ qui est égal à $16.24 + 12.52 + 0.064 + 0.05 = 28.87\%$. Ce résultat montre que $T_{opt}$ est un paramètre qui a une grande influence sur la valeur de $W$ et qu'il est important de l'estimer aussi précisément que possible. Mis à part $T_{max}$, les autres paramètres du modèle n'ont pas un indice de sensibilité élevé ; il ne semble donc pas nécessaire de les estimer avec plus de précision.

## 1.5 Méthodes spécifiques pour analyser l'incertitude des équations des modèles

Même si les paramètres et variables d'entrée d'un modèle étaient parfaitement connus, les prédictions du modèle seraient différentes des vraies valeurs. Ces différences reflètent l'inaptitude des équations du modèle à simuler correctement le système modélisé. Ce type d'erreur peut être décrit en utilisant le concept de *model inadequacy* défini par Kennedy et O'Hagan [94] comme la différence entre la vraie valeur moyenne de la variable d'intérêt et la valeur simulée lorsque que les paramètres et les variables d'entrée du modèle sont parfaitement connus. Kennedy et O'Hagan [94] ont défini une méthode bayésienne pour modéliser cette différence.

Une autre approche consiste à décrire l'incertitude dans les équations du modèle en considérant plusieurs équations alternatives. Il est alors possible de :
- sélectionner une des équations en utilisant un critère de sélection,
- simuler la variable d'intérêt avec les différentes équations disponibles et d'analyser la gamme des valeurs obtenues,
- simuler la variable d'intérêt en combinant l'ensemble des équations après les avoir pondérées en tenant compte de leurs performances.

Chacune de ces solutions présente des avantages et des inconvénients. La première méthode (sélection) est très utilisée avec les modèles statistiques mais, également, avec certains modèles mécanistes. Supposons, par exemple, qu'un agronome souhaite prédire le risque d'invasion par un

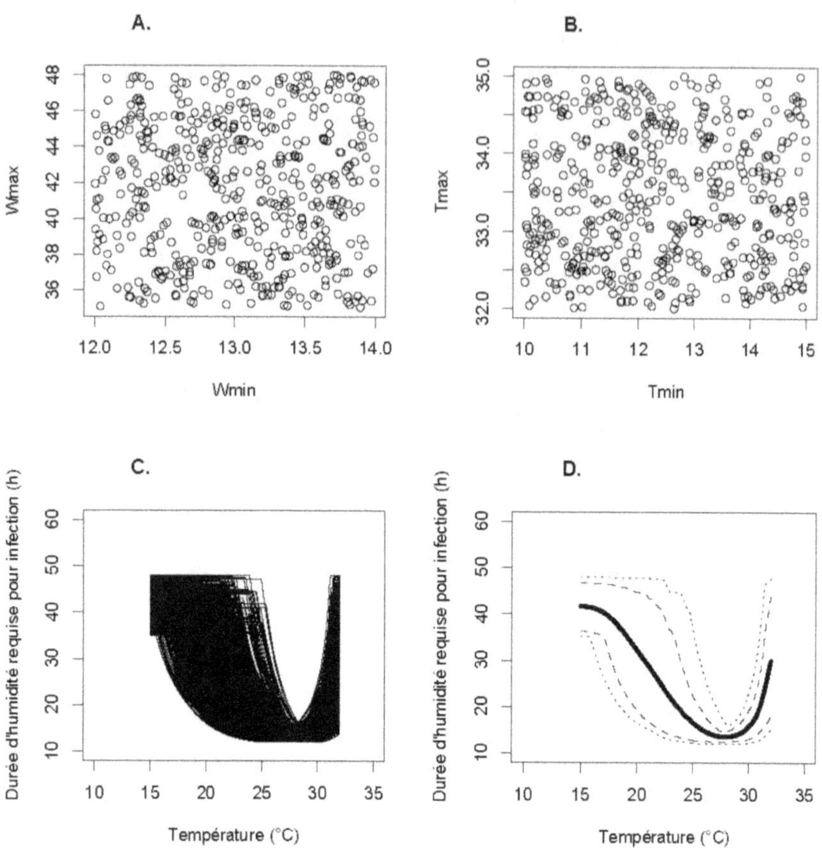

FIGURE 1.6 – Valeurs simulées de $W_{min}$ et $W_{max}$ (A), et de $T_{min}$ et $T_{max}$ (B). Courbes de réponse de $W$ à la température pour les $N$=500 séries de paramètres générées (C). Moyenne (gras), quantiles 0.01, 0.99 (pointillés) et 0.1, 0.9 (tirets) calculés à partir des 500 courbes de réponse (D).

pathogène dans des parcelles agricoles en utilisant un modèle de régression logistique calculant la probabilité de présence/absence de ce pathogène. Si $K$ variables explicatives sont disponibles, il est possible de définir $2^K$ modèles logistiques. Il peut également arriver que plusieurs modèles mécanistes soient disponibles pour prédire une même variable, par exemple le rendement d'une culture. Dans ce type de situation, il est possible d'utiliser une méthode de sélection pour sélectionner un modèle parmi un ensemble de modèles candidats. Une approche courante consiste à définir une série de modèles, puis à évaluer chaque modèle en calculant la valeur

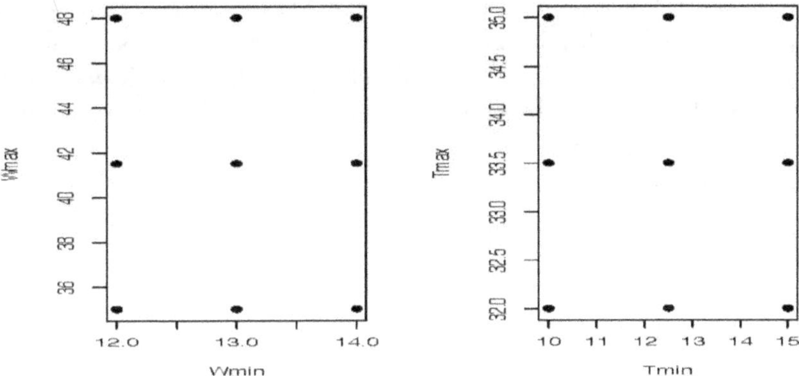

FIGURE 1.7 – Plan d'expérience utilisé pour l'analyse de sensibilité.

d'un critère de sélection (par exemple le critère d'Akaïke AIC ou le Mean Square Error souvent noté MSE) à l'aide d'une base de données. Le modèle ayant la meilleure valeur estimée du critère (*e.g.*, le plus petit AIC ou MSE) est alors sélectionné et utilisé pour toutes les applications.

Le problème de cette démarche est que l'incertitude dans le résultat de la sélection est généralement ignorée une fois le modèle sélectionné (Draper [44], Chatfield [26]) : les estimations et les prédictions sont basées uniquement sur le modèle sélectionné, sans tenir compte des autres modèles. Pourtant, dans certains cas, l'instabilité du résultat d'une procédure de sélection est grande. Ainsi, Yuan et Yang [217] ont montré que, si les erreurs de prédiction du modèle sont importantes, l'utilisation d'une procédure de sélection a de bonnes chances de conduire à la sélection d'un modèle complètement différent lorsqu'une base de données légèrement différente est utilisée.

Diverses méthodes ont été proposées pour mesurer l'instabilité des résultats des méthodes de sélection. Une première approche consiste à utiliser la technique du bootstrap (Buckland *et al.* [13]). Le principe est de générer $P$ jeux de données de même taille à partir du jeu de données initial. Les $P$ jeux de données peuvent être générés par tirage avec remise. La procédure de sélection est alors appliquée aux $P$ jeux de données. L'instabilité de la procédure de sélection est ensuite mesurée en calculant, pour chaque modèle, la proportion des $P$ jeux de données avec lesquels le modèle a été sélectionné. Cette méthode est utile pour étudier l'effet de l'échantillonnage des observations sur le résultat de la sélection.

Une seconde approche consiste à calculer un critère appelé Perturbation Instability in Estimation (PIE) (Yuan et Yang [217]). Le PIE est un indice qui mesure l'instabilité du résultat d'une procédure de sélection quand des erreurs aléatoires sont ajoutées aux données. L'idée est que, si une procédure de sélection est stable, une petite perturbation des données ne doit pas changer le résultat, ou ne doit le changer que de manière marginale. Une grande valeur du PIE montre au contraire que la procédure de sélection utilisée n'est pas robuste. Cette approche peut être utilisée pour analyser les conséquences de l'instabilité des résultats d'une procédure de sélection sur les variables d'intérêt que l'on cherche à simuler avec le modèle.

Une alternative à la sélection consiste à conserver toutes les équations, à simuler la variable d'intérêt avec les différents modèles correspondants puis à décrire la gamme des valeurs simulées. Cette technique, souvent appelée *ensemble modeling*, a été utilisée pour simuler le changement climatique à l'aide de plusieurs modèles basés sur différentes équations. Une limite de cette technique est qu'elle donne le même poids à toutes les équations lorsque celles-ci ne sont pas pondérées en tenant compte de leurs performances respectives.

La possibilité de combiner plusieurs modèles pour prédire une variable est une autre approche intéressante. Plusieurs statisticiens ont montré que, dans certains cas, il est préférable de combiner tous les modèles disponibles plutôt que d'utiliser un seul modèle. L'idée est d'utiliser une somme pondérée des prédictions des modèles individuelles plutôt que d'utiliser la prédiction du seul modèle sélectionné :

$$P_{mix} = \omega_1 P_1 + \omega_2 P_2 + ... + \omega_M P_M$$

où $P_1$, ..., $P_M$ sont les prédictions obtenues avec $M$ modèles, $\omega_1$, ..., $\omega_M$ sont les poids associés à ces prédictions, et $P_{mix}$ est la prédiction finale égale à la somme pondérée des prédictions individuelles.

Plusieurs méthodes bayésiennes, mais aussi des méthodes issues de la statistique classique, ont été proposées pour estimer les poids associés à chaque modèle en utilisant une base de données (Buckland *et al.* [13], Hoeting *et al.* [75], Raftery *et al.* [162], Yuan et Yang [217]). Ces méthodes peuvent être appliquées à une grande diversité de modèles et plusieurs études ont montré que cette approche pouvait réduire les erreurs de prédiction et conduire à des intervalles de confiance plus réalistes, notamment lorsque les erreurs de prédiction sont grandes (Chatfield [26], Draper [44], Yuan et Yang [217]). La mise en oeuvre de ces méthodes n'est cependant pas toujours facile, notamment lorsque le nombre de modèles alternatifs est grand.

## 1.6   Conclusion

Les modèles mathématiques sont devenus des outils incontournables pour les scientifiques étudiant les systèmes biologiques. Ils permettent de tester rapidement des hypothèses sur le fonctionnement d'un système complexe et de prédire son évolution dans le temps et dans l'espace. Ces modèles constituent également des outils d'aide à la décision utilisés dans diverses disciplines, notamment pour l'analyse des risques environnementaux (*e.g.*, EFSA [50]).

Les modèles mathématiques biologiques incluent cependant diverses sources d'incertitude : paramètres, variables d'entrée, équation. Il est important de les analyser pour informer les utilisateurs des risques d'erreur et pour aider les modélisateurs à identifier les voies d'amélioration les plus prometteuses. Les méthodes d'analyse d'incertitude et de sensibilité permettent d'analyser les conséquences d'incertitudes dans les paramètres et les variables d'entrée sur les variables de sortie d'un modèle, et de hiérarchiser les sources d'incertitude à l'aide d'indice de sensibilité. Il existe également des méthodes pour tenir compte de l'incertitude dans les équations des modèles. Toutes ces méthodes doivent faire partie du bagage méthodologique du modélisateur.

Ce chapitre a présenté les principales étapes de l'analyse d'incertitude et de l'analyse de sensibilité. Une grande diversité de méthodes peuvent être mises en oeuvre à chacune de ces étapes et chacune présente des avantages et des inconvénients en terme de précision, de temps de calcul et de facilité d'application. Ces méthodes seront détaillées dans les chapitres suivants et illustrées avec plusieurs modèles utilisés en agronomie et halieutique.

# Chapitre 2

# Revue et objectifs des méthodes d'analyse de sensibilité globale

*Bertrand Iooss et Stéphanie Mahévas*

## 2.1   Introduction

### 2.1.1   A quoi sert l'analyse de sensibilité ?

La simulation numérique consiste à reproduire des systèmes physiques réels à l'aide de modèles constitués d'équations mathématiques et résolus par des calculs sur ordinateur. Elle est à présent considérée comme la troisième forme d'étude des phénomènes, après la théorie et l'expérience. Le processus de simulation numérique d'un système observable peut être divisé schématiquement en quatre phases (Figure 2.1) :

1. Etant donné une question posée et des connaissances théoriques sur le système, un objectif de modélisation est identifié pour développer un modèle mécaniste conceptuel (sur la base d'hypothèses), formalisé par un ensemble d'équations.

2. Un modèle conceptuel de simulation est spécifié par exemple en utilisant un langage de spécification (*e.g.* Unified Modelling Language).

3. Ce modèle est codé dans un langage de programmation.

4. Le modèle est ensuite paramétré pour simuler le système.

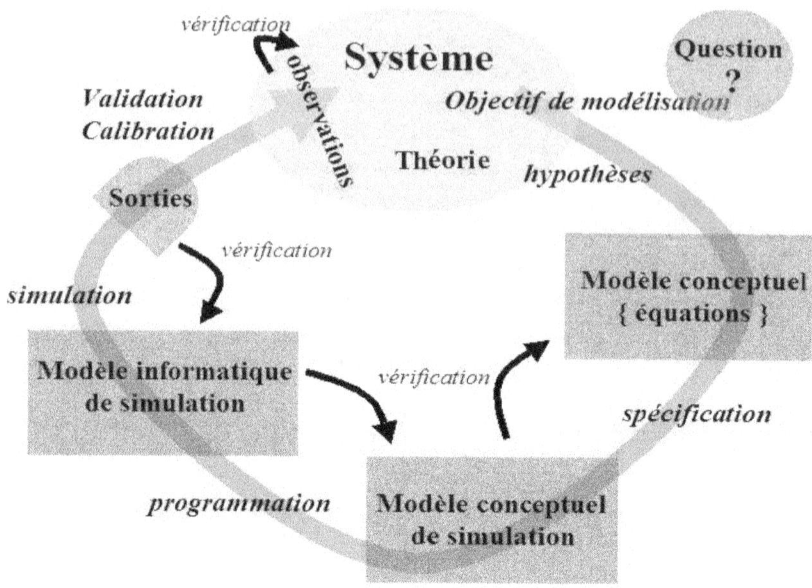


FIGURE 2.1 – Processus (boucle) de modélisation d'un système observable en quatre phases. Chacune de ces phases est vérifiée pour garantir un modèle calibré et validé.

Pour assister le développement et l'utilisation d'un modèle dans chacune de ces phases (depuis la conception du modèle théorique jusqu'à la production de diagnostic et pronostic par simulation), il est souvent fait référence à une grande classe de méthodes, les analyses de sensibilité (Saltelli *et al.* [175]). On distingue plusieurs utilisations possibles des analyses de sensibilité dans l'exercice de modélisation :

1. L'analyse de sensibilité permet d'explorer le modèle pour appréhender ses propriétés (régularité, monotonie,...). Cette étape d'exploration est un préalable nécessaire pour comprendre le fonctionnement du modèle, mesurer sa complexité et formuler des hypothèses réalistes lors de son utilisation. Considérant différentes hypothèses de valeurs de paramètres ou de relations fonctionnelles entre variables décrites par le modèle, on peut tester l'adéquation voire la vraisemblance de ces hypothèses.

2. Ensuite, l'analyse de sensibilité assiste le modélisateur pour choisir le niveau optimal de complexité du modèle (dans un processus de simplification/complexification). A partir d'un jeu de sorties

simulées résultant d'une exploration numérique, l'analyse de sensibilité permet d'identifier les paramètres non influents, associés à différents processus du modèle. Le modélisateur construit alors un modèle simplifié en supprimant les processus non influents ou en fixant à des valeurs constantes les paramètres non influents. Il peut aussi chercher à élaborer un métamodèle (appelé aussi surface de réponse ou émulateur), modèle mathématique simple, parfois analytique, reproduisant les variations des sorties en fonction des facteurs influents (Kleijnen [97]). Si le modèle permet de simuler plusieurs variables, il peut alors s'agir de construire une famille de métamodèles décrivant indépendamment ou conjointement les variables de sortie.

3. Enfin, dans l'étape de production de diagnostic (ou pronostic), l'analyse de sensibilité est un outil efficace de simplification de l'analyse d'incertitude en restreignant la prise en compte des incertitudes aux éléments influents du modèle. En effet il est largement reconnu que, la plupart du temps, peu de facteurs sont responsables de l'incertitude en sortie du modèle (Saltelli *et al.* [177]). L'analyse de sensibilité se définit comme la mesure de la contribution des différentes sources d'incertitudes du modèle dans l'incertitude des sorties.

La particularité des modèles complexes au regard des analyses de sensibilité est le plus souvent la présence d'un grand nombre de paramètres identifiés comme incertains et d'un degré d'interactions entre paramètres élevé. Ceci ne permet pas de mettre en œuvre des analyses simples, source d'incertitude par source d'incertitude (Saltelli *et al.* [180]). Dès lors que l'on travaille conjointement sur l'ensemble des paramètres incertains en balayant tout leur domaine d'incertitude, les analyses de sensibilité globales proposent un cadre adapté à cette approche. Pour des modèles complexes avec beaucoup de variables, elles reposent le plus souvent sur l'expérimentation numérique via la simulation du modèle. Nécessitant un très grand nombre de simulations, elles peuvent devenir rapidement difficiles à mettre en œuvre voire impossibles à réaliser. Dans ce chapitre, nous verrons de manière rapide et synthétique quelles sont les différentes méthodes et à quelles questions elles répondent.

## 2.1.2 Un bref historique

Le calcul de la sensibilité d'un modèle à ses entrées a longtemps été basé sur l'évaluation des répercussions sur les valeurs des sorties du modèle de petites perturbations des valeurs des entrées autour d'une valeur nominale.

Cette approche déterministe consiste à calculer ou à estimer des indices basés sur les dérivées partielles du modèle en un point précis. Grâce aux approches adjointes permettant de traiter rapidement des modèles à grand nombre de variables d'entrée, ce type d'approches est maintenant couramment utilisé dans la résolution de gros systèmes environnementaux (climatologie, océanographie, hydrogéologie, cf. Cacuci [15], Castaings [23]).

A partir de la fin des années 1980, pour pallier les limites des méthodes locales (hypothèses de linéarité et de normalité, variations locales), une nouvelle génération de méthodes s'est développée dans un cadre statistique. Par opposition aux méthodes locales, elles ont été dénommées "globales" car elles s'intéressent à l'ensemble du domaine de variation possible des variables d'entrée (Saltelli *et al.* [175]). Dans ces approches, les variables d'entrée peuvent concerner des paramètres des équations du modèle, des variables exogènes (*e.g.* conditions initiales du système modélisé, conditions aux limites) et même des variables numériques de résolution des équations du modèle. Les méthodes globales sont très grourmandes en simulations et leur mise en œuvre peut nécessiter des moyens informatiques importants. Favorisées par le développement exponentiel des puissances de calcul, les méthodes globales connaissent un essor considérable, renforcé par l'intérêt croissant de la part des modélisateurs et des utilisateurs de modèles numériques, qui souhaitent à présent profiter pleinement des outils de simulation numérique (cf. Helton [71], de Rocquigny *et al.* [36, 37] et Volkova *et al.* [210] pour des exemples d'applications industrielles, Ginot *et al.* [62], Drouineau *et al.* [47], Lehuta *et al.* [112] et Gauchi *et al.* [61] pour des exemples en halieutique).

Cariboni *et al.* [21] distinguent différentes classes de méthodes d'analyse de sensibilité de deux manières.

– la méthode d'analyse de sensibilité peut qualifier ou quantifier l'influence des variables ;
– le résultat de l'analyse de sensibilité peut être local (l'influence d'une variable d'entrée est obtenue en fixant les autres variables) ou global (l'espace d'incertitude de l'ensemble des variables est exploré conjointement).

Nous nous intéresserons ici aux analyses de sensibilité globales qu'elles soient qualitatives ou quantitatives. Les sorties du modèle sur lesquelles l'analyse va porter et la liste des variables d'entrée du modèle qui seront considérées dans l'analyse doivent être définies en fonction des objectifs de l'analyse. Mettre en œuvre une analyse de sensibilité globale requiert donc, dans un premier temps, d'expliciter les objectifs de l'analyse du modèle et la précision recherchée dans le diagnostic. Le nombre, la nature discrète ou continue des entrées et le temps (ou le coût) nécessaire à la réalisation d'une expérience (simulation) sont alors les caractéristiques qui, conditionnellement à la régularité du modèle et aux moyens disponibles pour réaliser les expériences, dicteront le choix de la méthode d'analyse de sensibilité.

Les méthodes d'analyse de sensibilité globale sont nombreuses, allant des outils graphiques à la théorie de l'apprentissage statistique, en passant par la planification d'expériences et les méthodes de simulation comme la méthode de Monte Carlo. Des premières synthèses de différentes méthodes ont été élaborées (*e.g.* par Kleijnen [95], Frey et Patil [59], Helton *et al.* [73], Storlie et Helton [198], de Rocquigny *et al.* [38], Pappenberger *et al.* [150], Iooss [80]). Dans cet ouvrage, les méthodes les plus importantes seront décrites en détail. Avant ceci, et afin d'aider le lecteur à identifier les points cruciaux de l'analyse, nous proposons dans ce chapitre une introduction méthodologique à l'analyse de sensibilité globale, illustrée par une application simple à vocation pédagogique.

### 2.1.3  Le modèle de crues

L'exemple utilisé dans ce chapitre concerne la simulation de la hauteur de crues d'une rivière, comparée à la hauteur d'une digue qui protège un lieu d'habitation ou un site industriel (Figure 2.2). L'écoulement des crues peut provoquer des hauteurs d'eau importantes, susceptibles de conduire à des inondations si la cote atteinte déborde par dessus la digue de protection. Ce modèle, proposé comme exercice et benchmark par de Rocquigny [36, 37], est ici légèrement remanié afin de mieux illustrer notre propos.

Le modèle de crues utilisé est basé sur une simplification des équations hydrodynamiques en 1D (dites équations de Saint-Venant) sous les hypothèses de débit constant et uniforme et de section rectangulaire très large. Il consiste en une équation qui fait intervenir les caractéristiques d'un tronçon de cours d'eau :

$$S = Z_v + H - H_d - C_b \text{ avec } H = \left( \frac{Q}{BK_s \sqrt{\frac{Z_m - Z_v}{L}}} \right)^{0.6} \tag{2.1}$$

avec
- $S$ la surverse d'eau (en $m$) par rapport à une digue, sortie du modèle ;
- $H$ la hauteur d'eau maximale annuelle (en $m$) ;

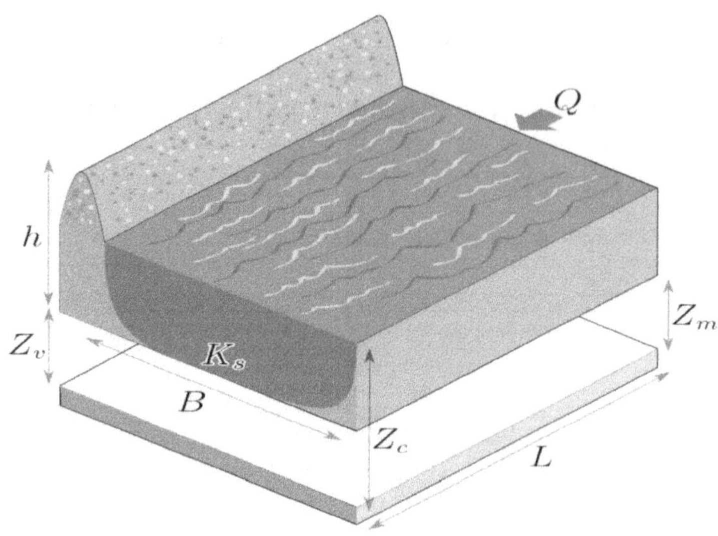


FIGURE 2.2 – Exemple de crues : modèle simplifié d'une rivière et de la protection d'un site industriel à l'aide d'une digue.

- $Q$ le débit maximal annuel (en $m^3/s$), entrée aléatoire de loi Gumbel max $G(1013, 558)$ tronquée inférieurement en 500 et supérieurement en 3000 ;
- $K_s$ le coefficient de Strickler, entrée aléatoire de loi normale $N(30, 8)$ tronquée inférieurement en 15 ;
- $Z_v$ la cote en aval du fond du cours d'eau (en $m$), entrée aléatoire de loi $Triang(49, 50, 51)$, où $Triang(\text{min}, \text{mode}, \text{max})$ est la loi triangulaire ;
- $Z_m$ la cote en amont du fond du cours d'eau (en $m$), entrée aléatoire de loi $Triang(54, 55, 56)$ ;
- $H_d$ la hauteur de la digue (en $m$), entrée aléatoire de loi $U(7, 9)$ où $U(\text{min}, \text{max})$ est la loi uniforme ;
- $C_b$ la cote de la berge (en $m$), entrée aléatoire de loi $Triang(55, 55.5, 56)$ ;
- $L$ la longueur du tronçon du cours d'eau (en $m$), entrée aléatoire de loi $Triang(4990, 5000, 5010)$ ;
- $B$ la largeur du cours d'eau (en $m$), entrée aléatoire de loi $Triang(295, 300, 305)$.

Parmi les variables d'entrée du modèle (équation 2.1), on distingue le paramètre $H_d$ qui est rendu aléatoire car on veut l'étudier en tant que paramètre de conception. Les autres variables d'entrée sont aléatoires du fait de leurs variabilités temporelle et spatiale, de notre méconnaissance de leur valeur ou du fait d'imprécisions dans leur estimation.

Nous nous intéressons également à une autre sortie, le coût annuel dû à la digue $C_p$ (en M€) défini par la formule suivante :

$$
\begin{aligned}
C_p &= 1_{S>0} + \left\{0.2 + 0.8\left[1 - \exp\left(-\frac{1000}{S^4}\right)\right]\right\} 1_{S\leq 0} \\
&\quad + \frac{1}{20}\left(H_d 1_{H_d>8} + 8 1_{8\leq H_d}\right)
\end{aligned}
\tag{2.2}
$$

avec $1_A(x)$ la fonction indicatrice qui vaut 1 pour $x \in A$ et 0 sinon. Dans cette équation, le premier terme est le coût dû à une inondation ($S > 0$) qui vaut 1 M€, le second un coût d'entretien du lit de la rivière dans le cas où il n'y a pas d'inondation ($S \leq 0$), et le troisième le coût d'investissement lié à la digue. Ce dernier coût est constant pour une hauteur de digue inférieure à 8 m et croissant (proportionnel à $H_d$) au-delà.

Dans la suite, l'entrée du modèle est notée $\mathbf{X}$ avec $\mathbf{X} = (X_1, \ldots, X_K) \in \mathbb{R}^K$ et nous nous restreignons à l'étude d'une sortie scalaire $Y \in \mathbb{R}$ du modèle :

$$
Y = \mathscr{G}(\mathbf{X})
\tag{2.3}
$$

où $\mathscr{G}(\cdot)$ représente le code de calcul et qui pourra être nommé $FC$ (fonction code) en d'autres parties de l'ouvrage. Dans le cadre probabiliste, $\mathbf{X}$ est un vecteur aléatoire défini par une loi de probabilité et $Y$ devient une variable aléatoire. La question de la dépendance entre les composantes de $\mathbf{X}$ ne sera pas traitée ici (cf. Kurowicka et Cooke [106] pour une introduction à cette question), si bien que les entrées $X_i$ ($i = 1 \ldots K$) sont supposées indépendantes. On supposera aussi que le domaine de variation de ces variables est continu. Enfin, nos analyses de sensibilité portent uniquement sur l'étude de la variabilité globale de la sortie, mesurée le plus souvent par sa variance. Si la quantité d'intérêt est différente, par exemple l'entropie de la sortie ou la probabilité de dépasser un seuil, d'autres techniques seront nécessaires (Saltelli *et al.* [175], Frey et Patil [59], Lemaître *et al.* [115]).

Dans ce chapitre, les méthodes d'analyse de sensibilité sont classées en trois grands groupes, décrits chacun dans une section complète. La section suivante traite des méthodes dites de criblage, méthodes qualitatives d'analyse de sensibilité permettant de traiter des modèles à plusieurs dizaines de variables d'entrée. Les mesures d'influence quantitatives les plus utilisées dans la littérature sont décrites dans la troisième section, alors que la quatrième section passe en revue les techniques avancées d'exploration du comportement de la sortie d'un modèle vis-à-vis de ses entrées.

## 2.2  Méthodes de criblage

Les méthodes de criblage (*screening* en anglais) permettent d'explorer rapidement le comportement des sorties d'un code de calcul coûteux en faisant varier un grand nombre de ses entrées (typiquement plusieurs dizaines voire plusieurs centaines). L'amplitude des variations des valeurs de sortie du modèle, simulées sur différents jeux de facteurs d'entrée, est utilisée comme critère d'importance. Toutes les méthodes sont basées sur la discrétisation des entrées en plusieurs valeurs nommées niveaux, ce qui en fait des méthodes dites déterministes. Pour les entrées de notre exemple crues dont les lois de probabilité ne sont pas à support borné, nous prenons les quantiles à 95% et à 5% comme valeurs maximale et minimale. Nous distinguons trois classes de méthodes : le criblage à très grande dimension (adapté aux modèles possédant plusieurs dizaines voire centaines d'entrées), les plans d'expérience classiques (adapté lorsque le nombre d'entrées et le nombre de simulations sont du même ordre de grandeur) et la méthode de Morris (plus coûteuse mais nécessitant moins d'hypothèses sur le modèle).

### 2.2.1  Criblage à très grande dimension

Certaines techniques issues de la pratique des plans d'expérience permettent de réaliser un criblage en réalisant moins de calculs qu'il n'y a d'entrées. Celles-ci supposent qu'il n'y a pas d'interaction entre les entrées, que la variation de la sortie est monotone par rapport à chaque entrée et que le nombre des entrées influentes est très faible devant le nombre total d'entrées (de l'ordre d'une sur dix). Il s'agit en premier lieu des techniques de plans supersaturés développés dans le contexte de la planification d'expériences réelles (Satterthwaite [186], Lin [119]). L'un des plans supersaturés les plus connus résulte de la division en deux parties d'une matrice d'Hadamard (Droesbecke *et al.* [45]). Dans un contexte de criblage pour codes de calcul, Claeys-Bruno *et al.* [28] ont montré sur quelques applications que ce plan supersaturé est l'un des plus robustes et que, pour identifier toutes les entrées influentes, il faut au moins cinq fois plus de calculs que d'entrées influentes (sachant qu'il y a au moins dix fois moins d'entrées influentes que d'entrées au total).

D'autres approches sont particulièrement bien adaptées aux expériences numériques car elles sont séquentielles et adaptatives, c'est-à-dire qu'elles définissent une nouvelle expérience à réaliser en fonction des résultats des précédentes. On ne sait donc pas *a priori* combien elles vont nécessiter d'expériences. La technique du criblage par groupe (Dean et Lewis [39]) consiste à créer un certain nombre de groupes d'entrées (aléatoirement ou en mettant les entrées que l'on croît influentes entre elles) et à identifier les groupes les plus influents (en faisant varier les valeurs des variables de tout un groupe sans faire varier les valeurs des variables des autres groupes). En répétant progressivement l'opération en conservant les groupes influents, on extrait au final les entrées influentes. Cette technique nécessite la connaissance *a priori* du sens de variation de la sortie en fonction du sens de variation de chaque entrée, connaissance qui n'est pas toujours disponible.

Enfin, la méthode des bifurcations séquentielles de Bettonvil et Kleijnen [6] est une méthode de criblage par groupe avec deux groupes. C'est une approche dichotomique où on tente d'éliminer un groupe de variables à l'issue de chaque nouveau calcul (pour lequel les entrées d'un groupe sont figées à un niveau et les entrées de l'autre groupe sont mises à un niveau différent). Comme pour le criblage par groupe, son coût dépend donc du nombre de variables influentes, mais aussi de la stratégie de classement, *i.e.* de notre capacité à suspecter quelles sont les entrées influentes afin de les rassembler au sein d'un même groupe.

En appliquant cette technique en aveugle sur l'exemple crues (Eq. (2.1), modèle à 8 entrées), en supposant que le modèle est monotone par rapport à chaque entrée et qu'il n'y a pas d'interaction, on obtient par exemple après 4 évaluations (permettant de créer au final 3 groupes) du modèle pour chaque sortie :
- sortie $S$ : la première étape de la méthode a créé deux groupes et a permis de voir que le groupe $(Q, K_s, Z_v, Z_m)$ est plus influent que $(H_d, C_b, L, B))$. Au final, la méthode conclut que les groupes $(Q, K_s)$, $(Z_v, Z_m)$ et $(H_d, C_b, L, B)$ ont des influences à peu près égales ;
- sortie $C_p$ : $(Z_v, Z_m)$ est le groupe le plus influent, $(Q, K_s)$ est un groupe moyennement influent, $(H_d, C_b, L, B)$ est un groupe d'influence négligeable. Comme on le verra plus tard, ces conclusions sont fausses car les hypothèses inhérentes à la méthode (monotonie et non interaction) ne sont pas respectées.

Cette technique donne donc des résultats grossiers et nécessite des connaissances et certaines hypothèses fortes vis-à-vis du modèle étudié. Elle a été illustrée ici sur un modèle à 8 entrées mais est plutôt adaptée à des modèles possédant plusieurs dizaines d'entrées (dont on a la connaissance du sens de leur effet sur la sortie).

Dans un contexte de criblage pour codes de calcul, Sergent *et al.* [188]

comparent les plans supersaturés, le criblage par groupe et les bifurcations séquentielles et en concluent que la technique des plans supersaturés est nettement plus risquée que les autres mais nécessite le moins d'hypothèses. En effet, il est nécessaire de connaître le sens de variation de la sortie par rapport à chaque entrée pour pouvoir appliquer les méthodes des bifurcations séquentielles et du criblage par groupe.

### 2.2.2   Plans d'expérience usuels

La deuxième classe de méthodes regroupe les méthodes issues de la théorie classique des plans d'expérience (cf. par exemple Droesbecke *et al.* [45] ou Montgomery [139]). Un plan factoriel complet consiste à évaluer le code de calcul pour toutes les combinaisons des niveaux des entrées, ce qui permet l'estimation de tous les effets des entrées et de leurs interactions. En pratique, le nombre de simulations requis rend ce plan impraticable au-delà d'une dizaine d'entrées. En effet, il nécessite $2^K$ calculs si on suppose que le modèle est monotone en travaillant avec deux niveaux seulement pour chaque entrée.

Si l'on veut estimer de manière non biaisée les effets du premier ordre (aussi appelés effets principaux) de chaque entrée, il faut au minimum disposer d'évaluations du modèle correspondant à $N \geq K + 1$ combinaisons des entrées. Par définition, un plan de résolution trois (noté RIII) permet cette estimation non biaisée en supposant que les effets des interactions sont nuls, *i.e.* que le modèle est de la forme :

$$Y = \sum_{j=0}^{K} \beta_j X_j + \epsilon \tag{2.4}$$

où $X_0 = 1, X_1,\ldots,X_K$ les $K$ facteurs d'entrée, $\beta = (\beta_0,\ldots,\beta_K)^T \in \mathbb{R}^{K+1}$ est le vecteur des effets des facteurs et $\epsilon \in \mathbb{R}$ est l'erreur du modèle. L'estimation de ces effets se fait par la méthode des moindres carrés ordinaires, sous hypothèse de normalité de $\epsilon$.

Le plan d'expérience le plus simple, encore très utilisé, est le plan nommé *One At a Time* (OAT), qui fait partie de la classe des plans RIII. Le plan OAT consiste à changer le niveau d'une entrée à la fois, en utilisant deux ou trois niveaux par facteur (Kleijnen [98]). Avec deux niveaux, ce plan requiert donc exactement $N = K + 1$ calculs, mais ne permet pas de maîtriser la précision que l'on a sur les estimations des effets. Saltelli et Annoni [173] proposent une critique étayée du plan OAT. Il faut noter que l'utilisation de ce plan obéit à d'autres règles que celles de l'analyse de sensibilité : le plan OAT est souvent utilisé au préalable par les utilisateurs pour une vérification systématique et manuelle de l'effet de chaque entrée (détection de bugs ou d'anomalies).

Pour l'analyse de sensibilité, une voie plus raisonnable qu'un simple plan OAT consiste à minimiser la variance des effets estimés (*i.e.* accroître la qualité d'estimation des $\beta_j$). Ceci est l'un des objectifs de la théorie des plans d'expérience. Celle-ci se concentre sur les plans orthogonaux, c'est-à-dire les plans qui satisfont

$$(\mathbf{X}_0^N)^T \mathbf{X}_0^N = N \mathbf{I}_{K+1} \tag{2.5}$$

où $\mathbf{X}_0^N = (X_j^{(i)})_{i=1..N, j=0..K}$ est la matrice du plan, $N$ le nombre d'éléments du plan et $\mathbf{I}_{K+1}$ est la matrice identité de dimension $K+1$. Une classe bien connue de plans orthogonaux est celle des plans factoriels fractionnaires. Leur construction, qui fait appel à la notion d'alias, consiste à confondre des interactions que l'on soupçonne non actives avec des effets principaux (Droesbeke *et al.* [45]).

Il est parfois prudent de supposer que les interactions entre les entrées peuvent avoir des effets importants. Par définition, un plan de résolution quatre (noté RIV) permet une estimation non biaisée des effets principaux même si des interactions d'ordre deux sont présentes. Un plan RIV peut être construit en superposant un plan RIII avec son plan miroir. Pour un coût en terme de nombre de calculs de l'ordre de $2K$, un plan RIV permet donc d'identifier les effets principaux des entrées pour des modèles avec interactions. Il existe de nombreux autres types de plans qui assouplissent les hypothèses des plans RIII tout en conservant un nombre de calculs raisonnable (Montgomery [139]).

### 2.2.3 La méthode de Morris

La méthode de Morris (Morris [140], Saltelli *et al.* [175]) consiste à répéter $r$ fois ($r = 5$ à $10$ en général) un plan OAT aléatoirement dans l'espace des entrées, en discrétisant uniformément le domaine de chaque entrée en un nombre identique de niveaux (dépendant du nombre $r$ de répétitions que l'on veut faire). "Aléatoirement" signifie que l'on tire aléatoirement le point de départ de l'expérience OAT et la suite de directions pour lesquelles on évalue séquentiellement les nouvelles expériences.

La méthode de Morris permet ainsi de s'extraire des hypothèses limitatives du plan OAT en classant les entrées selon trois catégories :
- entrées ayant des effets négligeables,
- entrées ayant des effets linéaires et sans interaction,
- entrées ayant des effets non linéaires et/ou avec interactions (sans distinction de ces deux types d'effets).

Chaque répétition $i$ ($i = 1 \ldots r$) permet d'évaluer un effet élémentaire $E_j^{(i)}$ (accroissement du modèle entre deux points successifs) par variable d'entrée $X_j$. L'ensemble du plan d'expérience ($r$ répétitions) fournit un $r$-échantillon des effets de chaque entrée $X_j$, dont sont issus les indices de sensibilité $\mu_j^\star = \frac{1}{r} \sum_{i=1}^{r} |E_j^{(i)}|$ (moyenne des valeurs absolues des effets) et $\sigma_j$ (écart-type des effets). Ainsi, plus la moyenne $\mu_j^\star$ est importante, plus l'entrée $X_j$ contribue à la dispersion de la sortie (la valeur absolue dans la prise de la moyenne permet d'éviter les effets de compensation entre dérivées positives et négatives). L'écart-type $\sigma_j$ mesure, quant à lui, la linéarité du modèle étudié. En effet, si la sortie dépend linéairement de $X_j$ et que $X_j$ n'interagit pas avec d'autres entrées $X_k$ ($k \neq j$), l'effet d'une perturbation élémentaire de $X_j$ est identique quelle que soit sa position dans le domaine de variation des entrées (donc aussi de la valeur des autres entrées) : les $r$ effets élémentaires sont égaux et $\sigma_j$ est alors égal à 0. Par conséquent, plus $\sigma_j$ est élevé (par rapport à $\mu_j^\star$), moins l'hypothèse de linéarité et/ou de non interaction est pertinente.

La méthode de Morris est appliquée sur l'exemple crues (Eq. (2.1)) avec $r = 5$ répétitions, ce qui nécessite $N = r(K + 1) = 45$ évaluations du modèle. La figure 2.3 trace les évaluations des deux indices $\mu_j^\star$ et $\sigma_j$. Cette visualisation est particulièrement adaptée pour interpréter les résultats :
- sortie $S$ : $K_s$, $Z_v$, $Q$, $C_b$ et $H_d$ sont des entrées influentes, alors que les autres entrées ont peu d'influence. La sortie du modèle dépend des entrées de manière linéaire et ces entrées n'interagissent pas (car pour toutes ces entrées $j$ : $\sigma_j \ll \mu_j^\star$),
- sortie $C_p$ : $H_d$, $Q$, $Z_v$ et $K_s$ sont des entrées fortement influentes avec des effets non linéaires et/ou d'interactions ($\sigma_j$ et $\mu_j^\star$ sont du même ordre de grandeur). $C_b$ a une influence moyenne. Les autres entrées n'ont que peu d'influence.

Au final, cette phase de criblage permet d'identifier les entrées $L$, $B$ et $Z_m$, comme ayant très peu d'influence sur les deux sorties étudiées. Ces trois entrées sont fixées dans la suite de ce chapitre à leur valeur nominale.

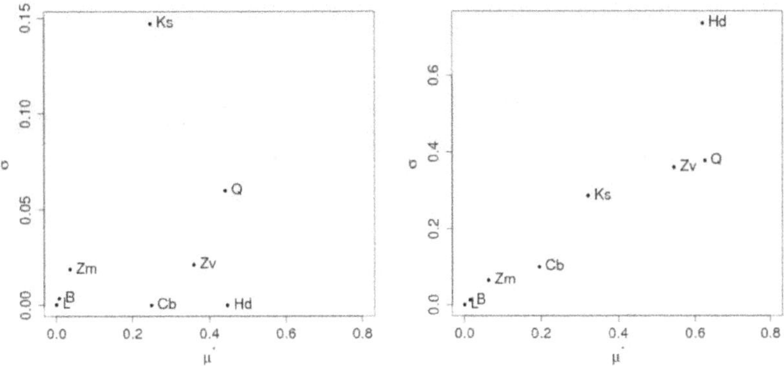

FIGURE 2.3 – Résultats de la méthode de Morris ($r = 5$ avec 4 niveaux) : sorties $S$ (gauche) et $C_p$ (droite).

## 2.3   Définitions de mesures d'importance

Un indice de sensibilité est défini comme une mesure de l'influence d'une variable d'entrée du modèle sur la variabilité de la sortie du modèle. S'il est possible d'obtenir un échantillon de simulations de taille suffisante $(X^N, Y^N) = \left( X_1^{(i)}, \ldots, X_K^{(i)}, Y_i \right)_{i=1\ldots N}$, il est aisé d'obtenir des indices de la sensibilité de la sortie par rapport aux entrées en appliquant les techniques de régression linéaire, de régression sur les rangs, de tests statistiques, voire de décomposition de la variance fonctionnelle. Nous parlons à présent de mesures d'importance car ces techniques permettent une hiérarchisation précise de l'influence sur la sortie de toutes les entrées, contrairement à la plupart des techniques de criblage qui ont pour but de détecter les entrées non influentes. Nous distinguons à nouveau trois classes de méthodes : les méthodes de régression linéaire, celles utilisant des tests d'hypothèses statistiques, et une technique très générale basée sur la décomposition fonctionnelle d'une fonction.

### 2.3.1   Méthodes basées sur la régression linéaire

Les principales mesures d'importance que l'on classe dans cette catégorie sont les suivantes (cf. Saporta [184]) :

- le *coefficient de corrélation linéaire* (nommé aussi coefficient de Pearson et noté $\rho(\cdot,\cdot)$) entre $X_j$ et $Y$ :

$$\rho_j = \rho(X_j, Y) = \frac{\mathrm{Cov}(X_j, Y)}{\sqrt{\mathbb{V}\mathrm{ar}(X_j)\mathbb{V}\mathrm{ar}(Y)}} \qquad (2.6)$$

- le *coefficient de régression standard* (noté $\mathrm{SRC}(\cdot,\cdot)$) :

$$\mathrm{SRC}_j = \mathrm{SRC}(X_j, Y) = \beta_j \sqrt{\frac{\mathbb{V}\mathrm{ar}(X_j)}{\mathbb{V}\mathrm{ar}(Y)}} \qquad (2.7)$$

où $\beta_j$ est le coefficient de régression de $X_j$ (Eq. (2.4)) ;

- le *coefficient de corrélation partielle* (noté $\mathrm{PCC}(\cdot,\cdot)$),

$$\mathrm{PCC}_j = \mathrm{PCC}(X_j, Y) = \rho(Y - \widehat{Y_{-j}}, X_j - \widehat{X_j}) \qquad (2.8)$$

avec $\widehat{Y_{-j}}$ la prévision du modèle linéaire dans lequel $X_j$ n'est pas présent et $\widehat{X_j}$ la prévision du modèle linéaire qui exprime $X_j$ en fonction des autres entrées. Les PCC sont adaptés au cas où les variables d'entrée sont corrélées car ils permettent d'éliminer l'influence des autres variables d'entrée sur l'indice de sensibilité entre une entrée et une sortie (Saltelli *et al.* [175]) ;

- le *coefficient de corrélation sur les rangs* des variables (nommé coefficient de Spearman et noté $\rho^S(\cdot,\cdot)$). Si $\mathbf{R}_X = (R_{X_1}, \ldots, R_{X_K})$ est le vecteur des rangs des entrées et $R_Y$ est le rang de la sortie, on a :

$$\rho_j^S = \rho^S(X_j, Y) = \rho(R_{X_j}, R_Y) \qquad (2.9)$$

On calcule ces coefficients après avoir transformé l'échantillon $(X^N, Y^N)$ en un échantillon $(\mathbf{R}_X^N, \mathbf{R}_Y^N)$ en remplaçant les valeurs par leur rang dans chaque colonne de la matrice. Cette transformation des rangs permet de transformer une relation monotone (pas forcément linéaire) entre les valeurs de deux variables en une relation linéaire entre leurs rangs (Saporta [184]) ;

- le *coefficient de régression standard sur les rangs* (noté $\mathrm{SRRC}(\cdot,\cdot)$), pendant du SRC mais à partir de l'échantillon $(\mathbf{R}_X^N, \mathbf{R}_Y^N)$ :

$$\mathrm{SRRC}_j = \mathrm{SRRC}(X_j, Y) = \mathrm{SRC}(R_{X_j}, R_Y) \qquad (2.10)$$

– le *coefficient de corrélation partielle sur les rangs* (noté PRCC($\cdot,\cdot$)), pendant du PCC mais à partir de l'échantillon $(\mathbf{R}_X^N, \mathbf{R}_Y^N)$ :

$$\mathrm{PRCC}_j = \mathrm{PRCC}(X_j, Y) = \mathrm{PCC}(R_{X_j}, R_Y) \qquad (2.11)$$

En pratique, on effectue tout d'abord une régression linéaire entre la sortie $Y$ et les entrées $\mathbf{X}$ afin de savoir si leur relation est approximativement linéaire. Pour mesurer cette linéarité, les outils statistiques classiques sont utilisés, comme par exemple l'analyse des résidus, le coefficient de détermination $R^2$ (Saporta [184]) et le coefficient de prédictivité $Q^2$ du modèle :

$$Q^2 = 1 - \frac{\sum_{i=1}^{N_t}[Y_i - \widehat{Y}(\mathbf{X}^{(i)})]^2}{\sum_{i=1}^{N_t}(\overline{Y} - Y_i)^2} \qquad (2.12)$$

où $(\mathbf{X}^{(i)}, Y_i)_{i=1..N_t}$ est un $N_t$-échantillon d'entrées-sorties (base de test), $\widehat{Y}(\cdot)$ est la prévision du modèle linéaire (2.4) et $\overline{Y}$ est la moyenne de $(Y_i)_{i=1..N_t}$. $Q^2$ correspond au $R^2$ calculé sur une base de test. Si on juge l'hypothèse de linéarité acceptable (par exemple si $Q^2 > 0.8$, ce qui signifie que plus de 80% de la variabilité de la sortie est expliquée par une relation linéaire), alors les indices de sensibilité Pearson, SRC et PCC sont utilisables. Par ailleurs, si les variables d'entrée sont indépendantes, l'ensemble des carrés des coefficients de régression standards (SRC$^2$) forme une décomposition de la variance de la réponse : chaque SRC$_j^2$ exprime la part de variance de la réponse expliquée par le facteur $X_j$. Cette propriété en fait une mesure particulièrement appréciée. On étudiera donc plus souvent le carré des coefficients décrits dans les équations de (2.7) à (2.11).

Dans le cas où la relation entre $\mathbf{X}$ et $Y$ n'est pas linéaire mais monotone, les coefficients de corrélation et de régression basés sur les rangs (Spearman, SRRC, PRCC) peuvent être utilisés (Saltelli *et al.* [175]). L'hypothèse de monotonie doit bien sûr être validée, par exemple à l'aide du coefficient de détermination $R^{2*}$ et du coefficient de prédictivité $Q^{2*}$ associé à la régression linéaire sur les rangs.

Comme pour les plans d'expérience usuels (cf. paragraphe 2.2.2), ces méthodes basées sur la régression linéaire nécessitent un échantillon de taille $N \geq K + 1$. En pratique, un échantillon de type Monte Carlo ou quasi-Monte Carlo est souvent utilisé lorsque l'utilisateur réalise, conjointement à une analyse de sensibilité, une propagation des incertitudes des entrées (échantillonnées suivant leur loi de probabilité). L'estimation des

|            | $Q$  | $K_s$ | $Z_v$ | $H_d$ | $C_b$ |          |
|------------|------|-------|-------|-------|-------|----------|
|            |      |       | SRC$^2$ |     |       | $Q^2$    |
| Sortie $S$ | 0.28 | 0.12  | 0.15  | 0.26  | 0.03  | 0.98     |
| Sortie $C_p$ | 0.25 | 0.16 | 0.18 | 0.00 | 0.07  | 0.70     |
|            |      |       | SRRC$^2$ |    |       | $Q^{2*}$ |
| Sortie $S$ | 0.27 | 0.12  | 0.13  | 0.26  | 0.02  | 0.70     |
| Sortie $C_p$ | 0.26 | 0.19 | 0.18 | 0.06 | 0.03  | 0.73     |

Tableau 2.1 – Indices de sensibilité SRC$^2$ et SRRC$^2$ pour le modèle crues.

indices de sensibilité est alors entâchée de l'incertitude due à la taille limitée de l'échantillon. Cette incertitude peut être estimée de manière analytique ou par des méthodes statistiques (par exemple par bootstrap).

Ces méthodes sont appliquées sur l'exemple crues (Eq. (2.1)) avec les $K = 5$ entrées identifiées influentes dans l'étape de criblage précédente. Un échantillon Monte Carlo d'entrée de taille $N = 100$ fournit 100 évaluations du modèle et une base de test de taille $N_t = 1000$ est utilisée pour évaluer $Q^2$. Les résultats sont donnés dans le tableau 2.1. Pour la sortie $S$, le $Q^2$ très proche de 1 montre une bonne adéquation des données à un modèle linéaire. Les outils d'analyse statistique de la régression (cf. par exemple Saporta [184]) confirment aisément ce résultat. Les indices de sensibilité basés sur la variance sont donc donnés grâce aux indices SRC$^2$. Pour la sortie $C_p$, les $Q^2$ et $Q^{2*}$ éloignés de 1 montrent que le modèle n'est ni linéaire ni monotone. Les indices SRC$^2$ et SRRC$^2$ peuvent être utilisés en première approximation, sachant que 30% de la variabilité de cette sortie n'a pas été expliquée. Par ailleurs, si un autre échantillon Monte Carlo de même taille est utilisé, on s'aperçoit que les valeurs obtenues peuvent être très différentes. Pour obtenir des indices de sensibilité plus précis, il faudrait augmenter significativement la taille de l'échantillon.

### 2.3.2 Méthodes basées sur des tests statistiques

A partir d'un échantillon d'entrées identiquement et indépendamment distribuées (par exemple Monte Carlo), d'autres techniques d'analyse de sensibilité peuvent être utilisées. Par exemple, une partition de l'échantillon d'entrées-sortie en $q$ sous-échantillons est réalisée pour chaque entrée, en découpant cette dernière en strates équiprobables. Pour chaque entrée, des tests statistiques sont alors appliqués pour mesurer l'homogénéité statistique des $q$ sous-échantillons : moyennes communes (CMN) basées sur un test de Fisher, médianes communes (CMD) basées sur un test de $\chi^2$, variances communes (CV) basées sur un test de Fisher, localisations communes (CL) basées sur le test de Kruskal-Wallis, ... (Kleijnen et Helton [99], Helton *et al.* [73]). Ces méthodes ne requièrent pas d'hypothèse sur la monotonie de la sortie en fonction des entrées mais présentent l'inconvénient d'être peu intuitives comparativement aux méthodes de régression.

Sur l'exemple crues et la sortie $C_p$, avec un découpage en 5 classes, les $p$-valeurs fournies par le test CMN sont les suivantes : $p(K_s) = 8.6 \times 10^{-7}$, $p(Q) = 1.0 \times 10^{-5}$, $p(H_d) = 6.7 \times 10^{-5}$, $p(Z_v) = 4.8 \times 10^{-5}$, $p(C_b) = 3.9 \times 10^{-1}$. Ces résultats identifient $H_d$, en plus des autres variables, comme une entrée influente. Ceci n'avait pas été révélé par les indices SRC et SRRC, mais avait bien été fourni par la méthode de Morris. Ces méthodes basées sur des tests statistiques sont donc bien complémentaires des méthodes basées sur la régression linéaire.

### 2.3.3  Décomposition de la variance fonctionnelle

Dans le cadre général d'un modèle non linéaire et non monotone, on peut estimer l'importance des entrées sur la sortie du modèle en utilisant la décomposition de $\mathscr{G}(\cdot)$ en somme de fonctions élémentaires (Hoeffding [74]) :

$$\mathscr{G}(X_1,\cdots,X_K) = f_0 + \sum_i^K f_i(X_i) + \sum_{i<j}^K f_{ij}(X_i,X_j) + \cdots$$
$$+ f_{12..K}(X_1,\cdots,X_K) \tag{2.13}$$

où $\mathscr{G}(\cdot)$ est de carré intégrable sur $\Omega = [0,1]^K$, $f_0$ est une constante et les autres fonctions vérifient les conditions suivantes :

$$\int_0^1 f_{i_1,\ldots,i_s}(x_{i_1},\ldots,x_{i_s})\,dx_{i_k} = 0 \ \forall k = 1,\ldots,s \tag{2.14}$$
$$\forall \{i_1,\ldots,i_s\} \subseteq \{1,\ldots,K\}$$

Cette décomposition a été introduite par Sobol [194] pour l'analyse de sensibilité (d'où son appellation "décomposition de Sobol" dans ce domaine). Celui-ci a notamment montré que les conditions (2.14) impliquent que la décomposition est unique.

Si les $X_i$ sont aléatoires et mutuellement indépendantes, l'équation (2.13) permet d'obtenir la décomposition de la variance fonctionnelle (appelée aussi représentation ANOVA fonctionnelle) :

$$\mathbb{V}\mathrm{ar}(Y) = \sum_{i=1}^{K} V_i(Y) + \sum_{i<j} V_{ij}(Y) + \sum_{i<j<k} V_{ijk}(Y) + \ldots + V_{12..K}(Y) \quad (2.15)$$

où $V_i(Y) = \mathbb{V}\mathrm{ar}[\mathbb{E}(Y|X_i)]$, $V_{ij}(Y) = \mathbb{V}\mathrm{ar}[\mathbb{E}(Y|X_i X_j)] - V_i(Y) - V_j(Y)$ et ainsi de suite. À partir de (2.15), des indices de sensibilité s'obtiennent alors extrêmement naturellement :

$$\mathrm{SI}_i = \frac{\mathbb{V}\mathrm{ar}\left[\mathbb{E}\left(Y|X_i\right)\right]}{\mathbb{V}\mathrm{ar}(Y)} = \frac{V_i(Y)}{\mathbb{V}\mathrm{ar}(Y)}, \qquad \mathrm{SI}_{ij} = \frac{V_{ij}(Y)}{\mathbb{V}\mathrm{ar}(Y)} \qquad (2.16)$$

$$\mathrm{SI}_{ijk} = \frac{V_{ijk}(Y)}{\mathbb{V}\mathrm{ar}(Y)}, \quad \ldots$$

Ces coefficients sont nommés "mesures d'importance basées sur la variance" ou plus simplement indices de Sobol. Compris entre 0 et 1 et leur somme valant 1, les indices de Sobol sont particulièrement faciles à interpréter (en terme de pourcentage de la variance de la réponse expliquée), ce qui explique leur popularité. L'indice du second ordre $\mathrm{SI}_{ij}$ exprime la sensibilité du modèle à l'interaction entre les variables $X_i$ et $X_j$, et ainsi de suite pour les ordres supérieurs. Les indices d'ordre 1 sont égaux aux $\mathrm{SRC}^2$ quand le modèle $\mathscr{G}(\cdot)$ est purement linéaire.

Lorsque le nombre de variables d'entrée $K$ augmente, le nombre d'indices de sensibilité croît exponentiellement (il vaut $2^K - 1$) ; l'estimation et l'interprétation de tous ces indices deviennent vite impossibles. Homma et Saltelli [77] ont alors introduit la notion d'indice de sensibilité total pour exprimer tous les effets d'une variable d'entrée sur la sortie :

$$\mathrm{TSI}_i = \mathrm{SI}_i + \sum_{j \neq i} \mathrm{SI}_{ij} + \sum_{j \neq i, k \neq i, j<k} \mathrm{SI}_{ijk} + \ldots = \sum_{l \in \#i} \mathrm{SI}_l \qquad (2.17)$$

où $\#i$ représente tous les sous-ensembles d'indices contenant l'indice $i$. Ainsi, $\sum_{l \in \#i} \mathrm{SI}_l$ est la somme de tous les indices de sensibilité faisant intervenir $X_i$. En pratique, quand $K$ est grand (par exemple $K > 10$), on se contente souvent d'estimer et d'interpréter les indices d'ordre un et les indices totaux.

Pour estimer les indices de Sobol, des méthodes basées sur des échantillons Monte Carlo ont été développées (Sobol [194], Saltelli [172]). Malheureusement, pour obtenir des estimations précises des indices de sensibilité, ces méthodes sont extrêmement coûteuses en nombre d'évaluations du modèle (taux de convergence en $\sqrt{N}$ où $N$ est la taille de l'échantillon). Il n'est pas rare dans les applications que l'estimation d'un indice de Sobol requiert 10000 évaluations de $\mathcal{G}(\cdot)$ pour obtenir une précision de 10%, et ce pour chaque variable d'entrée. L'utilisation d'échantillons déterministes de type quasi-Monte Carlo (par exemple les suites de Sobol) à la place d'échantillons Monte Carlo permet, en général, de réduire d'un facteur 10 le coût de ces estimations (Saltelli *et al.* [176]). Ceci vient des bonnes propriétés des suites à discrépance faible pour l'estimation d'intégrales (cf. Chapitre 3). La méthode FAST (Cukier *et al.* [30]), basée sur une transformée de Fourier multi-dimensionnelle de $\mathcal{G}(\cdot)$, est une autre méthode d'estimation des indices, relativement fine et nettement moins coûteuse que la méthode de Monte Carlo. Saltelli *et al.* [181] l'ont étendue au calcul des indices totaux. Celle-ci demeure néanmoins coûteuse et supporte mal la montée en dimension des entrées (Tissot et Prieur [204]).

Pour illustrer l'estimation d'indices de Sobol sur l'exemple crues (Eq. (2.1)) avec $K = 5$ entrées aléatoires, nous utilisons la méthode de Saltelli [172] avec un échantillonnage Monte Carlo. Celle-ci a un coût en nombre d'évaluations du modèle égal à $N = n(K+2)$ où $n$ est la taille de l'échantillon Monte Carlo que l'on génère. Ici, $n = 10^5$ et les estimations ont été répétées $r = 100$ fois afin d'obtenir des intervalles de confiance (sous forme de boxplots) sur chaque estimation d'indices. Il faut noter que ces répétitions peuvent être évitées en estimant les intervalles de confiance par la technique de bootstrap non paramétrique (proposée dans le package sensitivity de **R**), car celle-ci ne nécessite pas d'autres évaluations de la fonction code. La figure 2.4 fournit le résultat de ces estimations, qui ont nécessité au final $N = 7 \times 10^7$ évaluations du modèle.

Pour la sortie $S$, les indices du premier ordre sont quasiment égaux aux indices totaux, et les résultats semblent en tout point similaires à ceux des $SRC^2$. Le modèle ayant été prouvé linéaire, l'estimation d'indices de Sobol est bien inutile dans ce cas. Pour la sortie $C_p$, des informations différentes de celles apportées par les $SRC^2$ et $SRRC^2$ sont obtenues : l'effet total de $Q$ est de l'ordre de 50% (le double de son $SRC^2$), l'effet de $H_d$ est conséquent (de l'ordre de 20%), alors que $Q$ et $K_s$ ont des effets d'interactions non négligeables. En estimant les indices de Sobol d'ordre deux, on estime que l'effet de l'intraction entre $Q$ et $K_s$ est approximativement de 6%.

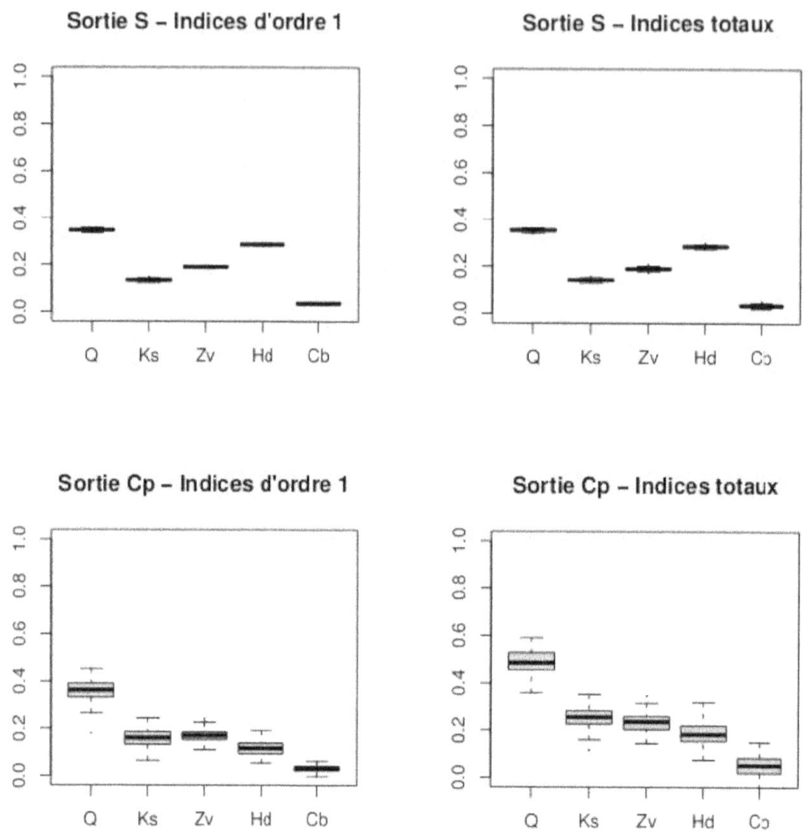


FIGURE 2.4 – Indices de Sobol estimés sur l'exemple crues. Chaque box-plot correspond à un échantillon de 100 estimations indépendantes.

## 2.4   Exploration du modèle

En dehors de fonctions analytiques simples, de cas avec un très faible nombre d'entrées ou de codes de calcul demandant peu de ressources en temps, les coûts d'estimation des indices de Sobol (au moins $100K$ évaluations de la fonction code), même avec des méthodes d'échantillonnage raffinées, sont souvent inatteignables. Une catégorie de méthodes d'approximation du modèle numérique, permettant d'estimer à faible coût les indices de Sobol et fournissant également une visualisation plus profonde des effets du modèle, sont présentées succintement dans cette section.

## 2.4.1   Méthodes de lissage

Au delà des indices de Sobol qui ne donnent qu'une valeur scalaire pour l'effet d'une variable d'entrée $X_i$ sur la sortie $Y$, on peut être intéressé par connaître l'influence sur $Y$ de $X_i$ le long de son domaine de variation. Dans la littérature, on parle souvent d'effets principaux, mais pour éviter toute confusion avec les indices du premier ordre, nous préférons parler de visualisation (ou graphe) des effets principaux. Les graphiques de dispersion ou scatterplots (visualisation du nuage de points d'un échantillon quelconque de simulations $(X^N, Y^N)$ à l'aide des $K$ graphes $Y$ vs. $X_i$, $i = 1,\dots,K$) remplissent cet objectif mais uniquement de manière visuelle, donc quelque peu subjective. Ceci est illustré à la figure 2.5 qui reprend l'exemple crues et l'échantillon utilisé au paragraphe 2.3.1.

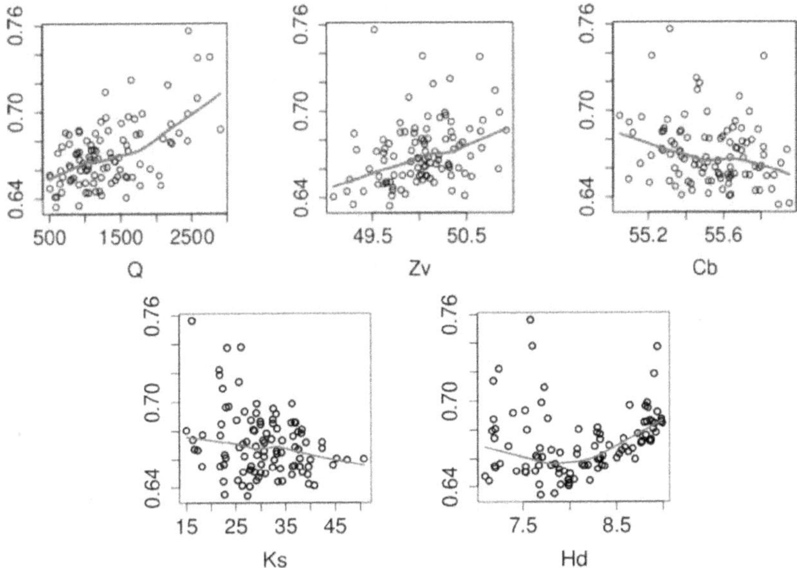

FIGURE 2.5 – Graphiques de dispersion sur l'exemple crues entre les cinq entrées $Q, Z_v, C_b, K_s, H_d$ et la sortie $C_p$. La courbe continue est un lisseur par polynômes locaux.

Basées sur des méthodes de régression non paramétrique (Hastie et Tibshirani [69]), les techniques de lissage ont pour objectif, quant à elles, d'estimer les moments conditionnels de $Y$ d'ordre un ou plus. En analyse de sensibilité, on se limite souvent à l'espérance conditionnelle et aux ordres un et deux (Santner *et al.* [183]) pour obtenir :

– les graphes des effets principaux, entre $X_i$ et $\mathbb{E}(Y|X_i) - \mathbb{E}(Y)$ sur tout le domaine de variation de $X_i$ pour $i = 1, \ldots, K$ ;

– les graphes des effets des interactions, entre $(X_i, X_j)$ et $\mathbb{E}(Y|X_i X_j) - \mathbb{E}(Y|X_i) - \mathbb{E}(Y|X_j) - \mathbb{E}(Y)$ sur tout le domaine de variation de $(X_i, X_j)$ pour $i = 1, \ldots, K - 1$ et $j = i + 1, \ldots, K$.

Storlie et Helton [198] ont effectué une revue relativement complète des méthodes de lissage que l'on peut utiliser pour l'analyse de sensibilité : moyennes mobiles, méthodes à noyaux, polynômes locaux, splines de lissage, etc. Sur la figure 2.5, le lisseur par polynômes locaux est tracé pour chaque nuage de points, ce qui permet d'identifier nettement la tendance moyenne de la sortie par rapport à chaque entrée.

Une fois que ces espérances conditionnelles sont modélisées, il est alors facile par échantillonnage de quantifier leur variance, et ainsi d'estimer les indices de Sobol (cf. Eq. (2.16)) d'ordre un, deux, voire d'ordres supérieurs. Da Veiga *et al.* [33] discutent des propriétés théoriques des estimateurs par polynômes locaux de l'espérance et de la variance conditionnelles et en déduisent les propriétés théoriques des estimateurs des indices de Sobol par polynômes locaux. Cette approche leur permet de résoudre le problème des entrées corrélées d'une manière nettement moins coûteuse que par les techniques usuelles. Storlie et Helton [198] discutent également des modèles additifs et des arbres de régression pour estimer de manière non paramétrique $\mathbb{E}(Y|X_1, \ldots, X_K)$, ce qui revient à construire un modèle approché du modèle numérique. Ce modèle approché est alors appelé un métamodèle.

## 2.4.2 Métamodèles

Le terme métamodèle est un synonyme (quoiqu'un peu plus général) de l'appellation "surface de réponse", outil connu depuis bien longtemps dans le domaine de la planification d'expériences. La méthode des surfaces de réponse a pour objectif de construire une fonction qui simule le comportement d'un phénomène physique ou chimique dans le domaine de variation des variables influentes, et ce, à partir d'un certain nombre d'expériences (Box et Draper [11]). Des généralisations ultérieures ont amené cette méthode à être utilisée pour construire des modèles simplifiés se substituant à l'exécution de codes de calcul nécessitant trop de temps d'exécution ou de ressources (Downing *et al.* [43], Sacks *et al.* [169], Fang *et al.* [53]).

Construire un métamodèle a ainsi pour objectif d'obtenir un modèle mathématique représentatif du code étudié en terme de qualité d'approximation, ayant de bonnes capacités de prédiction, et dont le temps de calcul pour évaluer une réponse est négligeable. Ce métamodèle est construit et ajusté à partir de quelques simulations du code (correspondant à différents jeux de valeurs des paramètres). Le nombre de simulations nécessaire dépend de la complexité du code et du scénario qu'il modélise, du nombre de variables d'entrée et de la qualité d'approximation souhaitée. Ce métamodèle peut alors être substitué au code pour réaliser différents objectifs :
- prédiction rapide de nouvelles réponses,
- analyse de sensibilité et exploration du modèle pour une meilleure compréhension de son comportement, des effets de ses variables d'entrée et de leurs interactions,
- résolution de problèmes d'optimisation de la réponse ou de calibration de paramètres inconnus du modèle numérique,
- estimation de la probabilité d'occurence d'événements rares en sortie du modèle numérique,
- participation aux phases de validation et de qualification du modèle numérique.

La construction du métamodèle, basée la plupart du temps sur des techniques de moindres carrés, est évidemment réalisée en accord avec son utilisation future qui peut lui imposer des contraintes. La mise à disposition d'un métamodèle est également extrêmement utile si on étudie un système sans bien connaître les incertitudes sur ses variables d'entrée. Si un métamodèle est construit et validé dans un domaine de variation des entrées suffisamment large, différentes études pourront être réalisées en faisant varier les incertitudes des entrées.

Dans la pratique, on s'intéresse à trois principales questions lors de la construction d'un métamodèle :
- le choix du métamodèle qui peut être issu de tout modèle de régression linéaire, non linéaire, paramétrique ou non paramétrique (Hastie *et al.* [69, 70]). Parmi les modèles les plus utilisés pour ajuster les réponses de codes de calcul, on peut citer les polynômes, splines, modèles linéaires généralisés, modèles additifs généralisés, krigeage, technique MARS, réseaux de neurones, SVM, boosting d'arbres de régression (Simpson *et al.* [190], Fang *et al.* [53]). Le choix du métamodèle est un problème en soi, certains étant plus adaptés que d'autres à différents types de situation. Une première stratégie est de privilégier la simplicité, donc de se satisfaire du métamodèle le plus simple possible en adéquation avec les objectifs de l'étude ;

- la planification des calculs. Les principales qualités requises pour un plan d'expérience sont sa robustesse (capacité d'analyser différents modèles), son efficacité (minimisation d'un critère), la répartition de ses points (remplissage uniforme de l'espace échantillonné) et un coût faible pour sa construction (Santner *et al.* [183], Fang *et al.* [53]). Plusieurs travaux proposent des études numériques fines permettant d'étudier les qualités de différents types de plans d'expérience vis-à-vis de la prédictivité d'un métamodèle (Simpson *et al.* [189], Franco [58], Marrel [131]);
- la validation du métamodèle. Dans le domaine des plans d'expérience classiques, la validation correcte d'une surface de réponse est un aspect crucial et à soigner particulièrement (Droesbecke *et al.* [45]). Dans le domaine des expériences numériques, peu de travaux s'attardent sur ce problème, la pratique usuelle étant d'estimer des critères globaux (erreur quadratique moyenne, erreur en valeur absolue, ...) sur une base de test, par validation croisée ou par bootstrap (Kleijnen et Sargent [100], Fang *et al.* [53]). Lorsque le nombre de calculs est peu important et pour s'affranchir des problèmes induits par la validation croisée, Iooss *et al.* [81] se sont récemment intéressés à la minimisation de la taille de la base de test, tout en conservant une bonne estimation du coefficient de prédictivité du métamodèle.

Certains métamodèles permettent d'obtenir directement les indices de sensibilité. Par exemple, Sudret [200] a montré que les indices de Sobol découlent directement de la décomposition en polynômes de chaos. La formulation du métamodèle du krigeage est également particulièrement intéressante car elle permet d'obtenir les indices de sensibilité de manière analytique (Oakley et O'Hagan [146], Marrel *et al.* [133]), en y associant les incertitudes dues à l'impact de l'approximation du modèle par le métamodèle. La mise en application de cette méthode étant relativement ardue, on préfère la plupart du temps utiliser une technique d'échantillonnage intensif (cf. paragraphe 2.3.3) directement sur le métamodèle pour estimer les indices de Sobol (Santner *et al.* [183], Iooss *et al.* [82], Janon *et al.* [88, 87]). Storlie *et al.* [199] proposent une méthode de bootstrap permettant d'estimer l'erreur sur chaque indice de Sobol estimé, du fait de l'utilisation du métamodèle à la place du vrai modèle.

De la même manière, une fois le métamodèle construit et validé, il est aisé de visualiser les effets principaux (Schonlau et Welch [187]). Ceux-ci sont donnés soit directement par le métamodèle (c'est le cas avec les méthodes de pôlynomes de chaos, krigeage, GAM), soit en calculant les espérances conditionnelles $\mathbb{E}(Y|X_i)$ par simulation.

| Indices (en %) | $Q$ | $K_s$ | $Z_v$ | $H_d$ | $C_b$ |
|---|---|---|---|---|---|
| $\text{SI}_i$ modèle | 35.5 | 15.9 | 18.3 | 12.5 | 3.8 |
| $\text{SI}_i$ métamodèle | 38.9 | 16.8 | 18.8 | 13.9 | 3.7 |
| $\text{TSI}_i$ modèle | 48.2 | 25.3 | 22.9 | 18.1 | 3.8 |
| $\text{TSI}_i$ métamodèle | 45.5 | 21.0 | 21.3 | 16.8 | 4.3 |

Tableau 2.2 – Indices de Sobol estimés par échantillonnage Monte Carlo (utilisant $N = 7 \times 10^7$ évaluations) en utilisant le modèle crues et en utilisant un métamodèle construit sur $N_0 = 100$ simulations du modèle crues.

Pour illustrer notre propos sur l'exemple crues (Eq. (2.1)), un métamodèle de krigeage (Sacks *et al.* [169]) est construit sur un échantillon Monte Carlo d'entrées-sortie (entrées $Q$, $K_s$, $Z_v$, $H_d$, $C_b$ et sortie $C_p$), de taille $N_0 = 100$. Le métamodèle de krigeage utilisé consiste en un terme déterministe issu d'une régression linéaire, et en un terme correctif stochastique modélisé par un processus stationnaire gaussien de fonction de covariance de type exponentielle généralisée. Une brève introduction pédagogique au métamodèle de krigeage peut être trouvée dans Jourdan [93], alors que des informations très complètes sont disponibles dans Koehler et Owen [103]. La technique d'estimation des paramètres de ce métamodèle que l'on utilise est décrite quant à elle dans Roustant *et al.* [167]. Le coefficient de prédictivité estimé par leave-one-out vaut $Q^2 = 99\%$, à comparer avec $Q^2 = 75\%$ obtenu avec un simple modèle linéaire. Le métamodèle du krigeage obtenu est alors utilisé pour estimer les indices de Sobol de la même manière qu'au paragraphe 2.3.3 : méthode de Saltelli, échantillonnage Monte Carlo, $n = 10^5$, $r = 100$ répétitions, ce qui demande $N = 7 \times 10^7$ prédictions du métamodèle. Dans le tableau 2.2, nous pouvons comparer les indices de Sobol (moyennés sur les 100 répétitions) obtenus avec le métamodèle à ceux obtenus avec le vrai modèle crues (Eq. (2.1)). Les erreurs entre ces deux estimations sont relativement faibles : avec seulement 100 simulations du vrai modèle, on a réussi à obtenir des estimations correctes (erreurs < 15%) des indices de Sobol du premier ordre et totaux.

## 2.5   Conclusions

En définitive, l'approche statistique développée depuis une vingtaine d'années propose un cadre méthodologique utile et performant pour l'analyse de sensibilité de modèles numériques complexes. Le catalogue des méthodes existantes dont un échantillon est illustré dans ce chapitre montre l'étendue des possibilités. Dans la suite de cet ouvrage, les principales méthodes pour s'initier à l'analyse de sensibilité seront décrites et leur fondement mathématique précisé. Enfin une grille d'aide à la sélection de la méthode pertinente au regard de la question posée et des caractéristiques du modèle sera présentée afin de guider le modélisateur dans la mise en œuvre de l'analyse des sensibilité.

Malgré ce foisonnement de méthodes disponibles, quelques problèmes restent ouverts.

La question de l'analyse de sensibilité pour des entrées non indépendantes a été abordée par plusieurs auteurs (Saltelli et Tarantola [178], Jacques *et al.* [86], Xu et Gertner [216], Da Veiga *et al.* [33], Li *et al.* [117], Chastaing *et al.* [25]) mais reste toujours d'actualité. Lorsque les coûts de simulation sont élevés, exploiter la corrélation entre les variables d'entrée pour sélectionner les évaluations du modèle est un garant d'un accroissement de l'efficacité de l'analyse de sensibilité (Gauchi *et al.* [61]).

Les recherches actuelles pour estimer les indices de Sobol se portent sur le développement d'algorithmes qui permettent d'estimer tous les indices du premier ordre avec un coût indépendant du nombre d'entrées. Par exemple Tarantola *et al.* [202] utilisent une technique dite de *Random Balance Design* couplée avec la méthode FAST. Tissot et Prieur [204] l'ont récemment analysée et améliorée.

L'estimation à moindre coût des indices de Sobol totaux est toujours un axe de recherche de première importance dans les applications (cf. Saltelli *et al.* [174] pour une revue récente sur le sujet). Janon *et al.* [87] ont obtenu récemment des résultats théoriques sur la convergence et les vitesses de convergence des estimateurs classiques.

Ce chapitre s'est focalisé sur l'analyse de sensibilité par rapport à la variabilité de la sortie d'un modèle. En pratique, l'analyse de sensibilité peut s'intéresser à d'autres quantités d'intérêt, comme par exemple la probabilité de dépasser un seuil (Saltelli *et al.* [175], de Rocquigny *et al.* [38], Lemaître *et al.* [115]). Il peut aussi s'agir de chercher un domaine de validité d'un modèle en se fixant une valeur de référence et en cherchant le domaine des paramètres atteignant cette valeur de référence (Ben-Haim [5]).

De nombreux travaux restent à réaliser pour bien explorer ce type de questions.

Dans de nombreuses applications, les sorties du modèle à étudier sont multiples, voire fonctionnelles (temporelles, spatiales ou spatio-temporelles). Campbell *et al.* [16], Lamboni *et al.* [109] et Marrel *et al.* [132] ont produit des premiers résultats sur ce type de problèmes. Le cas des entrées fonctionnelles reçoit également un intérêt croissant (Iooss et Ribatet [84], Lilburne et Tarantola [118], Saint-Geours *et al.* [170]), mais son traitement dans un cadre statistique fonctionnel reste à faire.

Dans certaines situations, la fonction code étudiée n'est plus de nature déterministe mais est de nature stochastique. Cela signifie que deux évaluations du modèle avec un même jeu de variables d'entrée conduit à des valeurs différentes. C'est le cas des codes basés sur des modèles de file d'attente, des équations différentielles stochastiques ou d'autres processus utilisant un générateur aléatoire de manière interne au code. Pour ce type de codes, l'analyse de sensibilité basée sur la décomposition de la variance de la sortie a été abordée récemment dans Marrel *et al.* [134].

Enfin, les méthodes d'analyse de sensibilité statistiques et quantitatives sont limitées à des modèles avec peu de variables aléatoires (quelques dizaines). Les méthodes déterministes, de type adjoint, sont bien adaptées quant à elles aux modèles avec un grand nombre de variables d'entrée. Une idée naturelle est de tirer profit des avantages des deux méthodes à l'aide d'indices basés sur des normes des dérivées de la sortie (Sobol et Kucherenko [195], Iooss *et al.* [83] et Lamboni *et al.* [107]).

# Deuxième partie

# Méthodes

# Chapitre 3

# Echantillonnage en grande dimension

*Bertrand Iooss, Hervé Monod, Thierry Faure et Lauriane Rouan*

## 3.1 Introduction

On a vu dans les chapitres précédents qu'une large classe de méthodes d'analyse de sensibilité sont basées sur la création d'échantillons dans l'espace des paramètres d'entrée, et ce afin d'avoir des échantillons des sorties des modèles numériques. Le but de ce chapitre est d'offrir une introduction aux méthodes d'échantillonnage les plus connues, en commençant par la méthode de Monte Carlo (section suivante). Certaines méthodes du même type que Monte Carlo et permettant d'en accélérer la convergence (en terme d'estimation d'intégrales de la fonction étudiée) seront également ment explicitées. Il s'agit de la technique des hypercubes latins (cf. section 3.3) et des méthodes déterministes nommées quasi-Monte Carlo (cf. section 3.4). Pour une description des autres méthodes permettant d'accélérer la convergence des estimations en biaisant les distributions d'échantillonnage, on pourra se référer à Rubinstein [168] et Lemieux [116]. Pour les méthodes permettant d'estimer des événements rares (calculs de probabilités d'ordre inférieur à $10^{-2}$, calculs de quantiles élevés, ...), sujet en dehors du propos de cet ouvrage, on pourra se référer à Lemaire [114].

## 3.2   Principes de base

### 3.2.1   Simulation d'une loi uniforme

La méthode de Monte Carlo repose sur la capacité à générer des échantillons de variables aléatoires qui suivent des lois spécifiées et qui sont supposées par défaut indépendantes les unes des autres. La simulation de telles variables aléatoires se ramène à la simulation de nombres "aléatoires" uniformément distribués sur l'intervalle $[0, 1]$. En pratique, un ordinateur n'est capable de générer que des suites de nombres déterministes, autrement dit reproductibles à condition de connaître l'algorithme utilisé et ses valeurs d'initialisation. On parlera donc plutôt de générateurs de nombres pseudo-aléatoires permettant de simuler des variables ayant des propriétés statistiques proches des variables que l'on souhaite obtenir (Knuth [101], voir aussi le chapitre 3 de Lemieux [116]).

Les générateurs pseudo-aléatoires permettant de simuler une suite $(x_n)_n$ de nombres suivant une loi uniforme $U[0, 1]$ sont basés sur la construction d'une suite de nombres $(z_n)_n$ appartenant à un ensemble fini $E$. Cette suite est générée à l'aide d'une relation de récurrence de la forme $z_n = h(z_{n-1})$ où $h$ est une fonction de $E$ vers $E$. Pour obtenir la suite $(x_n)_n$ les nombres $z_n$ sont ensuite ramenés dans l'intervalle $[0, 1]$ à l'aide d'une fonction $g$ telle que $x_n = g(z_n)$. Un générateur pseudo-aléatoire est donc entièrement défini par la donnée des fonctions $h$ et $g$. D'autre part, le choix de l'état initial $z_0$ appelé graine (*seed* en anglais) détermine entièrement la suite de nombres générée.

Une famille commune de générateurs pseudo-aléatoires est celle des générateurs congruentiels (Knuth [101]) pour lesquels $z_n = (az_{n-1} + b)$ mod $c$ où $a$ et $b$ sont des entiers positifs, $c$ est le module et mod est l'opérateur *modulo*. L'ensemble $E$ est alors constitué des entiers allant de $0$ à $c - 1$. Pour se ramener dans l'intervalle $[0, 1]$ il suffit par exemple de diviser $z_n$ par $c$ ou alors d'utiliser la relation $x_n = g(z_n) = \dfrac{z_n + 0.5}{c}$ qui présente l'avantage de donner des valeurs de $x_n$ symétriques par rapport à $1/2$.

### 3.2.2   Génération de variables non uniformes

A partir de simulations de loi uniforme, la génération de variables suivant une loi quelconque $p$ peut être réalisée par différents types de méthode. On explicite dans ce paragraphe la méthode la plus classique basée sur la fonction de répartition. Elle consiste en deux étapes :

1. génération de variables pseudo-aléatoires indépendantes et identiquement distribuées (*i.i.d.*), "imitant" une loi uniforme dans l'intervalle $[0, 1]$ ;

2. application d'une transformation quantile (fonction inverse de la fonction de répartition associée à la loi de probabilité $p$) sur ces variables aléatoires *i.i.d.* uniformes. Les variables issues de cette transformation suivent la loi de probabilité $p$.

La génération d'un échantillon de taille 15, issu d'une loi Gamma, est illustrée sur la figure 3.1. Par la suite, nous nous concentrerons sur la génération d'un échantillon de variables uniformément distribuées sur $[0, 1]$, la seconde étape permettant de passer aisément à d'autres lois de probabilité.

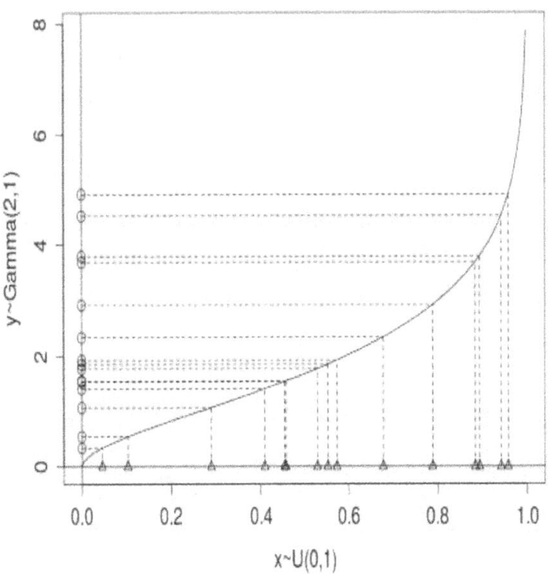


FIGURE 3.1 – Génération d'un échantillon de taille 15 issu d'une loi Gamma de paramètres 2 (forme) et 1 (échelle). Dans un premier temps, 15 valeurs sont tirées selon une loi uniforme dans $[0, 1]$ (triangles en abscisse). Puis ces valeurs sont transformées selon la fonction quantile de la loi Gamma (courbe continue) pour obtenir l'échantillon recherché (points en ordonnée).

### 3.2.3 La méthode de Monte Carlo

Considérons maintenant la génération d'un plan d'expérience numérique, de $N$ simulations et pour $K$ variables d'entrée. Les $N$ $K$-uplets recherchés forment une matrice d'expériences $(\mathbf{X}^{(i)})_{i=1,\dots,N}$, de taille $N \times K$, dont la $i$-ème ligne $\mathbf{X}^{(i)}$ contient la combinaison des valeurs des variables d'entrée utilisée pour la $i$-ème exécution du code de calcul ($i$-ème expérience).

La méthode d'échantillonnage de Monte Carlo consiste à générer aléatoirement la matrice d'expérience $(\mathbf{X}^{(i)})_{i=1,\dots,N}$ en générant indépendamment chaque colonne de la matrice (correspondant à un $N$-échantillon) pour chacune des $K$ variables d'entrée. Dans un échantillonnage de Monte Carlo, chaque tirage pseudo-aléatoire est supposé indépendant de tous les autres. On simule donc un $N$-échantillon de $K$ variables elles-mêmes mutuellement indépendantes. Une fois l'échantillon obtenu, on effectue les $N$ simulations (calculs du code $\mathcal{G}$).

La méthode de Monte Carlo est très utile pour approcher numériquement des calculs non explicites. Il peut s'agir par exemple de résoudre des équations aux dérivées partielles, des systèmes linéaires ou des problèmes d'optimisation. L'exemple le plus simple illustrant cette méthode est le calcul de l'intégrale $I$ d'une fonction $g$ sur l'intervalle $[0, 1]$ :

$$I = \int_0^1 g(x)dx .$$

La méthode de Monte Carlo consiste tout d'abord à écrire cette quantité sous la forme :

$$I = \mathbb{E}[g(X)]$$

où $X$ est une variable aléatoire suivant une loi uniforme sur l'intervalle $[0, 1]$. L'estimation de la quantité $I$ découle de la loi des grands nombres qui stipule, dans ce cas particulier, que si $(X_i)_{i \in \mathbb{N}}$ est une suite de variables aléatoires indépendantes et de loi uniforme sur $[0, 1]$, alors

$$\frac{1}{N} \sum_{i=1}^N g(X_i) \overset{N \to \infty}{\longrightarrow} \mathbb{E}[g(X)] \text{ presque sûrement.}$$

Autrement dit, si $x_1, x_2, \dots, x_N$ sont des nombres tirés au hasard dans $[0, 1]$, pourvu que $N$ soit assez grand, $I$ est approchée par

$$\bar{I} = \frac{1}{n} \sum_{i=1}^N g(x_i) .$$

La vitesse de convergence d'une estimation par la méthode de Monte Carlo est donnée par le théorème central limite. Ce théorème stipule que si $Y$ est une grandeur aléatoire de moyenne $\mu$ et variance $\sigma^2$ finie, alors la distribution de la moyenne de $N$ réalisations indépendantes $Y_i$ de cette variable aléatoire tend en loi vers une distribution gaussienne (quand $N \to \infty$).

$$\text{Si } \bar{Y} = \frac{1}{N} \sum_{i=1}^{N} Y_i, \text{ alors } \frac{\bar{Y} - \mu}{\sigma / \sqrt{N}} \xrightarrow{N \to \infty} \mathcal{N}(0, 1).$$

Ce théorème ne fait aucune hypothèse sur la forme de la distribution de $Y$, mais suppose juste que sa variance soit finie. On peut donc directement l'appliquer à la sortie du modèle $Y = \mathcal{G}(\mathbf{X})$.

La vitesse de convergence de l'estimateur de Monte Carlo est donc de $\dfrac{\sigma}{\sqrt{N}}$, ce qui peut s'avérer particulièrement lent. En effet, pour augmenter la précision de l'estimateur d'un facteur 10, il faut multiplier le nombre de calculs $N$ par 100. Par contre, cette vitesse montre les deux avantages majeurs de la méthode de Monte Carlo : sa convergence est indépendante de la dimension de $X$ ($K$) et elle ne dépend pas de la régularité de la fonction $\mathcal{G}$ à intégrer, pourvu qu'elle soit de carré intégrable.

Dans le cadre plus délicat de l'estimation de toute la densité de la sortie $Y$, la méthode de Monte Carlo peut se révéler très coûteuse en nombre d'évaluations nécessaires. La détermination de la distribution de probabilité est obtenue par l'ajustement d'une loi à partir de l'échantillon résultat $(Y_i)_{i=1,\dots,N}$. Il est évident que la qualité des ajustements dépend du nombre de simulations réalisées et de la bonne répartition de ces simulations dans l'espace des entrées, surtout si la connaissance des queues de distribution des réponses est recherchée. Il faut remarquer qu'il n'existe pas de règle, quand on n'a aucune connaissance *a priori* sur la distribution de probabilité de la réponse, pour déterminer le nombre de simulations nécessaires pour estimer avec confiance cette distribution. Les méthodes de quasi-Monte Carlo (Lemieux [116]) permettent d'augmenter la précision des méthodes de Monte Carlo (à nombre d'évaluations du modèle similaire), en prenant en compte en plus la régularité potentielle de la fonction $\mathcal{G}$.

## 3.3 Plans à projections factorielles uniformes

En expérimentation numérique, il est courant de traiter des problèmes avec une faible taille d'échantillon (de l'ordre de la centaine) et un grand nombre de paramètres d'entrée (plusieurs dizaines). Des alternatives à la méthode de Monte Carlo ont donc été développées, non seulement pour accélérer la convergence des estimations, mais aussi pour s'assurer que les domaines de variation des paramètres d'entrée soient bien échantillonnés. En effet, placer quelques points au hasard dans un espace de grande dimension conduit le plus souvent à une mauvaise couverture de certaines dimensions. L'une des premières méthodes développées pour contrecarrer ce problème a été celle des hypercubes latins, connue sous l'acronyme LHS pour Latin Hypercube Sampling.

### 3.3.1 L'échantillonnage par hypercubes latins

La méthode LHS (McKay *et al.* [135], Stein [197]) consiste à répartir les points de l'échantillon beaucoup plus uniformément que par Monte Carlo, sur toute l'étendue du domaine de chaque variable d'entrée. Pour cela, l'intervalle de chaque entrée $X_i$ est découpé en $N$ segments de probabilité égale à $1/N$ ; puis une valeur est tirée aléatoirement dans chacun de ces segments. Ainsi, une fois qu'un point a été tiré aléatoirement dans un des segments de $X_i$, aucun nouveau point ne peut y être placé. Les $N$ valeurs ainsi obtenues pour $X_1$ sont combinées de manière aléatoire aux $N$ valeurs obtenues pour $X_2$ et forment ainsi une matrice de taille $N \times 2$. De même, les $N$ valeurs obtenues pour $X_3$ sont accolées à cette matrice et ainsi de suite jusqu'à la $K$-ième variable.

On distingue l'échantillonnage par hypercube latin de deux notions très voisines définies ci-dessous : le plan en hypercube latin et un échantillon en hypercube latin centré uniforme.

**Définition 1.** Un plan en hypercube latin (LHD, pour *Latin Hypercube Design*) pour $N$ simulations et $K$ facteurs est une matrice $N \times K$ dont chaque colonne (sauf éventuellement la première) est une permutation aléatoire de $1, \cdots, N$. On le note $LHD(N,K)$.

**Définition 2.** Un échantillon en hypercube latin centré uniforme (noté cLHS, pour *centered Latin Hypercube Sample*) pour $N$ simulations et $K$ facteurs est une matrice $N \times K$ dont chaque colonne (sauf éventuellement la première) est une permutation aléatoire de $(1-0.5)/N, \cdots, (N-0.5)/N$. On le note $cLHS(N,K)$.

Pour appliquer la méthode de l'hypercube latin (LHS), on peut procéder de la manière suivante :

**Etape 1** Générer un plan en hypercube latin $D = LHD(N,K)$ par $K$ permutations aléatoires de $1,\dots,N$ ;

**Etape 2** Soit obtenir un hypercube latin centré $cLHS(N,K)$ en calculant $D' = (D - 0.5)/N$ ;

**Etape 2bis** Soit obtenir un hypercube latin $LHS(N,K)$ en soustrayant à chaque élément de $D$ le résultat d'un tirage aléatoire indépendant dans la loi uniforme sur $[0, 1/N]$. Dans le cas général de variables aléatoires $X_1$, ..., $X_K$ mutuellement indépendantes et de fonction de répartition continues inversibles $F_1,\dots,F_K$, le $i$-ème échantillon de la $j$-ème variable peut être créé par

$$x_j^{(i)} = F_j^{-1}\left( \frac{\pi_j^{(i)} - \xi_j^{(i)}}{N} \right) \tag{3.1}$$

où $(\pi_j)_{j=1,\dots,K}$ sont des permutations aléatoires indépendantes des entiers $\{1,2,\dots,N\}$, et $(\xi_j^{(i)})_{i=1,\dots,N}$ sont des réalisations $\mathcal{U}[0,1]$ indépendantes entre elles, et indépendantes de $\pi_j$.

Nous appellerons centrage l'étape 2 et brouillage l'étape 2bis (*scrambling* en anglais). Les résultats sont illustrés dans la figure 3.2, obtenue par centrage et brouillage du LHD du tableau 3.1.

| Indice $i$ | 1 | 2 | 3 | 4 | 5 | 6 | 7 | 8 | 9 | 10 |
|---|---|---|---|---|---|---|---|---|---|---|
| $X_1$ | 1 | 2 | 3 | 4 | 5 | 6 | 7 | 8 | 9 | 10 |
| $X_2$ | 9 | 3 | 1 | 10 | 6 | 5 | 7 | 2 | 4 | 8 |

Tableau 3.1 – Plan en hypercube latin $LHD(10,2)$ (transposé).

La méthode LHS garantit une couverture uniforme du domaine de chaque entrée évitant de sous-échantillonner certains segments et à l'inverse d'en sur-échantillonner d'autres. Ainsi, elle permet de faire converger plus rapidement des statistiques associées au comportement global de la sortie $Y$ que la méthode de Monte Carlo simple (cf. Helton et Davis [72] pour une revue sur ce sujet). Par contre, la méthode LHS au sens strict ne contrôle absolument pas la qualité de la répartition conjointe des échantillons lorque l'on considère deux ou plus variables d'entrée.

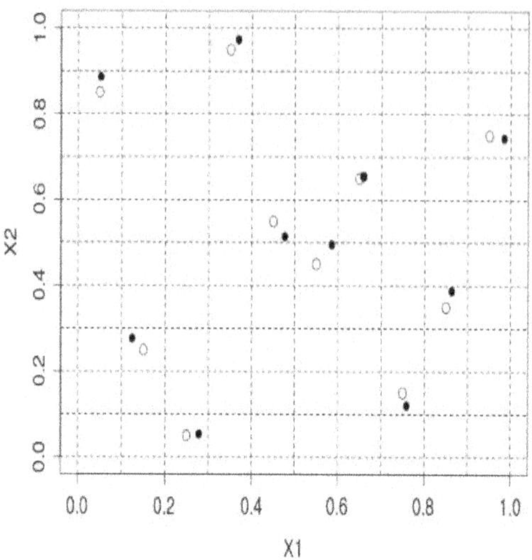


FIGURE 3.2 – Hypercube latin de taille 10 pour deux variables d'entrée $X_1$ et $X_2$. Points blancs : hypercube latin centré (cLHS). Points noirs : hypercube latin non centré (LHS).

## 3.3.2 Tableaux orthogonaux

Les tableaux orthogonaux sont des objets combinatoires très utiles en planification et en échantillonnage. Ils garantissent en effet une bonne répartition des observations ou des simulations quand on considère plusieurs variables d'entrée de façon conjointe. Leurs propriétés sont, d'une certaine façon, plus avancées que celles des hypercubes latins, qui eux garantissent une bonne répartition sur les marginales mais n'imposent aucune contrainte sur la distribution conjointe des variables. Nous verrons plus loin comment concilier ces propriétés complémentaires.

La définition du tableau orthogonal est assez technique, mais le principe peut s'expliquer au travers d'un exemple. Considérons $K = 4$ facteurs à $m = 3$ modalités notées 1, 2, 3. Un tableau complet nécessiterait $3^4 = 81$ lignes et donc 81 simulations dans une expérimentation numérique. Le tableau 3.2, lui, ne comprend que 9 lignes. Il n'est bien sûr pas complet, mais pour chaque sous-ensemble de $f = 2$ facteurs, toutes les paires de modalités sont présentes une fois. Ce tableau est donc dit de force $f = 2$. Il garantit que le plan est complet dans les sous-espaces de $f = 2$ variables d'entrée.

| $X_1$ | $X_2$ | $X_3$ | $X_4$ |
|:-----:|:-----:|:-----:|:-----:|
| 1 | 1 | 1 | 1 |
| 1 | 2 | 2 | 3 |
| 1 | 3 | 3 | 2 |
| 2 | 1 | 2 | 2 |
| 2 | 2 | 3 | 1 |
| 2 | 3 | 1 | 3 |
| 3 | 1 | 3 | 3 |
| 3 | 2 | 1 | 2 |
| 3 | 3 | 2 | 1 |

Tableau 3.2 – Tableau orthogonal $OA(9, 4, 3, 2)$ de force 2 pour quatre facteurs à trois modalités : chaque paire de colonnes contient les 9 couples possibles exactement une fois.

**Définition 3.** Un tableau orthogonal de taille $N$ et de force $f$, pour $K$ facteurs de modalités 1 à $m$, est un tableau à $N$ lignes et $K$ colonnes (avec $N$ multiple de $m^f$) tel que, dans chaque sous-ensemble de $f$ colonnes, chacun des $f$-uplets de nombres entre 1 et $m$ soit présent dans un même nombre $N/m^f$ de lignes. On le note $OA(N, K, m, f)$ pour *Orthogonal Array*.

Un plan $LHD(N, K)$ peut être considéré comme un tableau orthogonal de force 1 $OA(N, K, N, 1)$, mais ce sont surtout les tableaux orthogonaux de force $f > 1$ qui sont intéressants. Il faut souligner à ce propos que la notion de tableau orthogonal de force $f$ est équivalente, d'un point de vue combinatoire, à celle de fraction factorielle de résolution $f + 1$, très utilisée pour les plans d'expérience factoriels.

De nombreux résultats d'existence et de construction ont été obtenus sur les tableaux orthogonaux, depuis Rao [164] ou Bush [14]. On peut les retrouver dans plusieurs ouvrages, par exemple Dey et Mukerjee [42], ou sur internet pour la plupart. Nous en donnons une sélection ci-dessous, restreinte au cas où tous les facteurs ont le même nombre $m$ de modalités.

**Propriété 1.** *(borne de Rao)* Pour qu'il existe un $OA(N,K,m,f)$, il est nécessaire que :

$$N \geq \sum_{u=0}^{f/2} \binom{K}{u}(m-1)^u \text{ si } f \text{ est pair,}$$

$$N \geq \sum_{u=0}^{s} \binom{K}{u}(m-1)^u + \binom{K-1}{s}(m-1)^{s+1} \text{ si } f = 2s+1.$$

La borne de Rao peut être atteinte pour les tableaux de force 2 ou 3 et un nombre $m$ premier ou puissance de premier, comme le montrent les trois propriétés suivantes.

**Propriété 2.** Pour $m$ premier ou puissance d'un nombre premier et pour tout entier $q > 0$, il est possible de construire un tableau orthogonal de type $OA(m^q, (m^q-1)/(m-1), m, 2)$.

**Propriété 3.** Pour $m = 2^q$ et pour tout entier $q > 0$, on peut construire un tableau orthogonal $OA(m^3, m+2, m, 3)$.

**Propriété 4.** Pour $m = 2$ et pour tout entier $q > 0$, on peut construire un tableau orthogonal $OA(m^q, m^{q-1}, m, 3)$, autrement dit, avec $N = 2^q$, un $OA(N, N/2, 2, 3)$.

Toujours avec $m$ premier ou puissance de premier, quelques résultats couvrent des tableaux de force supérieure à trois, sans atteindre néanmoins la borne de Rao.

**Propriété 5.** Pour $m$ premier ou puissance d'un premier et pour $f$ un entier tel que $2 \leq f \leq m$, il est possible de construire un tableau orthogonal $OA(m^f, m+1, m, f)$.

**Propriété 6.** Pour $m$ premier ou puissance d'un premier et pout tout entier $f \geq 2$, on peut construire un tableau orthogonal $OA(m^f, f+1, m, f)$.

A partir du tableau orthogonal du tableau 3.2, on obtient des plans contrôlant la bonne répartition de l'échantillon dans les sous-espaces de dimension 2, par centrage ou par brouillage (Figure 3.3). Cependant la répartition des niveaux de chaque facteur est moins uniforme qu'avec l'hypercube latin car, dans le LHS, on divise les domaines de variation en un plus petit nombre de segments.

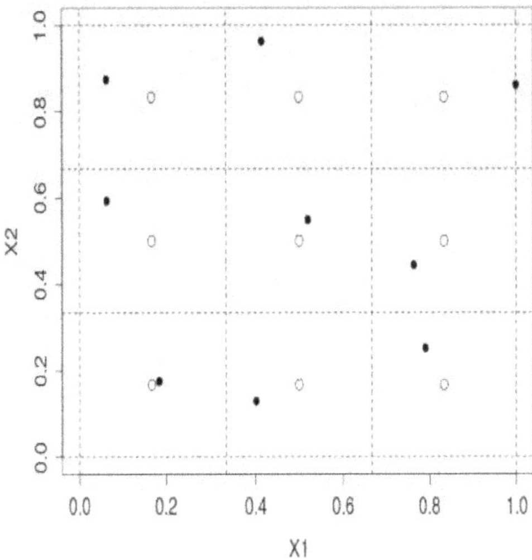

FIGURE 3.3 – Tableau orthogonal $OA(9, 4, 3, 2)$ : représentation des deux premiers facteurs. Les points blancs correspondent à un tableau centré, les points noirs à un tableau brouillé.

Il est possible néanmoins de concilier les principes de l'hypercube latin, *i.e.* uniformité pour les marginales, et du tableau orthogonal, *i.e.* uniformité en dimensions plus élevées (Tang [201]). Comme pour ce qui précède, des versions initiales purement déterministes ont été complétées ensuite par des versions avec brouillage. Considérons par exemple l'échantillon de la figure 3.3. À partir de cet échantillon, il est possible d'obtenir un hypercube latin sans casser la structure en deux dimensions, en répartissant les 3 échantillons de chaque ligne (respectivement chaque colonne) dans 3 segments différents de $X_2$ (respectivement de $X_1$), de longueur 1/9. On peut ainsi obtenir le plan de la figure 3.4.

## 3.4 Plans à bon remplissage de l'espace

Dans le cadre de l'exploration initiale d'un code de calcul dépendant de $K$ paramètres à l'aide de $N$ calculs, l'utilisateur n'a souvent pas de connaissance sur les paramètres influents et sur les paramètres non influents de son code. Il est donc judicieux dans ce cas-là de disposer les $N$ points

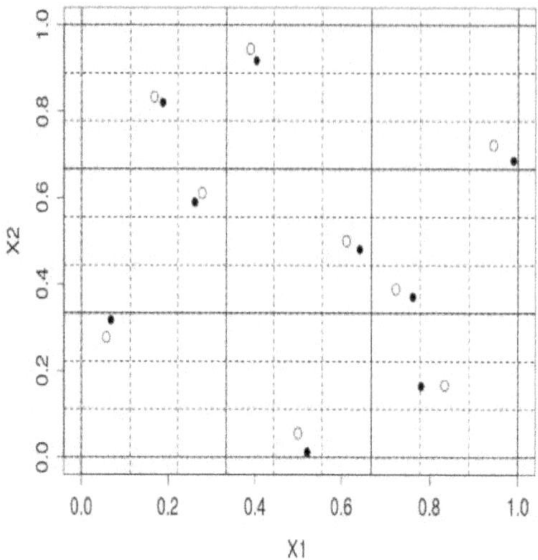

FIGURE 3.4 – Hypercube latin issu d'un tableau orthogonal $OA(9, 4, 3, 2)$ : représentation des deux premiers facteurs. Les points blancs correspondent à un tableau centré, les points noirs à un tableau brouillé.

de calcul de manière à bien recouvrir l'espace $K$-dimensionnel. Il ne faut donc ne sous-échantillonner aucune zone et n'en sur-échantillonner aucune autre (pour ne pas gaspiller des points de calcul). Les plans permettant de remplir cette mission sont nommés plans à bon remplissage de l'espace (*space filling design* en anglais).

Les méthodes de quasi-Monte Carlo font partie de cette catégorie de plans. Elles ont été proposées dans les années 1950 pour pallier les inconvénients des méthodes de Monte Carlo lors de l'estimation d'intégrales, en remplaçant les bornes d'erreur probabilistes par des bornes déterministes (Lemieux [116]). L'idée est de substituer aux séquences générées aléatoirement dans la méthode de Monte Carlo des suites déterministes ayant de meilleures propriétés de convergence dans certains cas. Ces suites reposent sur la notion de discrépance.

### 3.4.1   Critère d'uniformité : la discrépance

**Définition 4.** La discrépance à l'origine d'une suite $(\mathbf{x}^{(i)})_{i=1\ldots N}$, notée $D^*(\mathbf{x})$, est définie par

$$D^*(\mathbf{x}) = \sup_{\mathbf{y} \in [0,1[^K} \left| \frac{1}{N} \sum_{k=1}^{N} \mathbf{1}_{\{\mathbf{x}^{(k)} \in [0,\mathbf{y}]\}} - \text{Volume}([0,\mathbf{y}]) \right| \qquad (3.2)$$

L'interprétation géométrique de cette définition est aisée : il s'agit d'une comparaison entre le volume de tous les sous-intervalles (ancrés à l'origine) du domaine des $\mathbf{x}$ (Volume$([0,\mathbf{y}])$) et la proportion de points contenus dans ces intervalles ($\frac{1}{N} \sum_{k=1}^{N} \mathbf{1}_{\{\mathbf{x}^{(k)} \in [0,\mathbf{y}]\}}$). La norme sup prise dans la définition permet de quantifier l'écart maximum pour une suite donnée. La discrépance est donc la déviation de la répartition des points de l'échantillon par rapport à une répartition uniforme. En d'autres termes elle mesure l'irrégularité de la distribution.

La discrépance à l'origine n'est malheureusement pas un critère facilement calculable car le supremum dans l'équation (3.2), correspondant à la norme $L_\infty$, est difficilement atteignable. Pour pouvoir calculer des mesures de discrépance, il convient donc de changer la norme et, en pratique, la norme $L_2$ est choisie (Lemieux [116]). Par exemple, la discrépance $L_2$ à l'origine s'écrit :

$$D_2^*(\mathbf{x}) = \left\{ \int_{[0,1[^K} \left[ \frac{1}{N} \sum_{k=1}^{N} \mathbf{1}_{\{\mathbf{x}^{(k)} \in [0,\mathbf{y}]\}} - \text{Volume}([0,\mathbf{y}]) \right]^2 d\mathbf{y} \right\}^{\frac{1}{2}} \qquad (3.3)$$

Suivant l'ancrage des intervalles (qui définit l'origine des intervalles que l'on considère pour simplifier (3.3)), plusieurs critères de discrépance $L_2$ permettent d'obtenir des formules analytiques aisément calculables (Fang *et al.* [53]). On retiendra que la discrépance $L_2$ centrée et la discrépance $L_2$ *wrap-around* sont particulièrement intéressantes du fait de leur robustesse à la réduction de dimension (Fang *et al.* [53]). Le package DiceDesign de **R** possède plusieurs fonctions de calcul de discrépances $L_2$.

### 3.4.2 Propriétés des suites à discrépance faible

On cherche à trouver des suites $(\mathbf{x}^{(i)})_{i \geq 1}$ déterministes permettant d'approximer des intégrales par une formule de la forme :

$$\int_{[0,1]^K} g(\mathbf{x}) d\mathbf{x} \simeq \lim_{N \to +\infty} \frac{1}{N} [g(\mathbf{x}^{(1)}) + \cdots + g(\mathbf{x}^{(N)})]$$

$\mathbf{x}$ étant un vecteur à $K$ composantes. On peut trouver des suites $(\mathbf{x}^{(i)})_{i \geq 1}$, dites à discrépance faible, telles que la vitesse de convergence de l'approximation soit de l'ordre de $\dfrac{\log(N)^K}{N}$, ce qui est meilleur que la convergence de la méthode de Monte Carlo en $\dfrac{1}{\sqrt{N}}$ (cf. paragraphe 3.2.3). La contrepartie est que $g$ doit posséder une certaine régularité.

Pour optimiser l'uniformité du remplissage de l'espace par un échantillon, le critère de discrépance doit donc être minimal. Une suite $(\mathbf{x}^{(i)})_{i \geq 1}$ est dite uniformément répartie sur $[0,1]^K$ si $D^*(\mathbf{x})$ tend vers zéro quand $N$ tend vers l'infini. Une suite est dite à discrépance faible si sa discrépance est asymptotiquement meilleure que celle d'une suite aléatoire. Ces suites, que l'on verra dans la section suivante, ont la particularité de remplir le cube unité uniformément et de manière régulière.

Un autre intérêt des suites à discrépance faible est de donner une estimation *a priori* de l'erreur commise lors de l'intégration numérique. Si $g$ est une fonction à variation $V(g)$ finie au sens de Hardy et Krause (Neiderreiter [145]), $\forall N \geq 1$, on a la formule de Koksma-Hlawka :

$$\left| \frac{1}{N} \sum_{k=1}^{N} g(x^{(k)}) - \int_{[0,1]^K} g(\mathbf{x}) d\mathbf{x} \right| \leq V(g) D^*(x).$$

Ainsi, l'erreur d'approximation est, dans le pire des cas, égale au produit de la variation $V(g)$ (une grandeur qui ne reflète que l'irrégularité de la fonction g) et de la discrépance $D^*(\mathbf{x})$ (qui mesure uniquement la qualité de la répartition de la suite). Contrairement aux suites aléatoires, qui fournissent des intervalles de confiance pour une probabilité donnée, cette majoration est effective et déterministe. Il faut cependant relativiser l'intérêt de cette majoration en notant qu'elle est presque toujours très éloignée de la valeur réelle de l'erreur.

### 3.4.3  Quelques plans à discrépance faible

Des exemples de suites à faible discrépance sont données par Halton [67], Hammersley [68], Sobol[192], Faure [55] et Niederreiter [145]. La construction de différentes suites utilisées en planification d'expériences est présentée brièvement dans cette section. Des compléments pourront être trouvés par exemple dans Lemieux [116]. Les packages randtoolbox et DiceDesign de **R** contiennent quelques-uns de ces plans à discrépance faible (Halton et Sobol).

Il est nécessaire tout d'abord de rappeler ce qu'est la décomposition $p$-adique d'un nombre entier quelconque.

**Définition 5.** Pour un entier $p > 1$, la décomposition $p$-adique d'un entier $L > 0$ est la suite $(a_i)_{i=1...r}$ telle que

$$L = \sum_{i=0}^{r} a_i p^i \text{ avec } 0 \leq a_i < p, \ \forall 0 \leq i < r \text{ et } 0 < a_r < p \qquad (3.4)$$

L'idée de base est donc d'écrire un nombre $L$ en base $p$ par $L = a_r a_{r-1} \dots a_1 a_0$. On inverse alors l'écriture pour obtenir un nombre à l'intérieur de l'intervalle unité noté $\xi_p(L) = 0, a_0 a_1 \dots a_r$.

**Suites de Van Der Corput**

Si on note

$$\xi_p(j) = \sum_{i=0}^{r} \frac{a_i}{p^{i+1}} \qquad (3.5)$$

alors $\left(\xi_p(j)\right)_{j=1...N}$ est une suite de Van Der Corput de $N$ en base $p$. C'est une suite uni-dimensionnelle et le choix le plus commun en pratique est de prendre $p = 2$.

**Suites de Halton**

Les suites de Halton sont des généralisations multidimensionnelles des suites de Van Der Corput. Elles consistent à prendre une base différente pour chaque dimension. Soient $p_1, \dots, p_K$ les $K$ premiers nombres premiers supérieurs ou égaux à deux. Une suite de Halton de taille $N$ s'écrit $(\mathbf{x}^{(j)})_{j=1...N}$ avec

$$\mathbf{x}^{(j)} = \left(\xi_{p_1}(j), \dots, \xi_{p_K}(j)\right) \ \forall j = 1, \dots, N \qquad (3.6)$$

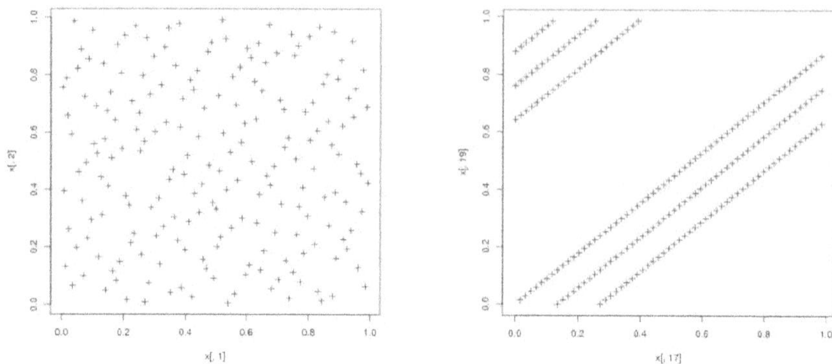

FIGURE 3.5 – Les 200 premiers points d'une suite de Halton en bases 1 et 2 et en bases 17 et 19.

et où $\left(\xi_{p_i}(j)\right)_{j=1\ldots N}$ est la suite de Van Der Corput en base $p_i$.

Prendre ces bases dans les nombres premiers permet de minimiser la discrépance et d'obtenir des suites uniformes (Niederreiter [145]). Malgré l'uniformité de la distribution dans le cube unité pour des bases faibles (cf. Figure 3.5 gauche), ces suites peuvent présenter des pathologies en dimension élevée. La figure 3.5 (droite) présente le cas de représentation des points en bases $p = 17$ et $p = 19$. On observe soit des recouvrements soit des zones lacunaires. Pour pallier ces inconvénients, des suites plus sophistiquées ont été proposées.

### Suites de Hammersley

Une suite de Hammersley en dimension $K$ est construite à partir d'un terme dépendant du nombre de points et d'une suite de Halton en dimension $K - 1$. Soient $p_1, \ldots, p_{K-1}$ les $K - 1$ premiers nombres premiers supérieurs ou égaux à deux. Une suite de Hammersley de taille $N$ s'écrit $(\mathbf{x}^{(j)})_{j=1\ldots N}$ avec

$$\mathbf{x}^{(j)} = \left(\frac{j}{N}, \xi_{p_1}(j), \ldots, \xi_{p_{K-1}}(j)\right) \ \forall j = 1, \ldots, N \qquad (3.7)$$

où $\left(\xi_{p_i}(j)\right)_{j=1\ldots N}$ est la suite de Van Der Corput en base $p_i$.

Ces suites étant construites à partir de suites de Halton, elles présentent le même type de pathologies. De plus, contrairement aux suites de Halton, il est impossible de rajouter des points supplémentaires de manière séquentielle à ces suites sans pour autant changer la discrépance. Dans le cas où l'on ne connaît pas le nombre de points à générer à l'avance, il est donc déconseillé d'utiliser une suite de Hammersley.

### Suites de Sobol

Parmi les suites à discrépance faible connues, les suites de Sobol sont considérées comme faisant partie des meilleures. Les suites de Sobol sont construites à partir de récurrences linéaires en arithmétique modulo 2 sur le corps fini $\mathbb{Z}_2 = \{0, 1\}$ et de polynômes primitifs. Nous ne détaillerons pas les principes de leur construction qui sont plus techniques que pour les suites précédentes. Une construction rapide de ces suites est disponible en **R** (package randtoolbox).

Les suites de Sobol sont assez robustes à l'augmentation de la dimension même si des pathologies peuvent apparaître comme pour les suites de Halton (Franco [58]). Afin d'éviter ces problèmes, des techniques de brouillage des points (*scrambling*) peuvent être mises en œuvre (Owen [149]). En analyse de sensibilité, de nombreux travaux montrent que l'utilisation de suites de Sobol à la place d'échantillons de Monte Carlo permet d'estimer de manière plus précise (à coûts de calcul égaux) les indices de sensibilité.

## 3.4.4   Critères géométriques : maximin et minimax

Johnson *et al.* [92] ont introduit des critères basés sur des distances entre points pour juger de la qualité d'un plan d'expérience. Par exemple, lorsque l'on veut construire un plan d'expérience $(\mathbf{x}^{(i)})_{i=1...N}$ de type *space filling design*, on peut vouloir maximiser la distance minimale séparant toute paire de points du plan. On note $d_{ij} = \|\mathbf{x}^{(i)} - \mathbf{x}^{(j)}\|_{L_p}$ et on prend usuellement $p = 2$ (distance euclidienne). Le critère de distance minimale entre deux points du plan, nommé critère mindist et noté $\phi_{Mm}(\cdot)$, vaut

$$\phi_{Mm}\left((\mathbf{x}^{(i)})_{i=1...N}\right) = \min_{i,j=1...N, i \neq j} d_{ij} \tag{3.8}$$

Le plan $(\mathbf{x}^{(i)})_{i=1...N})$ dit "maximin" est celui qui maximise $\phi_{Mm}$ et qui minimise le nombre de paires de points exactement séparés par la distance minimale. La fonction mindist du package DiceDesign de **R** permet d'évaluer $\phi_{Mm}(\cdot)$.

L'objectif est donc d'obtenir un plan le plus proche possible du plan maximin. En effet, une valeur élevée du critère $\phi_{Mm}$ relativement à la dimension $K$ du plan d'expérience tend à espacer les points du plan le plus possible les uns des autres, et permet une meilleure occupation de l'espace. La figure 3.6 (gauche) fournit une illustration d'un plan maximin en dimension 2. Il faut noter que l'optimisation du critère $\phi_{Mm}$ force les points du plan à délaisser le centre du domaine au profit des bords, notamment en grande dimension.

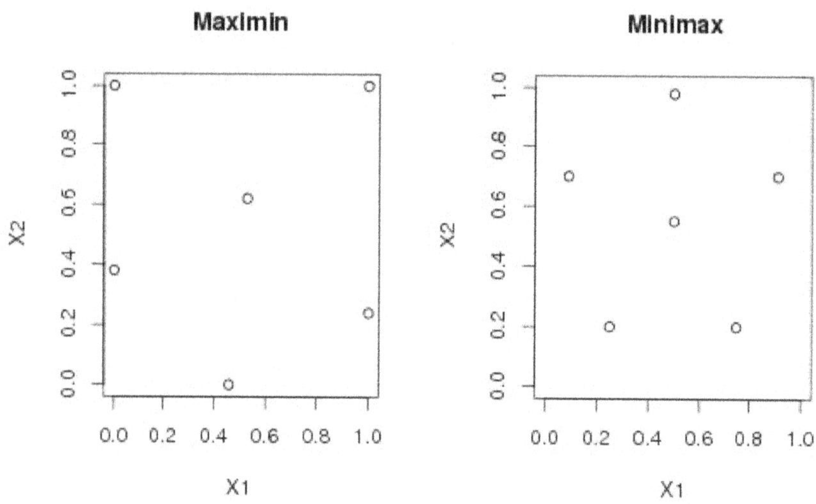


FIGURE 3.6 – Plans maximin et minimax de $N = 6$ points dans $[0, 1]^2$.

Un autre critère particulièrement intéressant, appelé minimax, est basé sur la distance maximale entre un point du domaine et un point du plan. Le critère minimax est noté $\phi_{mM}(\cdot)$ et vaut

$$\phi_{mM}\left((\mathbf{x}^{(i)})_{i=1\ldots N}\right) = \max_{\mathbf{x}\in[0,1]^K} \min_{\mathbf{x}^{(i)}} \|\mathbf{x}-\mathbf{x}^{(i)}\|_{L} \tag{3.9}$$

Une valeur peu élevée de $\phi_{mM}$ pour un plan d'expérience donné signifie que chaque point du domaine n'est jamais trop distant d'un point du plan. C'est pourquoi, $\phi_{mM}$ semble plus approprié pour répondre à la question du remplissage de l'espace. La figure 3.6 (droite) fournit une illustration d'un plan minimax en dimension 2. Par rapport au plan maximin, on observe bien que les points, plus proches les uns des autres, minimisent le volume des zones vides de l'espace et ne sont pas concentrés sur les bords.

Le critère $\phi_{mM}$ est à minimiser (d'où son nom "minimax"). Contrairement au critère mindist qui s'appuie seulement sur le calcul des distances entre les points du plan, il faut calculer ici les distances entre tous les points du domaine et tous les points du plan. En pratique, la discrétisation du domaine permet de calculer une approximation de $\phi_{mM}$ mais la méthode devient très coûteuse en dimension supérieure à 3. Ce critère n'est pas utilisable à l'heure actuelle pour la planification d'expériences numériques, mais les recherches se poursuivent afin d'élaborer des stratégies alternatives pour le calculer (Pronzato et Müller [156]).

### 3.4.5 Plans optimisés

Pour assigner à un plan d'expérience les propriétés qui nous intéressent, il est judicieux de développer des stratégies d'optimisation d'un plan initial suivant les critères d'intérêt. La méthode usuelle consiste à se placer dans le cadre des plans à projections factorielles uniformes (LHS, cf. section 3.3) et à optimiser l'un des critères décrits ci-dessus (discrépance ou maximin par exemple). De nombreuses études se sont penchées sur la manière d'optimiser les plans, par exemple par des algorithmes de recuit simulé (Marrel [131]). On citera ici uniquement les deux solutions les plus classiques qui concernent toutes deux la classe des hypercubes latins :

1. on maximise le critère mindist (Morris et Mitchell [141]). Ces plans sont appelés les LHS maximin ;

2. on minimise la discrépance $L_2$ (Jin *et al.* [91]). Ces plans sont appelés les LHS à discrépance faible.

Plusieurs de ces algorithmes sont intégrés dans le package DiceDesign. Certaines études conseillent d'utiliser les hypercubes latins à discrépance $L_2$ *wrap-around* ou à discrépance $L_2$ centrée faible du fait de leur robustesse en sous-projections de dimensions supérieures ou égales à deux (Fang *et al.* [53], Iooss *et al.* [81], Damblin *et al.* [34]).

## 3.5   L'analyse d'incertitude

Le terme "analyse d'incertitude" concerne l'évaluation de l'impact et de l'influence des sources d'incertitude (modèle et données d'entrée) sur les variables de sortie d'un modèle représentant un phénomène observé (de Rocquigny *et al.* [38]). "Phénomène" signifie ici un phénomène physique ou chimique (*e.g.* croissance d'une plante, propagation d'une pollution au sein d'une nappe phréatique) mais peut aussi être un modèle économique.

Dans les études de propagation d'incertitude, on s'intéresse à l'évaluation de l'incertitude sur une réponse $Y$ en fonction des incertitudes sur les données d'entrée $\mathbf{X} = (X_1, \ldots, X_K)$ et sur la relation fonctionnelle $\mathcal{G}$ reliant $Y$ à $\mathbf{X}$. $\mathbf{X}$ étant un vecteur aléatoire, $Y = \mathcal{G}(\mathbf{X})$ devient elle-même une variable aléatoire.

La quantité d'intérêt associée à une étude d'incertitude peut être un intervalle de confiance sur $Y$, la variance de $Y$, la distribution de probabilité de $Y$, une probabilité que $Y$ dépasse un certain seuil, etc. Pour de tels objectifs, différentes difficultés internes au modèle physique et/ou technico-opérationnel, inhérentes au problème posé, dues à la mise en œuvre informatique du modèle numérique sous-jacent ou dues à l'environnement matériel utilisé, peuvent apparaître :
- coût important en temps de calcul pour une évaluation du modèle (noté $\mathcal{G}$) de telle sorte que la réalisation d'un nombre élevé $N$ de simulations (par exemple supérieur à 100) ne soit pas possible,
- présence d'erreurs incontrôlées dans le code de calcul utilisé, pouvant conduire à des calculs défectueux ,
- nombre important de variables à considérer, en entrée et/ou en sortie du modèle,
- manque de connaissance sur les incertitudes des entrées du système étudié,
- non-linéarités, interactions fortes, voire discontinuités dues aux variables d'entrée dans le modèle étudié,

L'objet de ce paragraphe est de décrire un certain nombre de méthodes, selon la quantité d'intérêt considérée, couramment utilisées dans de telles configurations.

### 3.5.1 Moments statistiques

Pour déterminer les premiers moments statistiques d'une réponse, une première approche est d'utiliser les méthodes analytiques. Souvent ces méthodes ne sont adaptées que pour estimer les deux premiers moments, c'est-à-dire la moyenne et la variance. Dans le cas le plus simple où la réponse $Y$ est estimée à partir des entrées $X_i$ par $Y = \sum_{i=1}^{K} X_i$, alors la moyenne est calculée par $\mathbb{E}(Y) = \sum_{j=1}^{K} \mathbb{E}(X_j)$ et la variance est calculée par

$$\mathbb{V}\mathrm{ar}(Y) = \sum_{j=1}^{K} \mathbb{V}\mathrm{ar}(X_j) + \sum_{j=1}^{K-1} \sum_{k=j+1}^{K} \mathbb{C}\mathrm{ov}(X_j, X_k).$$

Pour un modèle $\mathcal{G}$ général, on peut utiliser la formule de décomposition en série de Taylor pour obtenir les deux premiers moments de $Y$ en fonction des dérivées partielles de $\mathcal{G}$. Cette approche ne fournit néanmoins de l'information qu'autour d'une valeur nominale du vecteur des entrées. Une autre méthode consiste à calculer les quatre premiers moments à partir des méthodes d'intégration de Gauss, puis d'ajuster éventuellement une distribution de Pearson ou de Johnson sur ces quatre moments ; cette méthode est appelée aussi méthode de quadrature. Des schémas d'intégration dits de "Gauss" permettent d'évaluer une intégrale d'une fonction continue intégrable à la précision voulue. Ces schémas reviennent à discrétiser l'intervalle d'intégration en un certain nombre d'abscisses auxquelles un poids est associé. Le nombre d'abscisses est fonction de la précision désirée et des propriétés de régularité de $\mathcal{G}$.

### 3.5.2 Densité de probabilité

Pour estimer la densité de probabilité complète de la réponse, la méthode de Monte Carlo demeure la méthode la plus simple. Malheureusement, pour obtenir une bonne estimation de la densité, cette méthode peut se révéler très coûteuse en nombre d'évaluations nécessaires. Par exemple, l'erreur faite sur l'estimation de la moyenne de la réponse vaut $\dfrac{\sigma}{\sqrt{N}}$ où $\sigma$ est l'écart-type de la réponse et $N$ la taille de l'échantillon. De manière classique, la détermination de la distribution de probabilité est obtenue par l'ajustement d'une loi à partir de l'échantillon résultat $(Y_i)_{i=1,\ldots,N}$. Il est évident que la qualité des ajustements dépend du nombre de simulations réalisées et de la bonne répartition de ces simulations dans l'espace des entrées, surtout si la connaissance des queues de distributions des réponses est recherchée.

Grâce à des méthodes d'accélération ou de réduction de la variance, il est possible de réduire (à précision fixée) le nombre de simulations que nécessite la méthode de Monte Carlo. Parmi les techniques de réduction de la variance les plus courantes, on peut citer (cf. par exemple Rubinstein [168] ou Lemieux [116] pour plus de précisions) :
- La simulation de Monte Carlo conditionnelle. L'idée est de décomposer le vecteur des entrées $\mathbf{X}$ en deux sous-vecteurs puis de décomposer la densité de $\mathbf{X}$ en une densité marginale et une densité conditionnelle que l'on doit savoir évaluer analytiquement.

- L'échantillonnage stratifié. L'idée de base est de partitionner le domaine en plusieurs sous-domaines disjoints appelés strates. On intègre alors la fonction sur chacune des strates avec les pondérations adéquates. Cette méthode permet, par exemple, de s'assurer que l'on a des tirages situés dans les queues de distribution.
- Le tirage d'importance. Cette méthode préconise de simuler le processus non pas à l'aide des lois des entrées, mais avec d'autres lois qui permettent de concentrer les tirages dans les régions de l'espace les plus intéressantes pour le calcul de l'intégrale. Il suffit ensuite de pondérer les résultats par des rapports de vraisemblance afin de supprimer le biais de l'estimateur.

Les méthodes de quasi-Monte Carlo, vues dans les sections précédentes, permettent également d'augmenter la précision des méthodes de Monte Carlo (à nombre d'évaluations du modèle similaire), en prenant en compte en plus la régularité de la fonction $\mathscr{G}$.

### 3.5.3  Intervalle de tolérance

L'intervalle de tolérance au niveau de confiance $\beta$ d'une quantité $Y$ est un intervalle $[m, M]$ $\alpha$-fractile bilatéral tel que :

$$\mathbb{Pr}[\mathbb{Pr}(m \leq Y \leq M) \geq \alpha] \geq \beta \tag{3.10}$$

Une telle relation signifie que l'on peut affirmer, avec au plus $(1 - \beta)$ pour cent de risque de se tromper, que $\alpha$ pour cent au moins des valeurs possibles de la réponse $Y$ sont comprises entre les valeurs $m$ et $M$. Pour calculer les bornes $m$ et $M$, les techniques couramment utilisées sont :
- les méthodes de Monte Carlo et ses variantes (Lemieux [116]),
- les méthodes basées sur les statistiques d'ordre (David et Nagaraja [35]). L'estimation d'un intervalle de tolérance unilatéral (trouver $M$ tel que $\mathbb{Pr}[\mathbb{Pr}(Y \leq M) \geq \alpha] \geq \beta$) est similaire au problème de l'estimation d'un quantile de $Y$ (cas où $\beta = 0.5$). Sur ce sujet, Cannamela *et al.* [20] passent en revue un ensemble de méthodes dédiées à l'estimation d'un quantile d'une variable de sortie d'un code de calcul.

Parmi le second type de méthodes, la formule de Wilks [214] permet de déterminer la taille minimale $N$ d'un échantillon à générer aléatoirement en fonction des valeurs de $\alpha$ et $\beta$ . Par exemple si on recherche un intervalle de tolérance bilatéral, la valeur de $N$ est obtenue par la résolution de l'équation :

$$1 - \alpha^N - N(1 - \alpha)\alpha^{N-1} \geq \beta \tag{3.11}$$

Par exemple, pour $\alpha = \beta = 95\%$, la taille $N$ de l'échantillon doit être supérieure ou égale à 93. Ensuite un échantillon de $N$ points $(\mathbf{X}^{(i)})_{i=1,...,N}$ est généré aléatoirement, puis un échantillon de $N$ valeurs de $Y$ est obtenu par application du modèle $\mathcal{G}$. Les bornes $m$ et $M$ de l'intervalle de confiance sur $Y$ sont obtenues en retenant les valeurs minimale et maximale (ce qui correspond au rang 1) de l'échantillon $(Y_i)_{i=1,...,N}$. Pour des rangs supérieurs à un et pour des intervalles de tolérance bilatéraux et unilatéraux, des formules plus générales que (3.11) sont données dans David et Nagaraja [35].

### 3.5.4 Probabilité de dépasser une valeur critique

Pour estimer la probabilité $P_f$ qu'une réponse dépasse une valeur critique, il est toujours possible d'utiliser des méthodes de simulation qui ont l'avantage de ne pas faire d'hypothèse sur le modèle probabiliste (variables continues ou discrètes, distributions de probabilité quelconques) et sur la fonction $\mathcal{G}$ étudiée (statique ou dynamique, continue ou non, etc.). Le seul inconvénient est le coût de calcul qui peut être très important surtout pour de faibles probabilités. Comme précédemment, les variantes de la méthode de Monte Carlo permettent de réduire sensiblement le nombre d'évaluations nécessaires (Cannamela [19]). Parmi les plus efficaces, on peut noter l'échantillonnage préférentiel et les simulations multi-niveaux (*subset simulations*).

Une deuxième classe de méthodes, les méthodes géométriques, a été développée initialement dans le cadre de la fiabilité des structures, pour pallier l'inconvénient du coût en nombre de calculs (Madsen *et al.* [121]). De plus, elles permettent de connaître instantanément les variables les plus influentes sur la fiabilité au voisinage du point de maximum de probabilité de défaillance. Ces méthodes sont fondées sur la notion d'indice de fiabilité, et plus particulièrement sur l'indice de Hasofer-Lind, noté $\beta_{HL}$ (Lemaire [114]).

L'indice de Hasofer-Lind est défini dans un espace où les variables aléatoires suivent toutes des lois normales centrées réduites et sont statistiquement indépendantes. Cet espace est aussi appelé espace gaussien. Malheureusement les incertitudes ne sont généralement pas distribuées selon de telles lois. Diverses transformations probabilistes permettent de transformer $\mathbf{X}$ en un vecteur gaussien $\mathbf{U}$. Les transformations les plus courantes sont la transformation de Rosenblatt, quand la densité conjointe est connue, et celle de Nataf, quand le modèle probabiliste n'est constitué que des densités marginales et d'une matrice de covariance (Lemaire [114]).

L'indice de Hasofer-Lind est défini comme la distance minimale d'un point de la surface d'état limite (*i.e.* la frontière entre la défaillance et la non-défaillance) à l'origine de l'espace gaussien. Le calcul de $\beta_{HL}$ revient à résoudre un problème d'optimisation (minimiser une distance) sous contrainte (point situé sur la surface d'état limite). Le point associé à cette distance minimale est souvent appelé point de conception. Il correspond au point de maximum de probabilité de défaillance. Pour résoudre ce problème, la méthode approchée FORM (First Order Reliability Method) consiste à approcher la surface de défaillance par un hyperplan tangent à la surface de défaillance au point de conception. Alors une estimation de la probabilité de défaillance est obtenue par $P_f = \Phi(-\beta_{HL})$, où $\Phi(\cdot)$ est la fonction de répartition de la loi normale centrée réduite. La précision de cette approximation dépend entre autres de la non-linéarité de la surface de défaillance. Si l'approximation linéaire n'est pas satisfaisante, des évaluations plus précises peuvent être obtenues à partir d'approximations à des ordres supérieurs de la surface au point de conception, par exemple à l'aide de la méthode Second Order Reliability Method ou SORM.

Pour finir, il faut noter que dans un contexte de calcul de risque, les techniques d'analyse de sensibilité que l'on doit utiliser ne sont pas forcément celles présentées dans cet ouvrage. Par exemple, la méthode RSA (Regionalized Sensitivity Analysis, appelée aussi *Monte Carlo filtering*) permet de dire si un facteur est influent sur la présence de la sortie du modèle dans une zone cible (Saltelli *et al.* [180]). La méthode consiste à séparer l'échantillon d'entrées/sorties simulé en deux sous-échantillons selon que la sortie se trouve ou non dans la zone cible (par exemple, au dessus d'une valeur critique). Pour chaque facteur, on juge de son influence en comparant les distributions de chaque sous-échantillon. En effet, un test statistique de comparaison (par exemple celui de Kolmogorov-Smirnov) permet de voir aisément si les distributions diffèrent notablement, auquel cas le facteur est influent dans la zone cible de la sortie.

# Chapitre 4

# Criblage par discrétisation de l'espace

*Claude Bruchou et Hervé Monod*

## 4.1  Introduction

Les méthodes présentées dans ce chapitre sont la méthode d'analyse de sensibilité de Morris, les plans factoriels et l'analyse de la variance (anova). Ce sont des méthodes très utilisées en pratique pour l'analyse de sensibilité d'un modèle à des facteurs d'entrée, que nous supposerons ici quantitatifs. Elles sont simples d'emploi, relativement intuitives, et souvent très efficaces pour identifier les facteurs les plus influents et pour quantifier leurs effets principaux et l'importance des interactions. Dans certains cas, elles sont suffisantes pour les besoins d'une étude d'analyse de sensibilité, en particulier si l'on veut surtout tirer des conclusions qualitatives sur l'importance relative des facteurs. Dans d'autres cas, elles interviennent en premier rideau ou s'insèrent dans une approche itérative, en permettant de distinguer les facteurs dont il faut étudier l'influence plus en détail d'une part, ceux dont l'effet sur la réponse du modèle paraît négligeable d'autre part.

Le principal point commun des méthodes de ce chapitre est qu'elles s'appuient sur une discrétisation du domaine $\Omega$ des entrées du modèle selon une grille régulière, obtenue en discrétisant le domaine de variation de chaque facteur d'entrée. Dans la méthode de Morris, le plan d'échantillonnage est constituée de chemins aléatoires sur les points de cette grille. Les plans factoriels classiques, pour leur part, comprennent la totalité ou un sous-ensemble précisément déterminé des points de la grille. Dans la version que nous en présenterons, la grille sert uniquement de support à un pavage du domaine et à un échantillonnage stratifié que nous décrirons plus en détail. Tout comme le plan factoriel complet pour des facteurs qualitatifs, la grille régulière et le pavage régulier de $\Omega$ utilisés dans ce chapitre reposent sur une hypothèse d'indépendance ou, dans un sens plus faible, de non-corrélation entre les facteurs d'entrée. Sous cette hypothèse, ils assurent une bonne couverture du domaine par le plan d'échantillonnage, selon l'objectif des plans à bon remplissage de l'espace présentés dans le chapitre 3.

Ce chapitre débute par la méthode de Morris, souvent utilisée pour les premières analyses de sensibilité d'un modèle. Cette méthode ne fait pas appel à l'écriture explicite d'un modèle statistique paramétrique. L'échantillonnage est défini par des trajectoires aléatoires sur les nœuds d'une grille régulière positionnée sur le domaine d'entrées $\Omega$. Puis l'analyse des résultats est basée sur l'étude des effets sur la variable de sortie des variations des facteurs obtenues au cours de ces trajectoires.

Le chapitre aborde ensuite les plans factoriels et l'analyse de variance. Nous ferons le lien avec la stratification, qui consiste à décomposer la population des unités statistiques en sous-groupes distincts et de préférence homogènes. Dans le contexte de l'expérimentation virtuelle présentée ici, la stratification consiste à structurer $\Omega$, espace des facteurs d'entrée, à partir d'un découpage uniforme des gammes des facteurs. Les strates ainsi obtenues ont la forme de pavés (hyper-cubes ou rectangles). Les strates étant définies, on peut tirer dans chaque strate un certain nombre d'unités selon un échantillonnage aléatoire. Un argument important en faveur de cette stratégie réside dans le fait que l'échantillonnage dans une population stratifiée permet d'obtenir des estimations plus précises que celui réalisé dans une population non stratifiée.

**Remarque :** Les méthodes que nous présentons par la suite sont basées sur la simulation, c'est-à-dire le calcul numérique de la sortie en fonction des entrées. En toute rigueur, c'est donc l'implémentation numérique du modèle, appelée fonction code (FC), dont on étudie la sensibilité aux entrées. La distinction peut être importante lorsque l'implémentation numérique a une influence sur la sortie. Ce ne sera pas le cas pour les exemples traités dans ce chapitre. Néanmoins, nous emploierons le terme de fonction code pour dénommer l'objet sur lequel porte l'analyse de sensibilité.

### 4.1.1 Fonction Code jouet

Dans ce chapitre, nous illustrerons les méthodes à l'aide d'un modèle jouet déterministe $\mathcal{G}^*$ comprenant deux facteurs d'entrée $X_1$ et $X_2$ prenant leurs valeurs dans $[-1, 1]$. Ce modèle est défini par une combinaison linéaire de polynômes de Legendre :

$$\mathcal{G}^*(x_1, x_2) = \mu + \alpha_1 \Psi_1(x_1) + \alpha_2 \Psi_2(x_1) + \beta_1 \Psi_1(x_2) + \gamma \, \Psi_3(x_1)\Psi_1(x_2)$$

avec $\Psi_1(x) = x\sqrt{3}$, $\Psi_2(x) = \frac{\sqrt{5}}{2}\left(3x^2 - 1\right)$, $\Psi_3(x) = \frac{\sqrt{7}}{2}\left(5x^3 - 3x\right)$, et $\mu = 0$, $\alpha_1 = 1$, $\alpha_2 = 2$, $\beta_1 = 1$ et $\gamma = 2$. Par construction, l'intégrale de tout polynôme $\Psi_i$ est nulle et l'intégrale de son carré est égale à un (pour la mesure $1/2$). Ce modèle est simple sur le plan théorique mais il présente l'intérêt d'avoir une forme non triviale (Figure 4.1). Il servira à confronter les calculs théoriques aux résultats des méthodes statistiques.

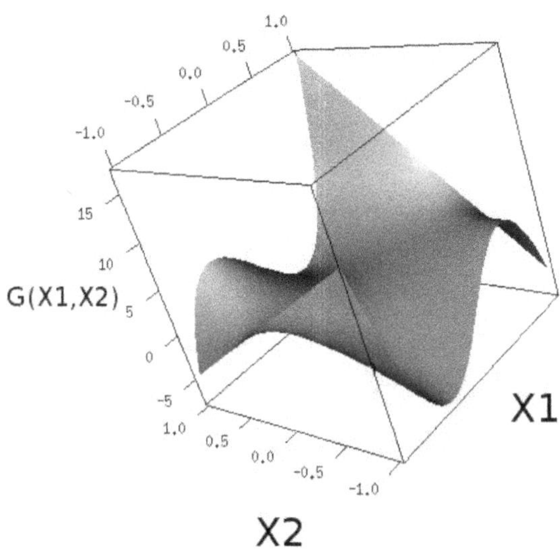


FIGURE 4.1 – Visualisation du modèle jouet $\mathcal{G}^*(x_1, x_2)$.

L'écriture du modèle en **R** donne la fonction code (FC) suivante :

```
G <- function(x1,x2) {
  Psi1 <- function(x)x*sqrt(3)
  Psi2 <- function(x)sqrt(5)*(3*x^2-1)/2
  Psi3 <- function(x)sqrt(7)*(5*x^3-3*x)/2
```

```
mu <- 0 ; alpha1 <- 1 ; alpha2 <- 2;
beta1 <- 1 ; gamma <- 2;
return(mu + alpha1*Psi1(x1) +  alpha2*Psi2(x1)+
            beta1*Psi1(x2) + gamma*Psi3(x1)*Psi1(x2))
}
```

## 4.2   Méthode de Morris

La méthode de Morris (Morris [140] ; Campolongo *et al.* [17] ; Saltelli *et al.* [176]) utilise dans sa forme originelle une discrétisation de l'espace des facteurs : seuls des points appartenant à une grille régulière multidimensionnelle sont susceptibles d'être échantillonnés. Une seconde caractéristique est que l'influence de chaque facteur $X_k$ est évaluée en comparant des simulations entre lesquelles seul ce facteur $X_k$ a varié. La méthode de Morris fait donc partie des méthodes dites "un-par-un" ou *One At a Time* (OAT), en fait utilisant un tel principe de construction de plans, dont nous retrouverons d'autres versions dans le chapitre 5. La combinaison de ces deux principes fait de la méthode de Morris une méthode d'analyse de sensibilité robuste et efficace pour des modèles respectant une certaine régularité.

Les méthodes d'anova que nous verrons plus loin ont la particularité de posséder un modèle paramétrique sous-jacent. L'exploration plus qualitative de la FC proposée par Morris ne nécessite pas l'écriture explicite d'un modèle. L'interprétation des résultats de la méthode permet par contre de proposer des pistes pour l'écriture d'un métamodèle de la FC.

### 4.2.1   Plan d'échantillonnage

Soit une FC comprenant $K$ facteurs continus à valeurs dans l'hypercube $\Omega = [0, 1]^K$. La gamme de variation de chaque facteur est discrétisée en $Q$ niveaux $\{0, \frac{1}{Q-1}, \frac{2}{Q-1}, \cdots, 1\}$. Le croisement de ces niveaux définit un ensemble de $Q^K$ nœuds noté $\widehat{\Omega}$. L'échantillonnage de la méthode de Morris est constitué d'une suite de trajectoires aléatoires $\mathcal{T}_i$, pour $i = 1, \cdots, r$, passant chacune par $K+1$ nœuds $(A^{(i,0)}, \cdots, A^{(i,K)})$ de $\widehat{\Omega}$, de telle sorte que chaque facteur ne varie qu'une seule fois par trajectoire.

Chaque trajectoire respecte les propriétés suivantes (Figure 4.2) :
- le nœud de départ $A^{(i,0)}$ est choisi au hasard dans $\widehat{\Omega}$ ;
- la longueur du pas $\delta$ entre deux nœuds successifs de la trajectoire est identique dans toutes les directions et proportionnelle à $\frac{1}{Q-1}$ ;

– la direction du pas est déterminée à partir d'une randomisation de l'ordre d'entrée des facteurs.

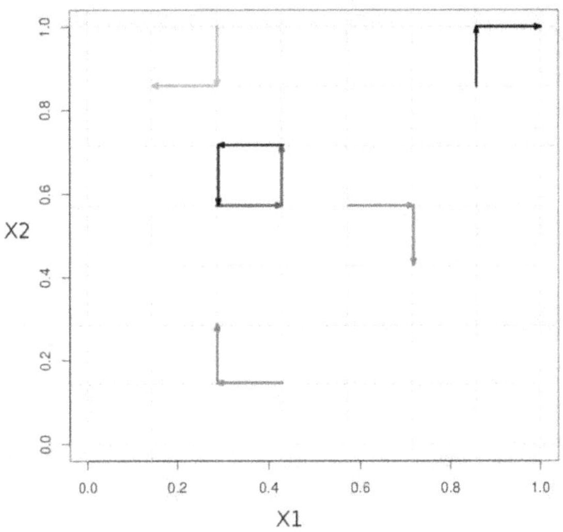

FIGURE 4.2 – Exemples de trajectoires de Morris en dimension deux. Chaque dimension de $\Omega = [0,1]^2$ est discrétisée en $Q = 8$ niveaux. Un total de $r = 6$ trajectoires aléatoires $\mathcal{T}_i$, pour $i = 1, \cdots, 6$, passent par les nœuds de la grille régulière $\widehat{\Omega}$ superposée sur le carré. Le pas de déplacement est $\delta = 1/7$ dans chaque dimension. La direction de la flèche indique le sens du déplacement.

L'exploration de $\Omega$ ne doit privilégier aucune zone. Cela implique notamment que, pour chaque facteur, la distribution des points échantillonnés suive une loi uniforme. Pour garantir cette uniformité, Morris propose la règle suivante : choisir un niveau de discrétisation $Q$ pair et une longueur de pas $\delta$ égale à $\frac{Q}{2(Q-1)}$ (Figure 4.3). Dans le cas de la figure 4.2 par exemple, cette règle conduit à des pas de longueur $4/7$ et non pas $1/7$.

**Remarque** : les gammes des facteurs ne sont pas toujours comprises entre 0 et 1. Une transformation linéaire sur les coordonnées permettra de les transposer dans les gammes véritables. Le coefficient $\delta \propto 1/Q$ est un nombre sans dimension et l'effet élémentaire est exprimé dans l'unité de la sortie.

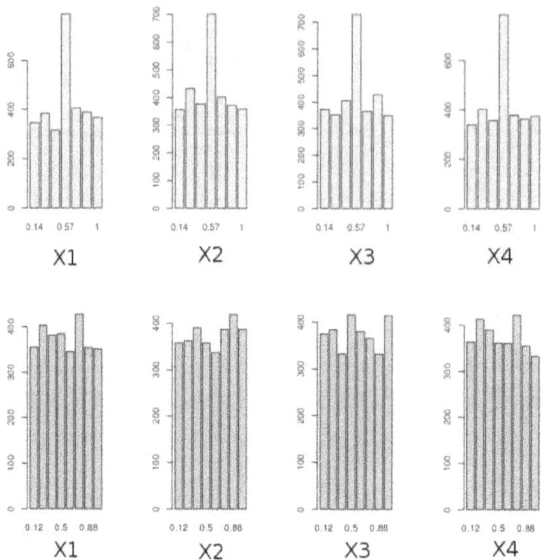


FIGURE 4.3 – Distribution des valeurs échantillonnées des 4 facteurs avec un plan de Morris. La première ligne d'histogrammes présente les distributions obtenues avec $Q = 7$, $\delta = 3$ et $r = 1\,000$ trajectoires. La seconde ligne présente les distributions obtenues avec la règle de Morris : $Q = 8$, $\delta = 4$ et $r = 600$ trajectoires.

## 4.2.2 Définition et calcul des indices

La méthode de Morris repose sur l'étude des variations de la sortie de la FC entre deux points des trajectoires décrites ci-dessus. Supposons que le déplacement entre deux points successifs $A^{(i,j)}$ et $A^{(i,j+1)}$ de la trajectoire $\mathcal{T}_i$ soit associé à une variation $\epsilon\delta$ ($\epsilon = \pm 1$) du facteur $X_k$. Cette variation occasionne la variation $\Delta_k^{(i)}\mathcal{G}$, appelée effet élémentaire du facteur $X_k$ de la FC et définie par

$$\Delta_k^{(i)}\mathcal{G} = \epsilon\,\frac{\mathcal{G}(x_1^{(i)},\cdots,x_k^{(i)}+\epsilon\delta,\cdots,x_K^{(i)}) - \mathcal{G}(x_1^{(i)},\cdots,x_k^{(i)},\cdots,x_K^{(i)})}{\delta}$$

où $x_k^{(i)}$ (resp. $x_k^{(i)}+\epsilon\delta$) désigne la coordonnée sur l'axe associé au facteur $X_k$ du point $A^{(i,j)}$ (resp. $A^{(i,j+1)}$). L'unité de mesure de cette variation est celle de la sortie de la FC car $\delta$ est sans dimension (contrairement au cas de la dérivée).

Les $r$ trajectoires de Morris permettent le calcul de $r$ effets élémentaires par facteur (un par trajectoire) en $N = r(K+1)$ simulations. L'indice $\mu_k$ relatif au facteur $X_k$ proposé par Morris consiste à faire la moyenne des effets élémentaires :

$$\mu_k = \frac{1}{r}\sum_{i=1}^{r}\Delta_k^{(i)}\mathscr{G}.$$

Si la relation entre $X_k$ et $\mathscr{G}$ est linéaire alors la moyenne des effets élémentaires est proportionnelle à l'intensité de la liaison. Si la FC n'est pas monotone pour le facteur $X_k$, comme c'est le cas si elle est périodique, les effets élémentaires de signes différents peuvent conduire à un indice $\mu_k$ proche de zéro. Pour éviter ce phénomène, on préfère utiliser l'indice $\mu^\star$ basé sur les valeurs absolues des effets élémentaires, défini pour le facteur $X_k$ par :

$$\mu_k^\star = \frac{1}{r}\sum_{i=1}^{r}|\Delta_k^{(i)}\mathscr{G}|.$$

Pour illustrer l'utilisation de cet indice, considérons la fonction à deux facteurs d'entrée $(x_1, x_2)$ définie sur $[0,1]\times[0,1]$ par :

$$g(x_1,x_2) = a_0 + a_1(x_1 - 0.5) + a_2(x_2 - 0.5) + a_3(x_1 - 0.5)(x_2 - 0.5),$$

où $a_0, a_1, a_2, a_3$ sont des paramètres supposés fixés. On superpose une grille sur le domaine de définition. L'effet élémentaire entre les deux points $(x_1^{(i)}, x_2^{(i)})$ et $(x_1^{(i)} + \delta, x_2^{(i)})$ de la trajectoire $\mathscr{T}_i$, est égal à :

$$
\begin{aligned}
\Delta_1^{(i)}\mathscr{G} &= \frac{g\left(x_1^{(i)} + \delta, x_2^{(i)}\right) - g\left(x_1^{(i)}, x_2^{(i)}\right)}{\delta} \\
&= a_1 + a_3(x_2^{(i)} - 0.5).
\end{aligned}
$$

En supposant un échantillonnage selon une loi sur $[0,1]$ uniforme (ou seulement symétrique par rapport à $1/2$) pour chacune des variables, la moyenne des valeurs échantillonnées de $X_2$ est d'espérance $1/2$. L'indice $\mu_1$ est alors égal à $a_1$ en espérance et caractérise l'effet principal du facteur $X_1$. Par contre l'indice $\mu_1^\star = \frac{1}{r}\sum_{i=1}^{r}|a_1 + a_3(x_2^{(i)} - 0.5)|$ dépend de $a_1$ et $a_3$. Il peut être interprété comme un effet d'interaction entre $X_1$ et $X_2$ si $a_1$ est faible ou bien comme un mélange d'effet principal et d'interaction. Plus généralement, l'indice $\mu_k^\star$ présente une analogie avec l'indice de sensibilité total rencontré dans d'autres méthodes (voir en particulier le chapitre 5), qui intègre l'effet principal et les interactions associés à un même facteur (Campolongo *et al.* [17]).

L'autre indice proposé par Morris est défini à partir de la variance des effets élémentaires sur les $r$ trajectoires. Soit, pour le facteur $X_k$ :

$$\sigma_k = \sqrt{\frac{1}{r-1}\sum_{i=1}^{r}\left(\Delta_k^{(i)}\mathcal{G} - \mu_k\right)^2}.$$

Dans l'exemple qui précède, le calcul du deuxième indice de Morris associé à $X_1$ donne $\sigma_1 = \sqrt{\frac{1}{r-1}\sum_{i=1}^{r}(a_3(x_2^{(i)} - 0.5))^2} \simeq |a_3|/(2\sqrt{3})$ car la variance de la loi d'échantillonnage de $X_2$ est $1/12$. Le niveau de l'indice est donc lié à la valeur du paramètre $a_3$ d'interaction entre les deux facteurs. Plus généralement, ce deuxième indice $\sigma_k$ permet de détecter des interactions entre $X_k$ et d'autres facteurs. Il est également sensible à la non-linéarité de la réponse du modèle par rapport à $X_k$. Par exemple, une forte relation non-linéaire entre un facteur et la sortie de la FC, peut conduire à un $\mu^\star$ élevé mais aussi à une forte valeur de l'indice $\sigma_k$ (Figure 4.4). Le graphique de la liaison entre chaque facteur et la sortie de la FC permet de préciser l'interprétation.

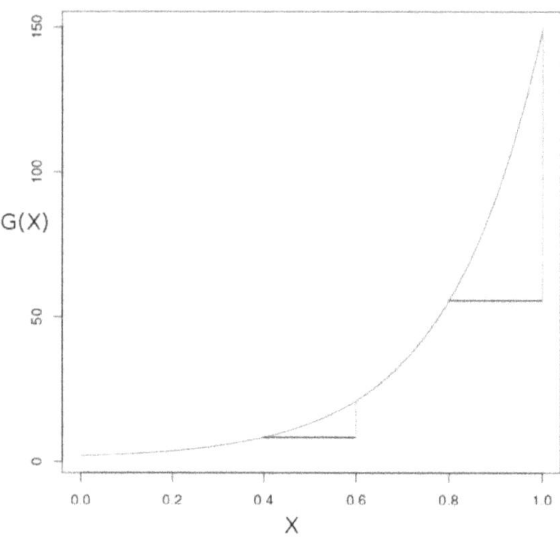

FIGURE 4.4 – Exemple de relation induisant un indice $\sigma_k$ non nul sans présence d'interaction.

Les résultats de la méthode de Morris sont synthétisés dans un graphique combinant $\mu_k^\star$ et $\sigma_k$ pour l'ensemble des facteurs (voir Figure 4.10).

| Trajec-<br>-toire | 1<br>$x_1\,x_2$ | 2<br>$x_1\,x_2$ | 3<br>$x_1\,x_2$ | 4<br>$x_1\,x_2$ | 5<br>$x_1\,x_2$ | 6<br>$x_1\,x_2$ | 7<br>$x_1\,x_2$ | 8<br>$x_1\,x_2$ |
|---|---|---|---|---|---|---|---|---|
| $A_1$ | 0 0 | 0 0 | 0 1 | 0 1 | 1 1 | 1 1 | 1 0 | 1 0 |
| $A_2$ | 1 0 | 0 1 | 1 1 | 0 0 | 0 1 | 1 0 | 0 0 | 1 1 |
| $A_3$ | 1 1 | 1 1 | 1 0 | 1 0 | 0 0 | 0 0 | 0 1 | 0 1 |

Tableau 4.1 – Ensemble des chemins sur les sommets d'un carré $[0, 1] \times [0, 1]$. Un chemin est ici une séquence de trois points $A_1$, $A_2$ et $A_3$ de coordonnées $x_1$ et $x_2$ prises dans $\{0, 1\}$.

Une analyse du graphique de Morris permet de distinguer :
- les facteurs dont les effets sont négligeables : points proches de l'origine (0,0) ;
- les facteurs dont l'effet linéaire est important : points situés à droite sur l'axe des abscisses ;
- les facteurs dont les effets sont non-linéaires ou incluent de l'interaction avec d'autres facteurs : points situés en haut sur l'axe des ordonnées.

### 4.2.3 Formalisation du plan d'échantillonnage

Pour une valeur de $Q$ et une longueur de pas $\delta$ fixés, la grille $\widehat{\Omega}$ est elle-même fixée et la description d'une trajectoire se décompose en deux parties : son point de départ dans la grille et la suite des directions et du sens de ses déplacements.

Cette seconde composante peut être décrite par un chemin orienté parcourant les sommets d'un hypercube standard $[0, 1]^K$ et respectant les conditions suivantes : un point de départ est fixé puis chaque facteur doit varier une fois et une seule à l'intérieur du chemin, celui-ci aboutissant au point de l'hypercube à l'opposé du point de départ. Pour $K = 2$ facteurs, il existe $4 \times 2 = 8$ chemins possibles de ce type sur les sommets du carré (cf. Tableau 4.1). Chacun des huit chemins peut être représenté sous forme matricielle. Par exemple la matrice associée au premier chemin du tableau 4.1 est : $\begin{pmatrix} 0 & 0 \\ 1 & 0 \\ 1 & 1 \end{pmatrix}$. Chaque ligne de la matrice correspond à un point du chemin et l'ordre des lignes coïncide avec l'ordre des points dans le chemin : ici le facteur $X_1$ a varié puis le facteur $X_2$. Dans le cas de $K$ facteurs, il existe $2^K \times K!$ chemins de ce type possibles. En effet, il existe $K!$ chemins admissibles pour chacun des $2^K$ sommets de l'hypercube constituant un point de départ.

Dans le cas général, la matrice $T^{(K)}$, de dimension $(K + 1) \times K$ et dont la partie sous la diagonale est composée de 1, représente un chemin admissible :

$$T^{(K)} = \begin{pmatrix} 0 & 0 & \ldots & 0 \\ 1 & 0 & \ldots & 0 \\ 1 & 1 & \ldots & 0 \\ \vdots & & \ddots & \vdots \\ 1 & 1 & \ldots & 1 \end{pmatrix}$$

Dans ce chemin, les facteurs varient dans l'ordre de la numérotation $1, 2,$ ..., $K$. Il est possible d'engendrer à partir de $T^{(K)}$ les autres chemins correspondant à cet ordre d'introduction des facteurs. Soit $T^*$ la matrice d'un chemin définie par :

$$T^* = \frac{1}{2}\left[ (2T^{(K)} - J_{K+1,K})D_K^* + J_{K+1,K} \right]$$

avec $J_{K+1,K}$ matrice $(K+1) \times K)$ composée de uns et $D_K^*$ matrice diagonale $K \times K$ dont les termes diagonaux valent $+1$ ou $-1$ avec la probabilité $1/2$ et représentent le sens de variation de chacun des $K$ facteurs. La construction de $T^*$ fournit toutes les matrices ayant le même ordre de variation des facteurs que celui de $T^{(K)}$ et s'en distinguant par le point de départ.

Par exemple, pour $K = 2$, les quatre matrices $D_2^*$ possibles sont

$$\begin{pmatrix} +1 & 0 \\ 0 & +1 \end{pmatrix}, \begin{pmatrix} +1 & 0 \\ 0 & -1 \end{pmatrix}, \begin{pmatrix} -1 & 0 \\ 0 & +1 \end{pmatrix}, \begin{pmatrix} -1 & 0 \\ 0 & -1 \end{pmatrix}.$$

Il leur correspond les quatre matrices $T^*$ :

$$\begin{pmatrix} 0 & 0 \\ 1 & 0 \\ 1 & 1 \end{pmatrix}, \begin{pmatrix} 0 & 1 \\ 1 & 1 \\ 1 & 0 \end{pmatrix}, \begin{pmatrix} 1 & 0 \\ 0 & 0 \\ 0 & 1 \end{pmatrix}, \begin{pmatrix} 1 & 1 \\ 0 & 1 \\ 0 & 0 \end{pmatrix}$$

qui représentent les chemins admissibles sur les sommets du carré $[0, 1] \times [0, 1]$. Ces chemins conservent le même ordre de variation des facteurs mais diffèrent par le point de départ dont les coordonnées sont indiquées sur la première ligne des matrices.

Revenons maintenant aux trajectoires de Morris. La matrice $\delta T^*$ fournit une trajectoire sur les sommets d'un cube dont les arêtes ont pour longueur $\delta$, la longueur de pas de la méthode de Morris. Plus généralement, la génération d'une trajectoire de Morris est constituée du chemin associé à $\delta T^*$, suivi à partir d'un point $A_0 = \begin{pmatrix} a_1 \\ \vdots \\ a_K \end{pmatrix}$ de la grille tirée aléatoirement dans les nœuds appartenant à $[0, 1 - \delta]^K$. Cela permet d'éviter

| Indice | | $X_1$ | $X_2$ | | Indice | | $X_1$ | $X_2$ | | Indice | | $X_1$ | $X_2$ |
|---|---|---|---|---|---|---|---|---|---|---|---|---|---|
| $\mu^*$ | $b_1$ | 2.97 | 2.27 | | $\mu^*$ | $b_1$ | 3.95 | 2.7 | | $\mu^*$ | $b_1$ | 3.71 | 3.05 |
| | $b_2$ | 6.35 | 5 | | | $b_2$ | 6.04 | 4.4 | | | $b_2$ | 4.76 | 4.11 |
| $\sigma$ | $b_1$ | 3.83 | 2.5 | | $\sigma$ | $b_1$ | 4.83 | 3.4 | | $\sigma$ | $b_1$ | 4.2 | 3.39 |
| | $b_2$ | 7.23 | 6.12 | | | $b_2$ | 7.2 | 5.3 | | | $b_2$ | 5.21 | 4.45 |

Tableau 4.2 – Intervalles de confiance $[b_1, b_2]$ de probabilité 0.95 des indices de Morris calculés selon la méthode bootstrap sur le modèle jouet. Les nombres de trajectoires sont 15 (tableau de gauche), 40 (tableau du milieu) et 100 (tableau de droite).

le problème des bords dans l'expression suivante d'une trajectoire sur la grille : $J_{K+1,1}A'_0 + \delta\,T^*$. Pour obtenir une trajectoire dans un ordre quelconque d'introduction des facteurs il suffit de multiplier cette expression par une matrice $P^*$ de permutation des colonnes, de dimension $(K \times K)$. Cette permutation doit être générée aléatoirement. La définition générale d'une trajectoire aléatoire est alors $(J_{K+1,1}A'_0 + \delta\,T^*)P^*$.

La répétition de ce processus avec des tirages indépendants fournit une suite de trajectoires indépendantes. Une alternative est de sélectionner des trajectoires remplissant au mieux l'espace (Campolongo *et al.* [17]).

## 4.2.4 Analyse du modèle jouet par la méthode de Morris

Pour cette application illustrative, l'analyse est réalisée avec un niveau de discrétisation relativement élevé et égal à 16 afin d'augmenter le nombre potentiel de trajectoires et éviter les doublons. On compare les intervalles de confiance obtenus par bootstrap avec 15, 40 et 100 trajectoires (Tableau 4.2). La méthode montre bien la présence d'interaction entre $X_1$ et $X_2$ et donc que la FC ne se réduit pas à une somme d'effets des facteurs pris séparément (Figure 4.5).

La précision sur les indices est faible sur cet exemple, comme le montre la largeur des intervalles de confiance. Ce manque de précision peut s'expliquer par la présence de fortes interactions et effets non-linéaires, et par le niveau élevé de la discrétisation. Les trajectoires jouent le rôle de répétitions pour estimer les indices de Morris, et leur rôle sur la précision est bien illustré par la comparaison entre les trois sous-tableaux du tableau 4.2.

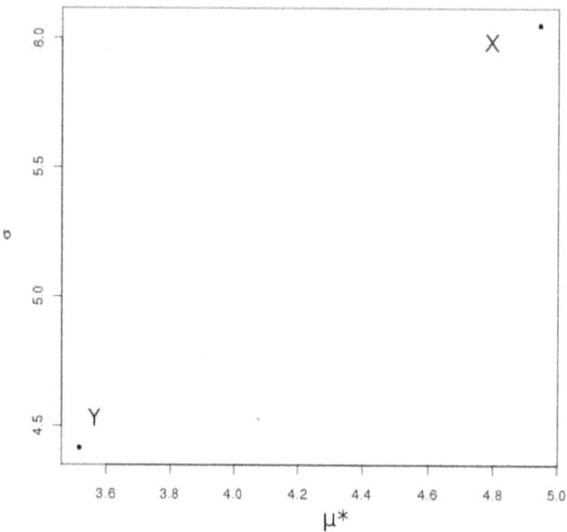


FIGURE 4.5 – Graphique de Morris pour le modèle jouet à deux facteurs $X_1$ et $X_2$, avec 40 trajectoires et une discrétisation des gammes d'incertitudes en 16 intervalles.

## 4.3   Analyse de la variance

L'analyse de la variance est une méthode statistique éprouvée pour décomposer les effets conjoints de plusieurs facteurs sur une variable réponse (voir, par exemple, Saporta [184]). Issue du domaine de l'expérimentation réelle, elle s'avère également pertinente pour de l'expérimentation numérique, puisqu'elle permet de distinguer et quantifier effets principaux et interactions d'ordre plus ou moins élevé, et donc d'identifier les grands traits du comportement d'un modèle.

L'analyse de la variance possède plusieurs points communs avec la méthode de Morris. Elle s'appuie en particulier sur une version discrétisée du domaine d'incertitude des facteurs d'entrée avec, en pratique, un nombre de modalités par facteur peu élevé. Comme la méthode de Morris, elle est donc d'autant plus efficace que la FC est relativement régulière. Par contre, ce n'est pas comme Morris une méthode *One At a Time* (OAT) ciblée sur des indices très synthétiques de l'influence des facteurs, mais une méthode qui a pour but de décomposer complètement la variabilité du modèle. Elle apporte donc une information en principe plus fine que la méthode de Morris, mais avec des risques de biais (ou de confusions d'effets) dans les cas où un plan complet n'est pas réalisable.

### 4.3.1 Discrétisation et pavage de $\Omega$

La discrétisation est basée sur une grille régulière superposée sur $\Omega$. Une première option, celle qui est utilisée pour la méthode de Morris, consiste à effectuer les calculs de $\mathcal{G}$ uniquement sur les nœuds de la grille. Cela suppose implicitement que la FC ne présente pas de fortes variations entre les nœuds. Si le maillage est fin, cette approche semble réaliste, mais le nombre de calculs nécessaires explose quand le nombre de facteurs est élevé. Les limites de mise en oeuvre de cette méthode dépendent donc de la puissance de calcul à disposition.

Une seconde option, que nous allons suivre à partir de maintenant dans ce chapitre, consiste à utiliser un pavage du domaine, puis à créer un échantillon par tirage aléatoire dans chaque pavé de $r$ combinaisons des facteurs d'entrée. Le pavage de $\Omega$ constitue une extension naturelle de la grille, un pavé étant défini par l'espace entre les nœuds. Aucun point de l'espace n'est exclu *a priori* dans ce dispositif. Pour le modèle jouet, les découpages de $[-1,1]$ en $I$ intervalles pour $X_1$ et en $J$ intervalles pour $X_2$ définissent un ensemble de pavés $P_{i,j}$ (ici des carrés) disjoints tel que $\Omega = \bigcup_{i,j} P_{i,j}$. Un nombre identique d'intervalles est choisi sur chacune des gammes des facteurs afin de pas renforcer artificiellement l'explication statistique d'un facteur.

### 4.3.2 Modèle d'anova associé au pavage et estimation

L'analyse statistique qui suit est basée sur un tel pavage de $\Omega$. Nous en décrivons le principe dans le cas de deux facteurs, en supposant que les deux facteurs $X_1$ et $X_2$ varient indépendamment (Figure 4.6). Dans chaque pavé $P_{i,j}$ on échantillonne au hasard $r$ points $\left(x_1^{(i,j,l)}, x_2^{(i,j,l)}\right)$ selon une loi uniforme, pour $l = 1, \cdots, r$. On note $Y_{i,j,l}$ le résultat de la simulation $\mathcal{G}\left(x_1^{(i,j,l)}, x_2^{(i,j,l)}\right)$.

On appelle métamodèle un modèle statistique utilisé pour décrire de façon simplifiée le comportement d'une FC $\mathcal{G}$ par rapport aux facteurs d'entrée. Cette notion sera développée beaucoup plus en détail dans le chapitre 6, mais elle est utile dès maintenant pour décrire l'utilisation de l'anova dans

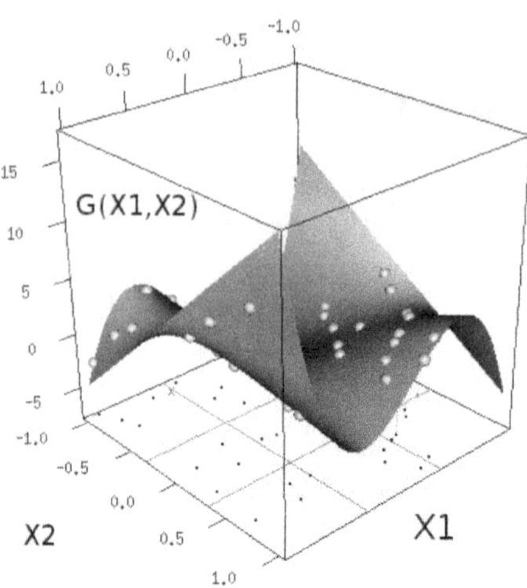


FIGURE 4.6 – Pavage de $\Omega$ en $3^2$ carrés avec tirage aléatoire de $r = 4$ points par pavé.

le contexte de l'expérimentation numérique. Le métamodèle utilisé ici est le modèle d'anova à effets *fixes* sur un plan complet et équilibré :

$$Y_{i,j,l} = \mu + \alpha_i + \beta_j + \gamma_{i,j} + \epsilon_{i,j,l} \tag{4.1}$$

avec $1 \leq i \leq I$, $1 \leq j \leq J$ et $1 \leq l \leq r$.

Les paramètres de ce métamodèle sont appelés moyenne générale ($\mu$), effet principal de la modalité $i$ de $X_1$ ($\alpha_i$), effet principal de la modalité $j$ de $X_2$ ($\beta_j$), interaction entre les modalités $i$ et $j$ de $X_1$ et $X_2$ ($\gamma_{i,j}$). L'erreur $\epsilon_{i,j,l}$ est la réalisation d'une variable aléatoire $\epsilon$ supposée d'espérance nulle et de variance $\sigma^2$ homogène entre pavés. Si le modèle étudié est déterministe, ce terme est dû uniquement à l'échantillonnage aléatoire dans le pavé. Si le modèle est stochastique et que la FC comprend des tirages de nombres pseudo-aléatoires (voir le chapitre 3), la variance $\sigma^2$ inclut de la variabilité due à la stochasticité de $\mathcal{G}$.

Pour que les estimateurs soient définis de façon unique, on doit définir des contraintes sur les paramètres $\alpha_i$, $\beta_j$, $\gamma_{ij}$. Les contraintes suivantes sont généralement les plus simples pour l'interprétation, car les paramètres s'interprètent alors comme des écarts à la moyenne ($\alpha_i$, $\beta_j$) ou au modèle additif ($\gamma_{ij}$) :

$$\sum_{i=1}^{I}\alpha_i = 0 \; ; \; \sum_{j=1}^{J}\beta_j = 0 \; ; \; \sum_{i=1}^{I}\gamma_{i,j} = 0\,(\forall j) \; ; \; \sum_{j=1}^{J}\gamma_{i,j} = 0\,(\forall i).$$

Il y a au total $IJ$ paramètres indépendants du modèle à estimer, plus la variance de l'erreur. Les estimateurs respectant les contraintes sont donnés par les équations suivantes :

$$
\begin{aligned}
\widehat{\mu} &= Y_{\bullet,\bullet,\bullet} \\
\widehat{\alpha}_i &= Y_{i,\bullet,\bullet} - Y_{\bullet,\bullet,\bullet} \\
\widehat{\beta}_j &= Y_{\bullet,j,\bullet} - Y_{\bullet,\bullet,\bullet} \\
\widehat{\gamma}_{i,j} &= Y_{i,j,\bullet} - Y_{i,\bullet,\bullet} - Y_{\bullet,j,\bullet} + Y_{\bullet,\bullet,\bullet} \\
\widehat{\sigma}^2 &= \frac{1}{IJ(r-1)}\sum_{i,j,l}\left(Y_{i,j,l} - Y_{i,j,\bullet}\right)^2
\end{aligned}
$$

où le symbole $\bullet$ indique une moyenne sur l'indice de même position, par exemple $Y_{\bullet,\bullet,\bullet} = \frac{1}{rIJ}\sum_{i,j,l} Y_{i,j,l}$.

### 4.3.3  Interprétation du modèle d'anova

Le modèle d'anova revient à représenter la FC par une fonction en escalier. Comparé à la représentation exacte, le modèle d'anova présente des discontinuités et semble peu efficace pour effectuer des interpolations en particulier si le pavage est grossier. Toutefois l'anova ajuste au mieux (*i.e.* au sens des moindres carrés des écarts) les moyennes des simulations dans chaque pavé.

Plus précisément, la FC $\mathscr{G}(x_1, x_2)$ est approximée sur le pavé $P_{i,j}$ par la fonction constante $\mu + \alpha_i + \beta_j + \gamma_{i,j}$. Elle est estimée (on dit aussi prédite) par la valeur observée $Y_{i,j,\bullet} = \widehat{\mu} + \widehat{\alpha}_i + \widehat{\beta}_j + \widehat{\gamma}_{i,j}$, d'espérance

$$\frac{1}{|P_{i,j}|}\int_{P_{i,j}} \mathscr{G}(x_1, x_2)\, dx_1\, dx_2$$

où $|P_{i,j}|$ désigne la mesure du volume du pavé.

Lorsque le nombre de facteurs est élevé et si $r$ est petit, il peut être intéressant de simplifier le métamodèle d'anova. Dans le cas de deux facteurs, réduire le métamodèle aux effets principaux revient ici à définir, à l'aide du modèle d'anova $\mu + \alpha_i + \beta_j$, une fonction en escalier à deux variables égale à la somme de deux fonctions en escalier uni-variables. On remarquera en particulier que $(\mu + \alpha_{i_0} + \beta_j) - (\mu + \alpha_{i_0} + \beta_{j'}) = \beta_j - \beta_{j'}$ ne dépend évidemment pas du choix de $i_0$.

Avec le modèle d'anova, on fait l'hypothèse que la variance du bruit est homogène sur l'ensemble des pavés. Dans le pavé $P_{i,j}$, si le modèle est déterministe, cette variance est égale à

$$\frac{1}{|P_{i,j}|} \left[ \int_{P_{i,j}} \mathscr{G}(x_1, x_2)^2 \, dx_1 \, dx_2 - \left( \int_{P_{i,j}} \mathscr{G}(x_1, x_2) \, dx_1 \, dx_2 \right)^2 \right].$$

L'hypothèse de variance homogène revient à supposer que cette quantité est une constante $\forall i, j$. Elle est plus ou moins approximative selon le comportement de la FC dans les pavés.

| simulation | $i$ | $j$ | $l$ | $Y_{i,j,l}$ |
|:---:|:---:|:---:|:---:|:---:|
| 1 | 1 | 1 | 1 | -5.90 |
| 2 | 1 | 1 | 2 | -5.00 |
| 3 | 1 | 1 | 3 | -2.30 |
| 4 | 1 | 1 | 4 | -1.80 |
| 5 | 1 | 2 | 1 | 1.97 |
| 6 | 1 | 2 | 2 | -2.13 |
| 7 | 1 | 2 | 3 | 1.16 |
| 8 | 1 | 2 | 4 | -0.65 |
| $\vdots$ | $\vdots$ | $\vdots$ | $\vdots$ | $\vdots$ |
| 33 | 3 | 3 | 1 | 9.89 |
| 34 | 3 | 4 | 2 | -1.90 |
| 35 | 3 | 3 | 3 | -0.60 |
| 36 | 3 | 3 | 4 | -0.90 |

Tableau 4.3 – Extrait des résultats de simulation sur le modèle jouet. L'échantillonnage est basé sur un plan complet et équilibré à deux facteurs dont les gammes de variation ont été découpées en trois classes numérotées par $i$ et $j$, $l$ étant le numéro de répétition. $Y_{i,j,l}$ est la sortie associée.

Dans le cas du modèle jouet $\mathscr{G}^*$, considérons le pavage défini par $I = J = 3$ et un nombre $r$ de répétitions par pavé égal à quatre. À partir des résultats des simulations (Tableau 4.3), on calcule les estimations des effets (Tableau 4.4).

Une représentation graphique de la surface en escalier approchant la vraie surface est alors obtenue selon les modèles d'anova choisis (Figure 4.7). Les deux modèles d'anova de l'exemple prennent mal en compte les niveaux élevés de la FC sur les bords de $\Omega$.

En pratique, une analyse détaillée des résidus est indispensable pour évaluer la qualité du modèle d'analyse de la variance.

| $i$ ou $j$ | $\widehat{\alpha}_i$ | $\widehat{\beta}_j$ |
|---|---|---|
| 1 | -0.82 | -1.76 |
| 2 | -0.79 | 0.44 |
| 3 | 1.61 | 1.324 |

| $\widehat{\gamma}_{i,j}$ | | $j$ | | |
|---|---|---|---|---|
| | | 1 | 2 | 3 |
| | 1 | -1.40 | 0.23 | 1.17 |
| $i$ | 2 | 1.07 | -1.25 | 0.18 |
| | 3 | 0.33 | 1.02 | -1.35 |

Tableau 4.4 – Effets principaux (à gauche) et d'interaction (à droite) obtenus à partir du plan complet et équilibré. La somme des effets est nulle. On a $\widehat{\mu} = Y_{\bullet,\bullet,\bullet} = 0.24$ et $\widehat{\sigma^2} = 8.67$

### 4.3.4  Inférence

Si on dispose des valeurs de la FC déterministe sur tous les nœuds d'une grille, un modèle d'anova contenant tous les effets possibles permet d'obtenir les indices de sensibilité exacts de la fonction discrétisée. En effet, l'exploration de la population des nœuds est alors exhaustive. Cela ne veut bien sûr pas dire que l'on connaît la valeur des indices sur l'ensemble du domaine. L'inférence statistique (test de Fisher notamment) sur les effets n'a alors aucun sens.

Dans le cas de l'échantillonnage aléatoire défini à partir d'un pavage de l'espace, l'inférence sur les indices de sensibilité peut s'effectuer à l'aide de la méthode de re-échantillonnage bootstrap (Manly [128]). On recherche l'intervalle de confiance susceptible de contenir avec la probabilité 0.95 la vraie valeur d'un indice sous l'hypothèse du modèle d'anova choisi. La première stratégie de bootstrap consiste à générer $v$ échantillons en effectuant un tirage avec remise parmi les $r$ points dont on dispose dans chaque pavé. Cela est possible si $r > 1$. Une table d'anova et les indices de sensibilité associés sont calculés à l'aide de chaque échantillon ainsi simulé. La distribution empirique d'un indice est alors obtenue à partir d'un ensemble de $v$ valeurs. Les quantiles d'ordre 0.025 et 0.975 de ces distributions fournissent l'intervalle de confiance recherché. Cette procédure

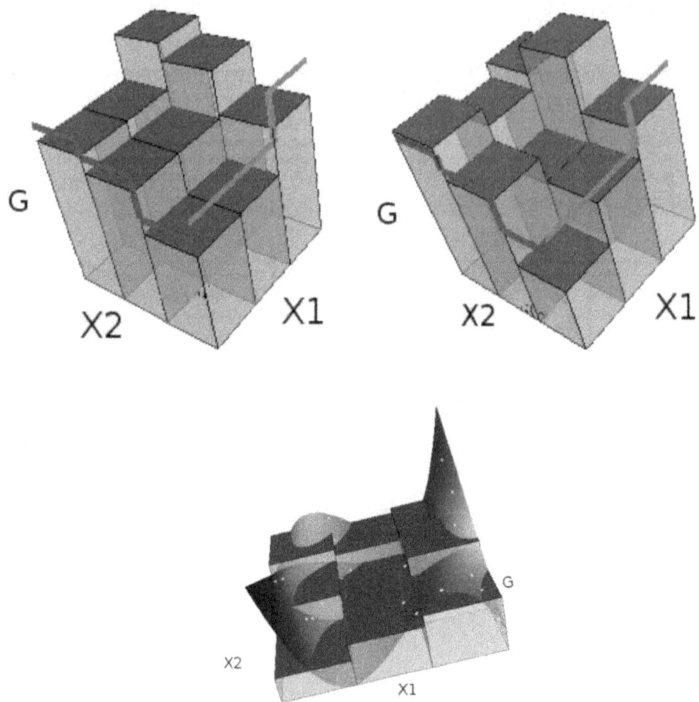



FIGURE 4.7 – Représentation de l'ajustement du modèle jouet $\mathscr{G}^*$ et de la réponse moyenne estimée par deux modèles d'anova : à partir des effets principaux (à gauche) et des effets principaux + interaction (à droite). Les moyennes marginales pour chacun des niveaux des facteurs sont représentées en trait plein. Le graphique d'en bas superpose, dans une échelle différente, la surface du modèle jouet, l'ajustement du deuxième modèle d'anova et les points échantillonnés.

présente l'avantage de prendre en compte l'hétéroscédasticité, ou hétérogénéité des variances, de la sortie de la FC sur les pavés.

Une seconde stratégie de bootstrap consiste à ré-échantillonner avec remise les résidus disponibles du modèle d'anova. La variance de l'erreur est dans ce cas supposée constante sur tous les pavés. La réponse moyenne du modèle d'anova initial est conservée. Un échantillon simulé est obtenu en sommant les résidus re-échantillonnés et la réponse moyenne initiale. La répétition de cette procédure permet de construire les distributions empiriques des indices de sensibilité. Les intervalles de confiance des indices sont également obtenus à l'aide des quantiles des distributions.

Lorsque la FC a beaucoup de facteurs, il peut devenir impossible à cause du temps de calcul d'effectuer des répétitions dans chaque pavé et on est obligé de se contenter d'une seule. Sous l'hypothèse souvent réaliste que des interactions d'ordre élevé sont négligeables, elles sont regroupées avec le bruit. Il est alors possible de mettre en œuvre une procédure de bootstrap sur les résidus pour obtenir des intervalles de confiance. Le fait de négliger des interactions d'ordre élevé ne va pas forcément de soit. Il est en effet possible qu'un produit de facteurs introduit dans la définition de la FC produise une interaction d'ordre d'autant plus élevé que le produit contient beaucoup de facteurs.

Dans le cas du modèle jouet $\mathscr{G}^*$, les intervalles de confiance obtenus avec quatre répétitions ont une grande amplitude comme observé avec la méthode de Morris. Les contributions des facteurs principaux ($SC_1/SC_T$ et $SC_2/SC_T$) et d'interaction ($SC_{1,2}/SC_T$) à la somme des carrés totale donnent un ordre de grandeur médiocre si on les compare avec les vraies valeurs (Figure 4.8). Cette observation confirme que la taille de l'échantillon est insuffisante. Deux possibilités se présentent : choisir une discrétisation plus fine des gammes des facteurs ou augmenter le nombre de répétitions dans chaque pavé en gardant le même niveau de discrétisation. La finesse de la discrétisation est susceptible de mieux prendre en compte les non-linéarités de la FC. Les intervalles de confiance suivants sont obtenus à partir de ces deux stratégies (Tableaux 4.5 et 4.6).

| Indices principaux | $X_1$ | $X_2$ | Indices totaux | $X_1$ | $X_2$ |
|---|---|---|---|---|---|
| *Boot. méthode 1* | | | *Boot. méthode 1* | | |
| $b_1$ | 0.39 | 0.15 | $b_1$ | 0.69 | 0.83 |
| $b_2$ | 0.53 | 0.27 | $b_2$ | 0.83 | 0.89 |

Tableau 4.5 – Intervalles de confiance $[b_1, b_2]$ de probabilité 0.95 obtenus par ré-échantillonnage à l'intérieur des pavés. Discrétisation en 5 niveaux, $r = 2$. Indices calculés par anova.

| Indices principaux | $X_1$ | $X_2$ | Indices totaux | $X_1$ | $X_2$ |
|---|---|---|---|---|---|
| *Boot. méthode 1* | | | *Boot. méthode 1* | | |
| $b_1$ | 0.27 | 0.002 | $b_1$ | 0.40 | 0.1 |
| $b_2$ | 0.52 | 0.1 | $b_2$ | 0.75 | 0.37 |

Tableau 4.6 – Intervalles de confiance $[b_1, b_2]$ de probabilité 0.95 obtenus par re-échantillonnage à l'intérieur des pavés. Discrétisation en 3 niveaux, $r = 6$. Indices calculés par anova.

Dans les deux cas, les niveaux des indices sont mieux estimés, mais la stratégie consistant à affiner le pavage donne des résultats plus précis.

On a pu constater sur le modèle jouet que l'échantillonnage aléatoire standard peut mal prendre en compte les bords du domaine de définition de la FC (Figure 4.7 à droite). En pratique, si le nombre $K$ de facteurs est grand, la discrétisation des gammes ne pourra pas être très poussée afin de ne pas faire exploser le nombre de calculs. Le souci d'un bon remplissage des pavés se pose alors. La méthode des hypercubes latin (LHS) (Chapitre 3) permet notamment de contrôler la distribution uniforme des marges de chaque facteur à l'intérieur de chaque pavé. Compléter l'échantillonnage initial sur les frontières du domaine de définition de la FC est aussi envisageable mais plus difficile à mettre en œuvre.

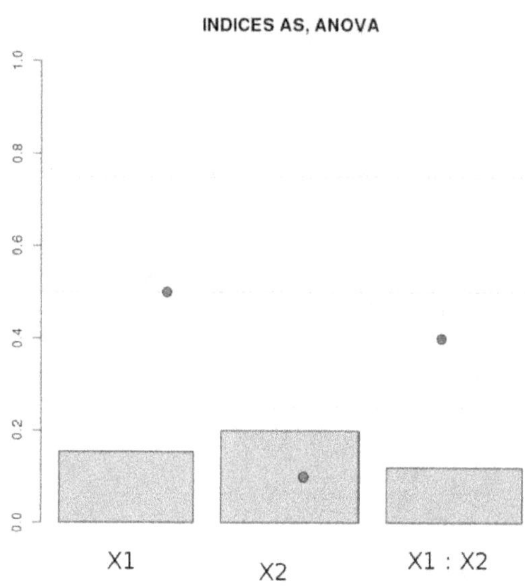


FIGURE 4.8 – Comparaison des contributions de tous les effets calculées à partir du modèle d'anova (barres) aux valeurs théoriques (points) sur le modèle jouet.

## 4.3.5  Intérêt et limites du plan complet équilibré

Le modèle d'anova issu d'un plan complet avec répétitions, tel que nous venons de le voir, est facilement interprétable et permet de caractériser les interactions de différents ordres. De plus, avec un codage adapté, il est possible de mélanger dans un modèle anova des facteurs de types différents (quantitatifs et qualitatifs ordonnés ou pas). Malheureusement, ce plan est coûteux voire impossible à mettre en œuvre lorsque la FC comporte un grand nombre de facteurs ou nécessite un temps de calcul élevé.

**Exemple :** soit une FC comprenant 30 facteurs. La gamme de chaque facteur est découpée en trois intervalles et un seul tirage est effectué dans chaque pavé. Le plan complet équilibré nécessite $3^{30} \approx 2 \times 10^{14}$ simulations. Si le calcul d'une simulation nécessite $10^{-4}$ seconde et si on dispose d'une ferme de calcul composée de 1 000 processeurs, 7.8 mois en temps de calcul sont nécessaires.

Il n'est pas réaliste d'utiliser cette méthode dans tous les cas. Par contre, elle est utile si le nombre des facteurs d'intérêt a pu être réduit d'une manière ou d'une autre. Le tri préalable des facteurs peut être effectué à l'aide d'une méthode exploratoire, par exemple celle de Morris. Faute de pouvoir faire ce tri préalable, l'estimation d'un modèle d'anova nécessitera un plan d'expérience parcimonieux. Le plan fractionnaire que l'on va définir en est un exemple.

## 4.4   Plans factoriels fractionnaires

Lorsque le nombre de facteurs est élevé dans une anova, il n'est pas toujours possible d'effectuer un plan factoriel complet. Pour gérer cette situation, on peut s'appuyer sur une constatation empirique, selon laquelle le nombre d'effets factoriels actifs, c'est-à-dire d'importance non négligeable, est souvent relativement peu élevé. De plus les effets actifs sont en général des effets principaux ou des interactions entre un petit nombre de facteurs. Dans ce cas, un plan conviendra à la situation s'il permet d'estimer ces effets d'ordre peu élevé, sous l'hypothèse que les interactions d'ordre plus élevé sont nulles.

Les plans factoriels fractionnaires sont conçus pour vérifier de telles propriétés. Ceux auxquels nous nous intéresserons dans ce chapitre sont les plans dits de résolution $\mathcal{R}$. Nous les avons déjà rencontrés dans le chapitre 3, sous le nom de tableaux orthogonaux de force $f$, avec $\mathcal{R} = f + 1$. Ce qui nous intéresse ici, c'est qu'ils permettent d'appliquer la méthode anova lorsqu'un plan factoriel complet n'est pas envisageable. Nous considérerons les plans fractionnaires réguliers, c'est-à-dire construits par des méthodes algébriques dont nous évoquerons rapidement le principe. Un traitement beaucoup plus complet des plans factoriels fractionnaires réguliers est présenté par Kobilinsky [102].

|     | $z_1$ | $z_2$ | $z_3$ |
| --- | --- | --- | --- |
|     | 0 | 0 | 0 |
|     | 0 | 0 | 1 |
|     | 0 | 1 | 0 |
|     | 0 | 1 | 1 |
|     | 1 | 0 | 0 |
|     | 1 | 0 | 1 |
|     | 1 | 1 | 0 |
|     | 1 | 1 | 1 |

Tableau 4.7 – Plan factoriel complet pour des facteurs $X_1$, $X_2$ $X_3$ à deux niveaux $z_1$, $z_2$, $z_3$, à valeurs dans $\{0, 1\}$.

### 4.4.1 Principe de construction

Dans un plan fractionnaire, les termes factoriels que l'on veut estimer sont forcément confondus avec d'autres termes factoriels. Si le plan est régulier, on contrôle précisément ces confusions d'effets et on cherche à ce que les termes d'intérêt (d'ordre peu élevé) soient confondus avec des termes que l'on suppose négligeables (d'ordre plus élevé). Un exemple simple permettra de présenter ce principe et d'introduire les notations. Par la suite, l'ordre d'un terme factoriel désignera le nombre de facteurs qu'il implique. Un effet principal est d'ordre 1, une interaction entre deux facteurs est d'ordre 2, etc.

Soit une FC à trois facteurs $\mathscr{G}(x_1, x_2, x_3)$ définie sur un hypercube. Par discrétisation sur une grille ou par pavage, on se ramène au cas où les trois facteurs $X_1, X_2, X_3$ sont qualitatifs à deux niveaux codés 0 et 1. Les niveaux discrétisés de $X_1, X_2, X_3$ sont notés $z_1$, $z_2$, $z_3$. Le plan complet comprend $N = 2^3$ combinaisons des facteurs (Tableau 4.7).

Dans le cas de facteurs à deux niveaux, le modèle d'anova peut s'écrire

$$
\begin{aligned}
Y_{z_1,z_2,z_3,l} &= \theta_0 + (-1)^{z_1}\,\theta_1 + (-1)^{z_2}\,\theta_2 + (-1)^{z_3}\,\theta_3 + \\
&\quad (-1)^{z_1+z_2}\,\theta_{1,2} + (-1)^{z_1+z_3}\,\theta_{1,3} + (-1)^{z_2+z_3}\,\theta_{2,3} + \\
&\quad (-1)^{z_1+z_2+z_3}\,\theta_{1,2,3} + \epsilon_{z_1,z_2,z_3,l}
\end{aligned}
$$

où $\theta_0$ désigne la moyenne générale, $\theta_i$ désigne l'effet principal de $X_i$, $\theta_{i,j}$ désigne l'interaction entre $X_i$ et $X_j$, et $\theta_{1,2,3}$ désigne l'interaction triple. Cette écriture est équivalente à celle utilisée dans l'équation (4.1) avec des relations telles que : $\theta_0 = \mu$, $\theta_1 = (\alpha_1 - \alpha_0)/2$, $\theta_2 = (\beta_1 - \beta_0)/2$ et $\theta_{1,2} = (\gamma_{1,1} - \gamma_{1,0} - \gamma_{0,1} + \gamma_{0,0})/2$. Elle a l'avantage de ne pas être surparamétrée et d'éviter ainsi d'imposer des contraintes aux paramètres. De plus, elle est conforme à l'écriture d'un modèle de régression multiple, puisqu'elle consiste en une somme de produits entre une variable explicative (par exemple $(-1)^{z_1+z_2}$) et un coefficient de régression ($\theta_{1,2}$).

Le modèle d'anova complet avec $r = 1$ s'écrit sous forme matricielle $Y = \mathscr{X}\theta + \varepsilon$, soit encore :

$$
\begin{pmatrix} Y_{0,0,0} \\ Y_{0,0,1} \\ Y_{0,1,0} \\ Y_{0,1,1} \\ Y_{1,0,0} \\ Y_{1,0,1} \\ Y_{1,1,0} \\ Y_{1,1,1} \end{pmatrix}
=
\begin{pmatrix}
1 & +1 & +1 & +1 & +1 & +1 & +1 & +1 \\
1 & +1 & +1 & -1 & +1 & -1 & -1 & -1 \\
1 & +1 & -1 & +1 & -1 & +1 & -1 & -1 \\
1 & +1 & -1 & -1 & -1 & -1 & +1 & +1 \\
1 & -1 & +1 & +1 & -1 & -1 & +1 & -1 \\
1 & -1 & +1 & -1 & -1 & +1 & -1 & +1 \\
1 & -1 & -1 & +1 & +1 & -1 & -1 & +1 \\
1 & -1 & -1 & -1 & +1 & +1 & +1 & -1
\end{pmatrix}
\begin{pmatrix} \theta_0 \\ \theta_1 \\ \theta_2 \\ \theta_3 \\ \theta_{1,2} \\ \theta_{1,3} \\ \theta_{2,3} \\ \theta_{1,2,3} \end{pmatrix}
+
\begin{pmatrix} \varepsilon_{0,0,0} \\ \varepsilon_{0,0,1} \\ \varepsilon_{0,1,0} \\ \varepsilon_{0,1,1} \\ \varepsilon_{1,0,0} \\ \varepsilon_{1,0,1} \\ \varepsilon_{1,1,0} \\ \varepsilon_{1,1,1} \end{pmatrix}
$$

Chacune des huit colonnes de la matrice $\mathscr{X}$ correspond à un des paramètres $\theta$ donc à un effet factoriel précis, et ces colonnes sont mutuellement orthogonales.

## 4.4.2 Confusion d'effets

Sous l'hypothèse que l'interaction triple est nulle ($\theta_{1,2,3} = 0$), la dernière colonne de $\mathscr{X}$ disparaît de l'écriture du modèle. Mais une autre possibilité est d'associer cette dernière colonne à un quatrième facteur $X_4$ dont on souhaiterait étudier l'influence sur $\mathscr{Y}$. Cela revient à définir le niveau de ce nouveau facteur d'entrée par $z_4 = z_1 + z_2 + z_3 \pmod 2$ (Tableau 4.8). On a ainsi créé une fraction régulière $2^{4-1}$, c'est-à-dire une fraction pour quatre facteurs en $N = 2^3 = 8$ unités au lieu des 16 que nécessiterait un plan complet.

On appelle l'équation $z_4 = z_1 + z_2 + z_3 \pmod 2$ la relation de définition de la fraction et on la note aussi $X_4 = X_1 X_2 X_3$ pour souligner qu'il s'agit d'une relation entre facteurs sur l'ensemble du plan. Dans cette fraction, l'interaction $X_1 X_2 X_3$ et l'effet principal de $X_4$ sont complètement confondus, puisque leurs colonnes dans la matrice $\mathscr{X}$ sont égales par définition (si on maintient les deux termes dans le modèle). En toute rigueur, on ne peut donc estimer aucun des deux paramètres $\theta_{1,2,3}$ et $\theta_4$ individuellement, mais seulement leur combinaison linéaire $\theta_{1,2,3} + \theta_4$. En pratique, on estime $\theta_4$ en faisant l'hypothèse que $\theta_{1,2,3}$ est nul.

La relation de définition $X_4 = X_1 X_2 X_3$ en entraîne d'autres, que l'on obtient en multipliant les deux côtés de l'égalité par les différents produits de facteurs et en posant $X_i^2 = 1$. Par exemple, on a $X_1 X_4 = X_1^2 X_2 X_3 = X_2 X_3$, ce qui traduit le fait que les interactions $X_1 X_4$ et $X_2 X_3$ sont confondues. Ou encore $1 = X_1 X_2 X_3 X_4$, ce qui signifie que la moyenne générale est confondue avec l'interaction quadruple. En déclinant l'ensemble des produits possibles, on peut montrer que sur cet exemple, les effets principaux sont confondus avec des interactions entre trois facteurs, et les interactions entre deux facteurs sont confondues deux à deux.

Sous l'hypothèse maintenant que toutes les interactions sont négligeables, il est possible d'ajouter trois nouveaux facteurs supplémentaires $X_5$, $X_6$, $X_7$ en les confondant avec les interactions doubles $X_1 X_2, X_1 X_3, X_2 X_3$. On crée ainsi une fraction régulière $2^{7-4}$, c'est-à-dire une fraction pour sept facteurs en $N = 2^3 = 8$ unités au lieu des 128 que nécessiterait un plan complet.

Les relations de définition indépendantes sont maintenant au nombre de quatre :

$$X_4 = X_1 X_2 X_3 \; ; \; X_5 = X_1 X_2 \; ; \; X_6 = X_1 X_3 \; ; \; X_7 = X_2 X_3.$$

On montre que les effets factoriels sont confondus par groupes de $2^4 = 16$. Cependant, aucun de ces groupes ne comprend deux effets principaux distincts ni un effet principal et la moyenne générale. On en déduit que les effets principaux sont estimables sous l'hypothèse que toutes les interactions sont nulles.

| $X_1$ | $X_2$ | $X_3$ | $X_4$ | $X_5$ | $X_6$ | $X_7$ |
|---|---|---|---|---|---|---|
| $z_1$ | $z_2$ | $z_3$ | $z_4 =$ $z_1 + z_2 + z_3$ | $z_5 =$ $z_1 + z_2$ | $z_6 =$ $z_1 + z_3$ | $z_7 =$ $z_2 + z_3$ |
| 0 | 0 | 0 | 0 | 0 | 0 | 0 |
| 0 | 0 | 1 | 1 | 0 | 1 | 1 |
| 0 | 1 | 0 | 1 | 1 | 0 | 1 |
| 0 | 1 | 1 | 0 | 1 | 1 | 0 |
| 1 | 0 | 0 | 1 | 1 | 1 | 0 |
| 1 | 0 | 1 | 0 | 1 | 0 | 1 |
| 1 | 1 | 0 | 0 | 0 | 1 | 1 |
| 1 | 1 | 1 | 1 | 0 | 0 | 0 |

Tableau 4.8 – Fractions régulières basées sur un plan complet pour trois facteurs de niveaux 0-1. Les additions définies en têtes de colonnes sont effectuées modulo 2. Les facteurs $X_1$ à $X_4$ forment une fraction de résolution 4. Les facteurs $X_1$ à $X_7$ forment une fraction de résolution 3.

### 4.4.3   Résolution d'un plan fractionnaire

Un plan fractionnaire est dit de résolution $\mathscr{R}$ si chaque terme factoriel d'ordre $o \leq \mathscr{R}/2$ n'est confondu qu'avec des termes d'ordre $\geq \mathscr{R} - o$.

Par exemple :

- dans une fraction de résolution 4, les effets principaux (ordre 1) sont confondus avec des interactions entre au moins trois facteurs (ordre $\geq$ 3) et les interactions entre deux facteurs (ordre 2) peuvent être mutuellement confondues ;
- dans une fraction de résolution 5, les effets principaux (ordre 1) sont confondus avec des interactions entre au moins quatre facteurs (ordre $\geq$ 4) et les interactions entre deux facteurs (ordre 2) sont confondues avec des interactions entre au moins trois facteurs (ordre $\geq$ 3).

Par conséquent, un plan fractionnaire de résolution $\mathcal{R}$ permet d'estimer tous les termes factoriels d'ordre $< \mathcal{R}/2$ sous l'hypothèse que tous les termes d'ordre $\geq \mathcal{R}/2$ sont nuls. En particulier,

- une fraction de résolution $\mathcal{R} = 3$ permet d'estimer tous les effets principaux sous l'hypothèse que toutes les interactions sont nulles ;
- une fraction de résolution $\mathcal{R} = 4$ permet d'estimer tous les effets principaux sous l'hypothèse que toutes les interactions entre trois facteurs ou plus sont nulles (les interactions entre deux facteurs sont supposées non nulles mais peuvent être confondues entre elles et donc non estimables) ;
- une fraction de résolution $\mathcal{R} = 5$ permet d'estimer tous les effets principaux et les interactions entre deux facteurs sous l'hypothèse que toutes les interactions entre trois facteurs ou plus sont nulles.

Les résolutions supérieures s'interprètent de façon similaire.

Un plan fractionnaire pour $K$ facteurs à $m$ modalités de résolution $\mathcal{R}$ est noté $m_{\mathcal{R}}^{K-q}$, avec $N = m_{\mathcal{R}}^{K-q}$ le nombre d'unités du plan. Par convention, on utilise les chiffres romains pour la résolution. Par exemple, le plan du tableau 4.9, de résolution $\mathcal{R} = 5$, est noté $2_V^{5-1}$. Les plans proposés dans le tableau 4.8 se notent $2_{IV}^{4-1}$ et $2_{III}^{7-4}$.

Négliger une interaction dans un modèle conduit à une explication statistique moindre. Plus problématique est la confusion de l'effet principal d'un facteur avec une interaction supposée négligeable à tort. Dans le cas d'une FC coûteuse, le plan parcimonieux étant parfois la seule méthode d'exploration disponible, un doute peut exister sur la pertinence des hypothèses.

Pouvoir estimer les interactions d'ordre deux, et donc utiliser un plan de résolution 5 ou plus, semble un minimum à recommander pour l'exploration numérique d'une FC. Néanmoins, les résolutions plus faibles sont parfois utiles, moyennant de grandes précautions dans l'interprétation. Les fractions de résolution 3 nécessitent des hypothèses très fortes sur le

| $X_1$ | $X_2$ | $X_3$ | $X_4$ | $X_5$ |
|---|---|---|---|---|
| -1 | -1 | -1 | -1 | -1 |
| -1 | -1 | -1 | 1 | 1 |
| -1 | -1 | 1 | -1 | 1 |
| -1 | -1 | 1 | 1 | -1 |
| -1 | 1 | -1 | -1 | 1 |
| -1 | 1 | -1 | 1 | -1 |
| -1 | 1 | 1 | -1 | -1 |
| -1 | 1 | 1 | 1 | 1 |
| 1 | -1 | -1 | -1 | 1 |
| 1 | -1 | -1 | 1 | -1 |
| 1 | -1 | 1 | -1 | -1 |
| 1 | -1 | 1 | 1 | 1 |
| 1 | 1 | -1 | -1 | -1 |
| 1 | 1 | -1 | 1 | 1 |
| 1 | 1 | 1 | -1 | 1 |
| 1 | 1 | 1 | 1 | -1 |

Tableau 4.9 – Plan fractionnaire $2_V^{5-1}$ de résolution 5 pour 5 facteurs à deux modalités $-1$ et $+1$, en $N = 2^4$ unités.

modèle (nullité de toutes les interactions). Ces hypothèses ne sont jamais entièrement justifiées et de telles fractions ne peuvent servir qu'à sélectionner les facteurs les plus influents parmi un très grand nombre, en espérant que les biais ne bouleversent pas le classement. La résolution 4 ne permet pas d'estimer plus de termes, mais elle permet d'estimer les effets principaux sans biais dus aux interactions d'ordre deux.

Le nombre de simulations $N_{\min}$ nécessaires pour atteindre une résolution $\mathscr{R}$ donnée dépend non seulement de $\mathscr{R}$, mais aussi du nombre $K$ de facteurs et de leurs nombres $m$ de modalités. En particulier (Kobilinsky [102]) :

– Pour $\mathscr{R} = 3$, $N_{\min} \geq 1 + K(m-1)$. Si $m$ est un nombre premier ou puissance de premier et si $N$ est une puissance de $m$, alors on peut inclure jusqu'à $K = (N-1)/(m-1)$ facteurs (par exemple, si $m = 2$, on peut étudier jusqu'à 15 facteurs avec 16 simulations, en résolution 3). 2mm

– Si $\mathscr{R} = 4$ alors $N_{\min} \geq 2K$. Si $m = 2$ et si $N$ est une puissance de 2, alors on peut inclure jusqu'à $K = N/2$ facteurs (par exemple, on peut étudier jusqu'à 8 facteurs avec 16 simulations, en résolution 4) ; des résultats similaires existent quand $m$ est premier ou puissance de premier.

- Si $\mathscr{R} = 5$ alors $N_{\min} \geq 1 + K(m-1) + K(K-1)/2(m-1)^2$ mais cette borne, basée sur un comptage des nombres de degrés de liberté, n'est en général pas atteignable et il faut donc étudier au cas par cas quel nombre de simulations est nécessaire. Le nombre maximal $K_{\max}$ de facteurs d'une fraction régulière de résolution 5 nécessitant $N = 2^s$ simulations, est indiqué dans le tableau 4.10.

| $s$ | 4 | 5 | 6 | 7 | 8 | 9 |
|---|---|---|---|---|---|---|
| $N$ | 16 | 32 | 64 | 128 | 256 | 512 |
| $K_{max}$ | 5 | 6 | 8 | 11 | 17 | $\geq 23$ |

Tableau 4.10 – Relation entre la taille $N$ et le nombre maximum de facteurs $K_{max}$ d'une fraction régulière de résolution 5 pour des facteurs à 2 modalités.

L'adaptation à l'expérimentation numérique des plans factoriels proposée plus haut dans ce chapitre peut être appliquée aux plans fractionnaires. On utilise alors un pavage de l'espace comme pour le plan complet de l'anova et on effectue l'échantillonnage en se limitant aux pavés associés à la fraction sélectionnée.

## 4.5  Exemple d'analyse de sensibilité d'une FC

L'objectif est de caractériser et hiérarchiser l'influence de facteurs d'entrée sur une sortie de la FC. La cohérence des résultats obtenus avec les trois méthodes présentées dans ce chapitre sera étudiée. La mise en œuvre est effectuée sous le logiciel **R** à l'aide du package sensitivity (Pujol *et al.* [157]) et du package planor pour la recherche de plans fractionnaires (Monod *et al.* [137]). Les bases du langage de **R** sont nécessaires pour la compréhension du code.

### 4.5.1  Descriptif de la FC sous R

Nous nous intéressons au modèle WWDM (pour Winter Wheat Dry Matter model). Il s'agit d'un modèle de culture très simple à pas de temps journalier. Des détails sont fournis par Monod *et al.* [138] et Lamboni *et al.* [108], qui l'utilisent pour illustrer différentes méthodes d'analyse de sensibilité.

La fonction wwdm.simule fait appel à la FC codée dans wwdm.model, que nous appellerons plus simplement FC wwdm. On suppose que ces deux fonctions sont stockées dans le fichier TPData.R. La variable de sortie de la FC analysée ici est la somme des rendements obtenus sous le climat observé pendant une des années disponibles (ici l'année numéro 9). L'argument X de wwdm.simule est un tableau de données (un data.frame) contenant les valeurs des facteurs d'entrée de la FC. Le nombre de lignes de X est égal à la taille $N$ du plan d'expériences et le nombre de colonnes au nombre de facteurs ($E_b$, $E_{i\max}$, K, $L_{\max}$, A, B, TI), soit 7 colonnes. L'objet fourni en sortie par wwdm.simule est un vecteur de longueur $N$.

## 4.5.2 Analyse de Morris de la FC wwdm

On utilise la méthode de Morris avec les paramètres de discrétisation $Q$ et de saut $\delta$ égaux respectivement à 4 et à 2 ($\delta = Q/2$).
Le code qui suit permet de générer 100 trajectoires. La FC est donc calculée en $100 \times (7 + 1) = 800$ points.

```
## Initialisation
 library(sensitivity)


## Chargement du fichier contenant le code pour wwdm
## Puis création d'une fonction wwdm.simule.01 prenant
## ses valeurs d'entrée dans [0,1]. Cette étape est nécessaire
## pour que la fonction Morris de sensitivity fonctionne.
 source("TPData.R")
 wwdm.simule.01 <- function(X, year) {
   X2 <- X*0
   for(j in 1:ncol(X)) {
     X2[,j] <- binf[j] + X[,j]*(bsup[j]-binf[j]) }
   return(wwdm.simule(X2, year=year))
 }


## Nombre de facteurs, niveau de discrétisation, pas:
## Bornes des intervalles d'incertitude et Noms des facteurs
 nfac <- 7   ;   Q <- 4 ;   delta <- Q/2
 facteurs <- c("Eb", "Eimax", "K", "Lmax","A", "B", "TI")
 binf <- c(0.9, 0.9, 0.6, 3, 0.003, 0.0011, 700)
 bsup <- c(2.8, 0.99, 0.8, 12, 0.01, 0.0025, 1100)
 names(binf) <- facteurs ; names(bsup) <- facteurs


## Lancement de la méthode de Morris avec germe aléatoire fixe.
## Les arguments year, b1, b2 sont des arguments de wwdm.simule
 etude.morris <- morris(model= wwdm.simule.01,
   factors=facteurs, r = 100,
   design=list(type = "oat", levels=Q, grid.jump = delta),
                   scale = F, year = 9)
```

On représente ensuite l'influence des facteurs graphiquement, d'abord par des boîtes à moustache, puis par le graphe des points de coordonnées $(\mu_k^*, \sigma_k)$.

```
par(mfrow=c(2,4),ask=T)
for(k in 1:nfac) {
  ## expression de X dans les gammes des facteurs
  x <- binf[k]+ etude.morris$X[,k]*(bsup[k]-binf[k])
  boxplot(split(etude.morris$y, x), notch = T,
      col="yellow", ylab="y", xlab = facteurs[k], cex.lab=2)
}

## Graphe des indices de Morris:
 par(mfrow=c(1,1),ask=T);  plot(etude.morris, cex.lab=2)
```

Les boîtes de dispersion (boxplot) offrent une vision synthétique de la distribution de la sortie de la FC pour chacun des niveaux des facteurs (Figure 4.9). Ce graphique met en évidence les effets de $E_b$, $A$, $B$ et le fait que la dispersion de la sortie varie selon le niveau du facteur $E_b$. Le graphique des indices de Morris fait ressortir l'importance des effets des facteurs $E_b$, $A$, $B$ (Figure 4.10). De plus, le niveau de l'indice $\sigma$ pour ces facteurs indique la présence d'une interaction entre eux. L'effet non-linéaire de $A$ sur la sortie peut renforcer la valeur de cet indice. Les facteurs $K$ et $E_{i\max}$ ne semblent jouer qu'un rôle mineur. $Ti$ et $L_{\max}$ ont une position intermédiaire entre ces deux groupes.

L'analyse est poursuivie par la représentation graphique de l'interaction entre les facteurs $A$ et $B$. La représentation est construite à l'aide des moyennes de la sortie aux différentes combinaisons de ces facteurs. Une relation fortement croissante entre la sortie $Y$ de la FC (le rendement) et le facteur $A$ pour les niveaux 3 à 6 de $B$ est mise en évidence (Figure 4.11). Aux deux premiers niveaux de $B$, $A$ semble n'avoir aucun effet sur la sortie.

```
interaction.plot(etude.morris$$X[,"A"],etude.morris$X[,"B"],
        etude.morris$y, col=1:6, xlab="A", ylab="y")
```

L'interprétation qualitative du graphique des indices de Morris a été complétée par la caractérisation des interactions. L'analyse a été complétée par une anova. Dans des cas de FC plus complexes et ayant un grand nombre de facteurs, la méthode de Morris peut aider à faire le tri entre les facteurs.

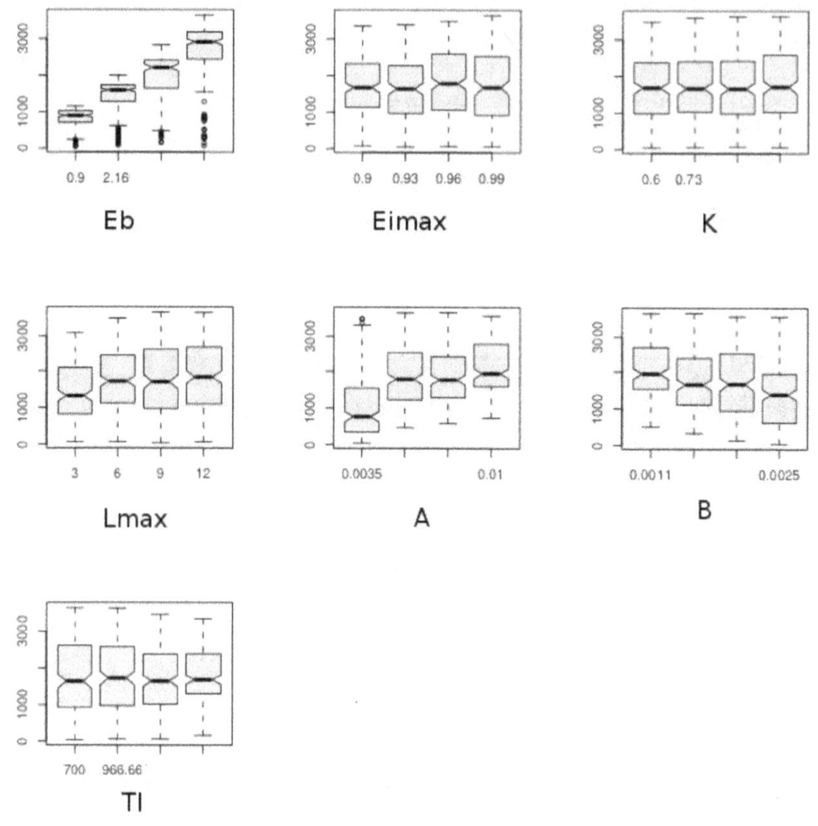

FIGURE 4.9 – Boîtes de dispersion de la sortie de la FC wwdm pour chaque facteur. Le corps de la boîte est formé des trois quartiles de la distribution de la sortie de la FC. L'intervalle de confiance à 95% autour de la médiane est visualisé par une encoche.

## 4.5.3 Plan fractionnaire

L'analyse graphique des relations entre les 7 facteurs et la sortie de la FC a mis en évidence la monotonie des relations. Résumer un facteur par les deux bornes de sa gamme semble raisonnable. D'où le choix d'un plan d'expérience avec des facteurs à deux niveaux. On cherche un plan fractionnaire permettant d'aborder l'interaction d'ordre deux, en utilisant le package planor (Monod *et al.* [137]).

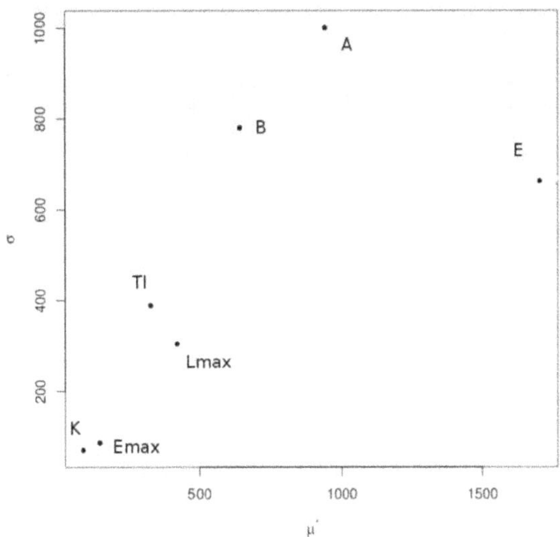


FIGURE 4.10 – Graphique des indices de Morris pour la FC wwdm.

## Construction du plan fractionnaire et anova

Un plan complet à sept facteurs à deux niveaux comporte $2^7 = 128$ expériences. On recherche à l'aide de la fonction planor.designkey de planor un plan de résolution 5 ou plus comportant $2^r$ expériences avec $r < 7$. Dans notre exemple, $r = 6$ convient. Le code qui suit permet de construire le plan fractionnaire et de calculer les simulations associées.

```
## Recherche de fraction régulière par la bibliothèque planor
## 1ère étape: recherche d'une matrice clé
## 2ème étape: calcul du plan d'expériences
## 3ème étape: récupération dans un data.frame
 library("planor", lib="~/R/library")
 plan7.2.V.key <- planor.designkey(factors=facteurs, nlevels=2,
                          resolution=5, nunits=2^6)
 plan7.2.V <- planor.design(plan7.2.V.key)
 plan7.2.V.cod <- plan7.2.V@design[, 1:nfac]

## Recodage du plan avec les bornes des gammes des facteurs :
 for(k in 1:nfac) {
    bornes.k <- c(binf[k], bsup[k])
    plan7.2.V.cod[,k] <- bornes.k[plan7.2.V.cod[,k]] }
```

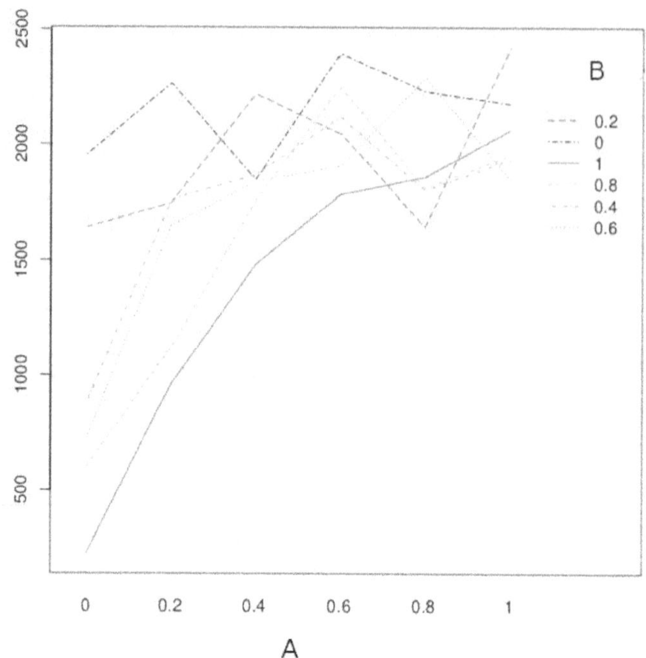

FIGURE 4.11 – Graphique de l'interaction entre les facteurs $A$ et $B$ de la FC wwdm. Chaque ligne correspond à un des six niveaux du facteur $B$.

```
## Calcul de la sortie de la FC associée :
 N <- nrow(plan7.2.V.cod) ; Y.frac <- numeric(N)
 Y.frac <- wwdm.simule(plan7.2.V.cod, year=9)
```

On effectue ensuite l'anova des simulations issues du plan fractionnaire.

```
## Préparation des données pour l'anova :
 for(k in 1:7) {
   plan7.2.V.cod[,k] <- factor(plan7.2.V.cod[,k]) }
 fraction.XY <- cbind(plan7.2.V.cod, Y=Y.frac)
 fraction.aov <- aov(Y ~ (Eb+ Eimax+ K+ Lmax+ A+ B+ TI)^2,
                  data=fraction.XY)
 fraction.table <- print(summary(fraction.aov))
```

On obtient la table d'anova suivante :

```
               Df    Sum Sq    Mean Sq   F value    Pr(>F)
Eb              1  34672095   34672095  391.6125  < 2.2e-16  ***
Eimax           1    341433     341433    3.8564   0.057539  .
K               1    161053     161053    1.8190   0.186089
Lmax            1   3431808    3431808   38.7614  3.896e-07  ***
A               1  14041688   14041688  158.5973  1.472e-14  ***
B               1   8211764    8211764   92.7498  2.248e-11  ***
TI              1      6728       6728    0.0760   0.784430

Eb:Eimax        1     90035      90035    1.0169   0.320172
Eb:K            1     42469      42469    0.4797   0.493139
Eb:Lmax         1    904955     904955   10.2212   0.002942  **
Eb:A            1   3702739    3702739   41.8215  1.883e-07  ***
Eb:B            1   2165410    2165410   24.4578  1.891e-05  ***
Eb:TI           1      1774       1774    0.0200   0.888243
Eimax:K         1       944        944    0.0107   0.918339
Eimax:Lmax      1     10804      10804    0.1220   0.728936
Eimax:A         1     22966      22966    0.2594   0.613735
Eimax:B         1      9746       9746    0.1101   0.742035
Eimax:TI        1      9238       9238    0.1043   0.748607
K:Lmax          1     29250      29250    0.3304   0.569114
K:A             1        75         75    0.0009   0.976886
K:B             1       636        636    0.0072   0.932915
K:TI            1     12803      12803    0.1446   0.706036
Lmax:A          1     22288      22288    0.2517   0.618995
Lmax:B          1    203246     203246    2.2956   0.138720
Lmax:TI         1      7492       7492    0.0846   0.772846
A:B             1   7621450    7621450   86.0824  5.801e-11  ***
A:TI            1   1753436    1753436   19.8046  8.335e-05  ***
B:TI            1      2738       2738    0.0309   0.861428

Residuals      35   3098786      88537
```

Les effets principaux et d'interaction des facteurs $A$, $B$ et $E_b$ mis en évidence avec la méthode Morris sont confirmés. Ce résultat est obtenu avec seulement 64 simulations contre 800 avec Morris. Le facteur $L_{max}$ joue un rôle moindre. La table d'anova indique une interaction entre $A$ et $TI$. La significativité d'un effet résultat du test de l'anova peut être complétée par l'évaluation de cet effet sur le plan quantitatif. Les indices de sensibilité issus de l'anova vont permettre de synthétiser ces résultats.

## 4.5.4   Plan complet et équilibré

Le plan complet et équilibré sur un pavage permet d'accéder à tous les points du domaine de définition. Chaque gamme des facteurs est découpée en quatre intervalles d'égales amplitudes. On effectue 3 répétitions dans chaque pavé. Le nombre de simulations nécessaires est égal à $3 \times 4^7$, soit 49 152 simulations. Pour simplifier les sorties, les interactions introduites dans le modèle se limiteront à celles d'ordre $\leq 3$.

```
## Sous linux, il est conseillé d'augmenter la mémoire
##   disponible en lancant R  :     R --max-vsize=1G
## Création du plan complet :
 nbniv <- 4 ; nrep <- 3
 plan.complet <- expand.grid(Eb = 1:nbniv, Eimax = 1:nbniv,
     K = 1:nbniv, Lmax = 1:nbniv, A = 1:nbniv, B = 1:nbniv,
                             TI = 1:nbniv, REP = 1:nrep)
 N <- nrow(plan.complet) ; Y <- numeric(N)

## Tirage de points dans les pavés (TP1pavage fournie en annexe)
 source("Annexe.R")
 plan.pavage <- TP1pavage(plan.complet[,1:7], nrep=3,
   Nbclass=4, binf, bsup)
 Y.complet <- wwdm.simule(plan.pavage$X, year=9)

## Préparation des données pour l'anova :
 for(k in 1:7) { plan.complet[,k] <- factor(plan.complet[,k]) }
 complet.XY <- cbind(plan.complet, Y=Y.complet)

## Calcul de l'anova :
  complet.aov <- aov(Y ~ (Eb+ Eimax+ K+ Lmax+ A+ B +TI)^3,
    complet.XY)
  complet.table <- print(summary(complet.aov))
```

L'anova du plan complet, avec un modèle allant jusqu'à l'ordre 3, donne les résultats suivants :

```
                    Df      Sum Sq      Mean Sq      F value    Pr(>F)

EFFETS PRINCIPAUX

Eb            3 2.5285e+10 8428275270 99042.6628 < 2.2e-16 ***
Eimax         3 2.9309e+08   97696509  1148.0549 < 2.2e-16 ***
K             3 4.3269e+07   14422969   169.4877 < 2.2e-16 ***
Lmax          3 8.9079e+08  296929756  3489.2920 < 2.2e-16 ***
A             3 3.2880e+09 1096002806 12879.3891 < 2.2e-16 ***
B             3 1.6940e+09  564654061  6635.3839 < 2.2e-16 ***
TI            3 1.0264e+08   34213830   402.0548 < 2.2e-16 ***
```

INTERACTIONS D'ORDRE 2

| | | | | | |
|---|---|---|---|---|---|
| Eb:Eimax | 9 | 3.7803e+07 | 4200280 | 49.3585 | < 2.2e-16 *** |
| Eb:K | 9 | 5.4921e+06 | 610231 | 7.1710 | 1.805e-10 *** |
| Eb:Lmax | 9 | 9.1155e+07 | 10128357 | 119.0207 | < 2.2e-16 *** |
| Eb:A | 9 | 3.3682e+08 | 37424512 | 439.7843 | < 2.2e-16 *** |
| Eb:B | 9 | 1.7149e+08 | 19054303 | 223.9116 | < 2.2e-16 *** |
| Eb:TI | 9 | 1.0168e+07 | 1129800 | 13.2765 | < 2.2e-16 *** |
| Eimax:K | 9 | 1.1539e+06 | 128213 | 1.5067 | 0.1388985 |
| Eimax:Lmax | 9 | 1.8792e+06 | 208795 | 2.4536 | 0.0086322 ** |
| Eimax:A | 9 | 2.5666e+06 | 285174 | 3.3512 | 0.0004132 *** |
| Eimax:B | 9 | 2.3356e+06 | 259511 | 3.0496 | 0.0011823 ** |
| Eimax:TI | 9 | 8.9382e+05 | 99313 | 1.1671 | 0.3113128 |
| K:Lmax | 9 | 7.4138e+06 | 823753 | 9.6801 | 6.355e-15 *** |
| K:A | 9 | 3.4365e+06 | 381831 | 4.4870 | 6.514e-06 *** |
| K:B | 9 | 1.0207e+06 | 113415 | 1.3328 | 0.2136341 |
| K:TI | 9 | 8.1015e+05 | 90016 | 1.0578 | 0.3907237 |
| Lmax:A | 9 | 5.6769e+07 | 6307676 | 74.1230 | < 2.2e-16 *** |
| Lmax:B | 9 | 6.3786e+05 | 70873 | 0.8328 | 0.5856648 |
| Lmax:TI | 9 | 1.8692e+06 | 207691 | 2.4406 | 0.0089995 ** |
| A:B | 9 | 2.1014e+09 | 233491473 | 2743.8137 | < 2.2e-16 *** |
| A:TI | 9 | 8.8092e+08 | 97880207 | 1150.2135 | < 2.2e-16 *** |
| B:TI | 9 | 2.0613e+08 | 22903415 | 269.1435 | < 2.2e-16 *** |

INTERACTIONS D'ORDRE 3

| | | | | | |
|---|---|---|---|---|---|
| Eb:Eimax:K | 27 | 2.4640e+06 | 91260 | 1.0724 | 0.3631228 |
| Eb:Eimax:Lmax | 27 | 2.4540e+06 | 90889 | 1.0681 | 0.3688749 |
| Eb:Eimax:A | 27 | 2.7195e+06 | 100724 | 1.1836 | 0.2337327 |
| Eb:Eimax:B | 27 | 2.8551e+06 | 105744 | 1.2426 | 0.1795871 |
| Eb:Eimax:TI | 27 | 1.6894e+06 | 62570 | 0.7353 | 0.8368440 |
| Eb:K:Lmax | 27 | 2.3918e+06 | 88583 | 1.0410 | 0.4055689 |
| Eb:K:A | 27 | 2.0907e+06 | 77432 | 0.9099 | 0.5986651 |
| Eb:K:B | 27 | 3.0347e+06 | 112397 | 1.3208 | 0.1229743 |
| Eb:K:TI | 27 | 2.2123e+06 | 81937 | 0.9629 | 0.5187721 |
| Eb:Lmax:A | 27 | 8.8380e+06 | 327332 | 3.8466 | 6.132e-11 *** |
| Eb:Lmax:B | 27 | 1.6550e+06 | 61295 | 0.7203 | 0.8530593 |
| Eb:Lmax:TI | 27 | 2.4384e+06 | 90311 | 1.0613 | 0.3779225 |
| Eb:A:B | 27 | 2.2038e+08 | 8162072 | 95.9144 | < 2.2e-16 *** |
| Eb:A:TI | 27 | 1.0382e+08 | 3845001 | 45.1835 | < 2.2e-16 *** |
| Eb:B:TI | 27 | 2.4323e+07 | 900836 | 10.5859 | < 2.2e-16 *** |
| Eimax:K:Lmax | 27 | 1.7737e+06 | 65691 | 0.7719 | 0.7935622 |
| Eimax:K:A | 27 | 2.2864e+06 | 84680 | 0.9951 | 0.4709857 |
| Eimax:K:B | 27 | 3.8239e+06 | 141625 | 1.6643 | 0.0165554 * |
| Eimax:K:TI | 27 | 2.1247e+06 | 78694 | 0.9247 | 0.5762439 |
| Eimax:Lmax:A | 27 | 2.3269e+06 | 86182 | 1.0127 | 0.4453906 |
| Eimax:Lmax:B | 27 | 2.5656e+06 | 95022 | 1.1166 | 0.3075819 |
| Eimax:Lmax:TI | 27 | 2.8066e+06 | 103949 | 1.2215 | 0.1977737 |
| Eimax:A:B | 27 | 2.4217e+06 | 89693 | 1.0540 | 0.3876997 |

```
Eimax:A:TI        27 3.8557e+06      142804     1.6781 0.0151155 *
Eimax:B:TI        27 2.1481e+06       79558     0.9349 0.5608808
K:Lmax:A          27 2.8744e+06      106458     1.2510 0.1727083
K:Lmax:B          27 1.8816e+06       69689     0.8189 0.7316668
K:Lmax:TI         27 1.8198e+06       67399     0.7920 0.7679155
K:A:B             27 3.0162e+06      111713     1.3128 0.1280483
K:A:TI            27 1.9008e+06       70400     0.8273 0.7200482
K:B:TI            27 2.7557e+06      102063     1.1994 0.2182882
Lmax:A:B          27 7.9972e+06      296193     3.4806 2.517e-09 ***
Lmax:A:TI         27 3.3135e+06      122722     1.4421 0.0642656 .
Lmax:B:TI         27 3.1892e+06      118117     1.3880 0.0865936 .
A:B:TI            27 1.9942e+08     7385957    86.7941 < 2.2e-16 ***


Residuals            4.0843e+09
```

Puis les indices de sensibilité totaux sont calculés comme des proportions de variance expliquée par l'ensemble des termes dans lesquels intervient un facteur :

```
SS <- complet.table[[1]][2]
neffets <- nrow(SS)-1
SS.fac <- SS[1:neffets,] ; SStot <- sum(SS.fac)
vv <- terms(Y ~ (Eb + Eimax + K+ Lmax + A + B + TI)^3,
  keep.order = F)
vv1 <- attr(vv, "factors")
Itot <- rep(NA,nfac) ;  Iprinc<- SS.fac[1:nfac]/SStot
for(i in 1:nfac) Itot[i] <- sum(SS.fac[vv1[i+1,]==1])/SStot
M <- rbind(Iprinc,Itot-Iprinc)

barplot( M,col=c("lightblue","blue"),
  names.arg = wwdm.factors$name[1:nfac])
title("PLAN COMPLET")
```

Le modèle d'anova comprenant les interactions d'ordre 3 explique 90% de la variabilité totale. Compte tenu de la bonne qualité de l'explication statistique, un calcul des indices de sensibilité basé sur ce modèle est très précis. On constate néanmoins qu'il reste une part de variabilité non complètement négligeable due à des interactions d'ordre quatre ou plus. Par ailleurs, les facteurs $E_b$, $A$, $B$ et l'interaction $A.B$ expliquent à eux seuls 89% de la variabilité.

```
par(mfrow=c(2,2))
boxplot(split(complet.XY$Y,complet.XY$Eb),xlab="Eb",ylab="Y")
boxplot(split(complet.XY$Y,complet.XY$A), xlab="A", ylab="Y")
boxplot(split(complet.XY$Y,complet.XY$B), xlab="B", ylab="Y")
```

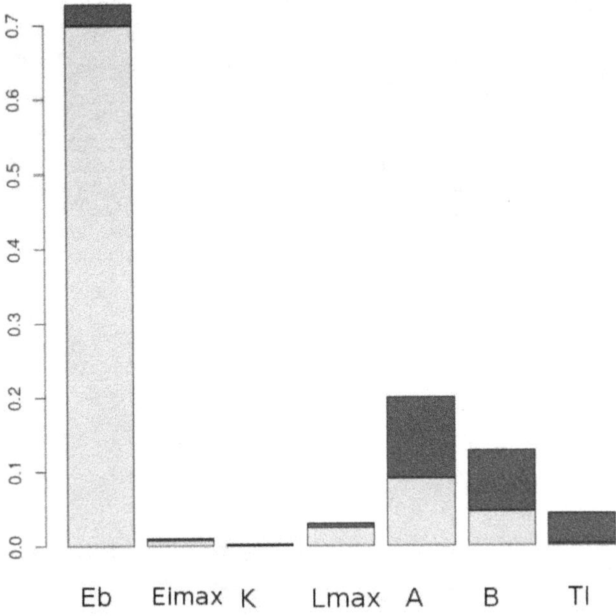

FIGURE 4.12 – Indices de sensibilité principaux (en clair) et totaux (en clair + foncé) des facteurs de calculés la FC wwdm obtenus à partir de la table d'anova d'un plan complet et équilibré à quatre niveaux par facteur et trois répétitions par pavé.

```
interaction.plot(complet.XY$A, complet.XY$B,
                 complet.XY$Y, col=1:4, xlab="A", ylab="y")
title("Interaction A x B")
```

L'anova sur le plan complet confirme les tendances observées avec la méthode de Morris et le plan fractionnaire. Elle confirme en particulier l'ordre deux de l'interaction. Par contre, l'importance des effets des facteurs $A$ et $B$ est sensiblement différente entre les deux analyses (Figures 4.10 et 4.12). La forme de l'interaction entre $A$ et $B$ va dans le même sens que celle observée à partir des résultats obtenus par un plan de Morris (Figures 4.11 et 4.13). Compte tenu de l'explosion du nombre des simulations nécessaires pour réaliser un plan complet, la mise en œuvre de cette méthode ne sera possible que si le nombre de facteurs pris en compte n'est pas trop élevé. Cela dépend aussi de l'algorithme de calcul de l'anova et des moyens

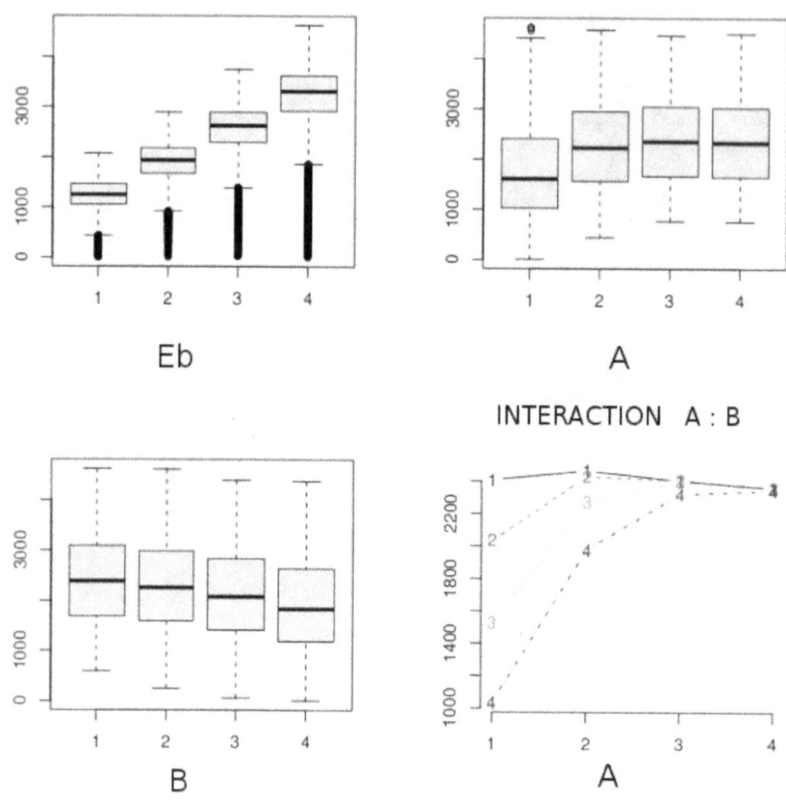

FIGURE 4.13 – Boîtes de dispersion de la sortie de la FC wwdm en fonction des facteurs $E_b$, $A$, $B$ codés en quatre niveaux. Le graphique en bas à droite caractérise l'interaction entre $A$ et $B$, chaque ligne correspondant à un des 4 niveaux de $B$.

de calcul dont on dispose. L'algorithme de la fonction aov de R est assez coûteux car il nécessite le calcul de l'inverse d'une matrice.

## 4.6   Annexe : code utilisé pour le pavage

```
TP1tirage <- function(PAV, binf, bsup, Nbclass)
{
## TIRAGE uniforme dans un pavé PAV de R^K
## Nbclass: niveau de discrétisation des Nbfac facteurs
## PAV: vecteur des Nbfac coordonnées entières d'un pavé codées
##      de 1 a Nbclass
## binf,bsup: vecteurs des bornes inf et sup des facteurs
##   sortie: vecteur a K éléments
 PAV <- unlist(PAV)
 Nbfac <- length(PAV)
 bornes <- matrix(NA, nrow = Nbfac, ncol=2)
 bornes[,1] <- binf + (PAV-1)*(bsup-binf)/Nbclass
 bornes[,2] <- binf + PAV*(bsup-binf)/Nbclass
 cc <- numeric(Nbfac)
 for(i in 1:Nbfac)
   cc[i] <- runif(1, min = bornes[i,1], max = bornes[i,2])
 cc
}


TP1pavage <- function(P, nrep = 3, Nbclass = 2, binf,  bsup)
{
## Construction du plan avec tirage dans les pavés définis
#  par un plan P
## P = matrice a Nbfac colonnes  codée par des entiers
#  de 1 à Nbclass
## sortie = liste contenant les matrices des coordonnées
#  entières (Plan.rep) et réelles (xx) des points aléatoires
## nrep = nbre de tirages par pavé [entier]
## Nbclass = niveau de discrétisation des facteurs
## binf, bsup = vecteur des bornes inf et sup des facteurs
  Nbfac = ncol(P)
  M=NULL ; for(j in 1:nrep) M = rbind(M, P)
  Plan.rep= M
  xx = t(apply( Plan.rep, 1, TP1tirage, binf, bsup, Nbclass) )
  list(P.out = Plan.rep, X = xx]
}
```

# Chapitre 5

# Méthodes d'analyse de sensibilité globale basées sur l'analyse de la variance

*Hervé Monod*

## 5.1   Introduction

L'analyse de sensibilité globale est une méthode privilégiée pour analyser le comportement d'un modèle mathématique en fonction de ses variables d'entrée et de ses paramètres. Son objectif central est de quantifier, de comparer et de hiérarchiser l'influence de différentes entrées du modèle sur la variabilité de ses sorties. Les entrées de l'analyse de sensibilité sont le plus souvent les paramètres du modèle ou un sous-ensemble de paramètres, mais elles peuvent aussi inclure des variables d'entrée du modèle ou les valeurs initiales des variables d'état. Les résultats sont des indices de sensibilité qui traduisent l'importance des différentes entrées et de leurs interactions. Le terme "global" est important. Il signifie que l'on s'intéresse à la variabilité des sorties lorsque les entrées varient non pas localement autour de valeurs de référence, mais globalement dans leur domaine de validité ou dans un domaine reflétant les incertitudes qui leur sont attachées.

Les indices de sensibilité sont calculés le plus souvent à partir de simulations. L'analyse de sensibilité nécessite alors les quatre étapes suivantes :
- définir les distributions de probabilité reflétant les incertitudes sur les $K$ entrées $X_1, \ldots, X_K$ dont on veut étudier l'influence ;
- générer un échantillon de jeux d'entrées $\mathbf{x} = (x_1, \ldots, x_K)$ selon les distributions d'incertitude et selon la méthode d'analyse de sensibilité choisie ;
- calculer la sortie $Y$ du modèle par simulation, pour chaque jeu d'entrées échantillonné ;
- en déduire les indices de sensibilité selon la méthode choisie et évaluer leur précision.

Les distributions de probabilité sur les entrées sont propagées par le modèle en une distribution de probabilité sur la sortie $Y$. Pour l'analyse d'incertitude, l'objectif principal est l'étude de la distribution de $Y$ (moyenne, variance, quantiles). Pour l'analyse de sensibilité, l'objectif est le calcul d'indices de sensibilité et c'est ce second objectif qui est privilégié dans ce chapitre.

Une approche très simple pour obtenir des indices de sensibilité est d'appliquer des méthodes statistiques classiques pour planifier des simulations et en analyser les résultats. Une première possibilité est d'associer plan factoriel et analyse de la variance (anova) (Ginot *et al.* [62]). Il faut alors discrétiser les gammes d'incertitude des facteurs d'entrée, même s'il est possible de contourner cette contrainte (Chapitre 4). Une seconde possibilité est d'associer échantillonnage de Monte Carlo et calcul d'indices basés sur la régression linéaire multiple (cf. Chapitre 2). Elle est souvent utilisée pour l'analyse d'incertitude.

Une approche plus élaborée s'est développée à partir de concepts issus de l'analyse mathématique et numérique des fonctions de plusieurs variables. Les fondements théoriques de cette approche doivent beaucoup à des travaux précurseurs sur l'intégration en grande dimension, menés par Hoeffding [74] en théorie des probabilités et Sobol [193] en analyse numérique. Puis c'est en chimie qu'est apparue l'une des méthodes les plus fréquemment employées aujourd'hui, la méthode FAST (*Fourier Amplitude Sensitivity Test* ; Cukier *et al.* [32]).

Depuis les années 1980, de nombreux développements ont été apportés à ces approches. Le concept de mesure d'importance d'une variable dans un modèle a été utilisé par Ishigami et Homma [85]. Celui de la représentation HDMR (*High Dimensional Model Representation*) d'un modèle en grande dimension a été introduit par Rabitz et Alis [161]. Des améliorations techniques ont été apportées aux méthodes FAST (Saltelli [172] ; Tarantola *et al.* [202]) et Sobol (Sobol [194] ; Saltelli *et al.* [181]).

Si un modélisateur veut effectuer une analyse de sensibilité globale, il dispose aujourd'hui d'un large choix de méthodes. Dans ce chapitre, nous donnerons des éléments permettant de guider ce choix. Nous montrerons d'abord que les indices de sensibilité basés sur la variance ont une définition précise basée sur *l'analyse de la variance fonctionnelle*. Selon cette définition, ils sont définis de façon unique à partir du modèle et des lois d'incertitude des entrées. Nous présenterons ensuite l'analyse de sensibilité globale comme un problème d'estimation de ces indices à partir de simulations du code, soulevant la question du plan d'échantillonnage et de la méthode d'analyse. C'est dans ce cadre que seront présentées les principales méthodes dont dispose le modélisateur et que seront discutées leurs propriétés.

## Notations

On note $X_1, \ldots, X_K$ les entrées du modèle sélectionnées pour l'analyse de sensibilité. L'incertitude sur chaque entrée $X_k$ est représentée par un domaine d'incertitude continu $D_k$ et une loi de probabilité $\pi_k$ sur $D_k$ choisie par le modélisateur. Par défaut, on considère que $\pi_k$ est la loi uniforme sur l'intervalle $[0, 1]$. En fait, on peut toujours se ramener à cette situation par un changement de variables, en remplaçant la valeur $x_k$ de $X_k$ par $p_k \in [0, 1]$, où $Q_k$ est la fonction quantile de $\pi_k$ et $x_k = Q_k(p_k)$.

On note $\mathbf{x} = (x_1, \ldots, x_K)$ un scénario, c'est-à-dire un jeu de valeurs des $K$ entrées. Sauf indication explicite, les entrées sont supposées indépendantes les unes des autres. Le domaine de définition des scénarios est donc le produit des domaines $D = D_1 \times \ldots \times D_K$. On note $\mathbf{X}$ un scénario tiré au hasard dans $D$, selon la loi de probabilité $\pi = \pi_1 \times \ldots \times \pi_K$ produit des lois de probabilité individuelles.

Le modèle étudié est noté $\mathscr{G}$ et les sorties du modèle sont notées $Y$ ou $\mathscr{G}(\mathbf{x})$ ou encore $\mathscr{G}(x_1, \ldots, x_K)$. Sauf mention du contraire, le modèle sera supposé déterministe et, hormis quelques exemples illustratifs ou théoriques, il sera considéré comme trop complexe pour permettre une étude analytique. Son étude doit alors être menée par simulations en utilisant sa version codée, considérée comme une boîte noire. Nous négligerons les différences entre les versions analytique et codée du modèle et nous utiliserons donc uniquement la notation $\mathscr{G}$.

## 5.2  Indices de sensibilité basés sur la variance

### 5.2.1  Décomposition de la variance et indices de sensibilité

Si le scénario $\mathbf{X}$ est considéré comme un vecteur aléatoire de loi de probabilité $\pi$, alors la réponse du modèle $Y = \mathscr{G}(\mathbf{X})$ est également une variable aléatoire. Autrement dit, la loi de probabilité sur $X_1,\ldots,X_K$ induit une loi de probabilité sur $Y$. En analyse de sensibilité globale, on suppose que l'espérance et la variance de $Y$ sont finies et on s'intéresse à la façon dont les différentes entrées contribuent à la variance de $Y$.

Comme cela sera expliqué dans le paragraphe suivant, la variance de $Y$ se décompose en

$$\mathbb{V}\mathrm{ar}(Y) = V_1 + \ldots + V_K + V_{\{1,2\}} + \ldots + V_{\{K-1,K\}} + \ldots + \ldots + V_{\{1,\ldots,K\}} \quad (5.1)$$

où chaque $V_i$ désigne la part de variance attribuée à l'effet principal de $X_i$ et chaque $V$ indicé par un ensemble $S$ désigne la part de variance attribuée à l'interaction entre les entrées $X_i, i \in S$. Les indices de sensibilité sont définis à partir de cette décomposition par

$$\mathrm{SI}_U = V_U / \mathbb{V}\mathrm{ar}(Y)$$

où $U$ est un terme factoriel, c'est-à-dire désigne indifféremment un effet principal ou une interaction. Ils sont tous compris entre 0 et 1 et leur somme sur l'ensemble des termes factoriels est égale à 1. Les indices élevés correspondent bien sûr aux termes les plus influents sur la sortie du modèle.

### 5.2.2  Bases théoriques

Dans cette partie technique, nous faisons le lien entre la décomposition de la variance (5.1) et la décomposition orthogonale d'une fonction continue à plusieurs entrées, représentée ici par le modèle $\mathscr{G}(\mathbf{x})$. On utilise le terme d'*analyse de la variance fonctionnelle* pour désigner ces notions.

**Orthogonalité entre fonctions**

**Définition 6.** Soient $f$ et $g$ deux fonctions déterministes du vecteur $\mathbf{x}$ ($\mathbf{x} \in \mathbb{R}^K$), définies et intégrables sur un même domaine $D \subset \mathbb{R}^K$ compact. On appelle produit scalaire de $f$ et $g$ le nombre $\langle f, g \rangle = \int_D f(\mathbf{x}).g(\mathbf{x})d\mathbf{x}$.

**Définition 7.** Deux fonctions $f$ et $g$ définies sur $D$ sont orthogonales si $\langle f, g \rangle = 0$.

*Exemple :* Considérons les deux fonctions à une entrée scalaire $f(x) = \mu$ (fonction constante) et $g(x) = ax$ (fonction linéaire sans terme constant), pour $x \in [0, 1]$. Leur produit scalaire est

$$\langle f, g \rangle = \int_0^1 \mu.ax\,dx = \mu.a\left[\frac{1}{2}x^2\right]_0^1 = \mu.\frac{a}{2}.$$

Si $\mu \neq 0$ et $a \neq 0$, ces deux fonctions ne sont pas orthogonales.

Considérons par contre $g_c(x) = a(x - \frac{1}{2})$, obtenue en centrant $g$ autour de sa valeur moyenne sur $[0, 1]$. Le produit scalaire devient alors nul, $\langle f, g_c \rangle = a\mu \int_0^1 (x - 1/2)\,dx = 0$. Les deux fonctions $f$ et $g_c$ sont bien orthogonales.

Par la suite, nous étendrons de façon triviale les définitions 6 et 7 au cas où $f$ et $g$ sont des fonctions de sous-vecteurs $\mathbf{x}_U$ et $\mathbf{x}_V$ du vecteur $\mathbf{x}$, avec $U, V \subset \{1, \dots, K\}$.

### Décomposition orthogonale du modèle

Pour simplifier, considérons d'abord le cas d'une fonction à deux entrées.

**Proposition 1.** Pour toute fonction $\mathcal{G}(x_1, x_2)$ définie et intégrable sur $D = D_1 \times D_2$, il existe une unique décomposition orthogonale de la forme :

$$\mathcal{G}(x_1, x_2) = f_0 + f_1(x_1) + f_2(x_2) + f_{1,2}(x_1, x_2)$$

où $f_0$, $f_1$, $f_2$ et $f_{1,2}$ sont des fonctions mutuellement orthogonales sur le domaine $D$.

De façon analogue à l'analyse de la variance utilisée en statistique, la fonction constante $f_0$ est appelée la moyenne générale, $f_1, f_2$ les effets principaux (ou effets de $1^{\text{er}}$ ordre) de $X_1$ et $X_2$, et $f_{1,2}$ l'interaction entre les deux facteurs. Remarquons que $f_{1,2}$ est nulle si et seulement si la fonction $\mathcal{G}$ est additive. Les termes de la décomposition s'obtiennent par les formules d'intégration et d'orthogonalisation suivantes :

Analyse de sensibilité et exploration de modèles

$$
\begin{aligned}
f_0 &= \int_{D_1}\int_{D_2} \mathscr{G}(x_1,x_2)\, d\,x_1\, d\,x_2 \\
f_1(x_1) &= \int_{D_2} \mathscr{G}(x_1,x_2)\, d\,x_2 - f_0 \\
f_2(x_2) &= \int_{D_1} \mathscr{G}(x_1,x_2)\, d\,x_1 - f_0 \\
f_{1,2}(x_1,x_2) &= \mathscr{G}(x_1,x_2) - (f_0 + f_1(x_1) + f_2(x_2)).
\end{aligned}
$$

*Exemple :* Soit la fonction $\mathscr{G}(x_1,x_2) = \frac{x_1}{x_2+w}$, où $w$ est un nombre positif fixé et $(x_1,x_2) \in [0,1]^2$. La décomposition orthogonale de $\mathscr{G}$ se calcule analytiquement. On obtient

$$
\begin{aligned}
\mathscr{G}(x_1,x_2) = \underbrace{\frac{1}{2}\xi_w}_{f_0} + \underbrace{\left(x_1 - \frac{1}{2}\right)\xi_w}_{f_1(x_1)} + \underbrace{\frac{1}{2}\left(\frac{1}{x_2+w} - \xi_w\right)}_{f_2(x_2)} \\
+ \underbrace{\left(x_1 - \frac{1}{2}\right)\left(\frac{1}{x_2+w} - \xi_w\right)}_{f_{1,2}(x_1,x_2)}
\end{aligned}
$$

où $\xi_w = \log(1 + \frac{1}{w})$. Les fonctions $f_0$, $f_1$, $f_2$ et $f_{1,2}$ sont mutuellement orthogonales.

Passons maintenant au cas d'une fonction $\mathscr{G}$ à $K$ variables.

**Proposition 2.** Pour tout modèle $\mathscr{G}(\mathbf{x})$ défini et intégrable sur le domaine $D = D_1 \times \ldots \times D_K$, il existe une décomposition unique de la forme :

$$
\begin{aligned}
\mathscr{G}(\mathbf{x}) = {}& f_0 + f_1(x_1) + \ldots + f_K(x_K) \\
& + f_{1,2}(x_1,x_2) + \ldots + f_{K-1,K}(x_{K-1},x_K) \\
& \vdots \\
& + f_{1,\ldots,K}(x_1,\ldots,x_K)
\end{aligned}
$$

où toutes les fonctions $f_U$ sont mutuellement orthogonales : $\langle f_U, f_V \rangle = 0$ si $U \neq V$.

Cette décomposition est constituée de $2^K$ termes, que l'on peut associer aux $2^K$ sous-ensembles de variables d'entrée. L'ensemble vide est associé à la moyenne générale ($f_0$), les singletons sont associés aux effets principaux ($f_i$, $i = 1,\ldots,K$), et les autres sous-ensembles d'entrées sont associés aux interactions. Nous appellerons "termes factoriels" ces termes de la décomposition, par analogie avec l'analyse de variance classique. Par la suite, nous utiliserons en indice les sous-ensembles $U$ ou parfois $V$ de $\{1,\ldots,K\}$ pour désigner de façon générique un terme factoriel quelconque et nous noterons $\mathbf{x}_U$ le sous-vecteur de $\mathbf{x}$ de coordonnées $x_i$, $i \in U$. La décomposition de la proposition 2 s'écrit alors de façon concise sous la forme $\mathscr{G}(\mathbf{x}) = \sum_{U \subset \{1,\ldots,K\}} f_U(\mathbf{x}_U)$.

On peut généraliser la décomposition fonctionnelle de la proposition 2 en considérant des lois de probabilité quelconques sur le domaine $D$. Il suffit de modifier la définition du produit scalaire (et donc les conditions d'orthogonalité), en posant :

$$\langle f, g \rangle = \int_D f(\mathbf{x})\, g(\mathbf{x})\, \pi(\mathbf{x})\, d\mathbf{x} \tag{5.2}$$

avec $\pi$ une loi de probabilité définie sur $D$. La décomposition est unique si $\pi$ vérifie l'hypothèse d'indépendance entre les entrées $x_i$ : $\pi(\mathbf{x}) = \pi_1(x_1) \ldots \pi_K(x_K)$, où $\pi_i$ désigne la densité de probabilité de $x_i$ sur son domaine d'incertitude $D_i$.

## Décomposition de la variance

Considérons maintenant la variable aléatoire $Y = \mathscr{G}(\mathbf{X})$, avec $\mathbf{X}$ variable aléatoire de loi de probabilité $\pi$. Son espérance et sa variance vérifient

$$\begin{aligned} \mathbb{E}(Y) &= \int_D \mathscr{G}(\mathbf{x})\, \pi(\mathbf{x})\, d\mathbf{x} \\ \mathbb{V}\mathrm{ar}(Y) &= \mathbb{E}(Y - f_0)^2 = \int_D (\mathscr{G}(\mathbf{x}) - f_0)^2\, \pi(\mathbf{x})\, d\mathbf{x} \end{aligned}$$

Comme l'analyse de la variance classique, l'analyse de la variance fonctionnelle permet de décomposer $\mathbb{V}\mathrm{ar}(Y)$ en quantifiant le poids respectif des différentes entrées $X_i$ et de leurs interactions. Les indices de sensibilité se déduisent directement de la proposition 3 suivante. L'indice associé à un terme factoriel $U$ (effet principal ou interaction) est défini comme la part de variance $\mathrm{SI}_U = V_U / \mathbb{V}\mathrm{ar}(Y)$ expliquée par ce terme et prend donc une valeur entre 0 et 1. Les indices de sensibilité vérifient $\sum_U \mathrm{SI}_U = 1$, quand $U$ parcourt l'ensemble des termes factoriels.

**Proposition 3.** Soit $\mathscr{G}(\mathbf{x})$ un modèle défini sur le domaine $D \subset \mathbb{R}^K$ et $\pi$ une loi de probabilité sur $X_1,\ldots,X_K$, définie sur $D$ et indépendante entre les $X_i$. Soit $\mathscr{G}(\mathbf{x}) = \sum_U f_U(\mathbf{x}_U)$ la décomposition orthogonale de $\mathscr{G}(\mathbf{x})$ pour le produit scalaire défini par l'équation (5.2). Alors la variance de $Y = \mathscr{G}(\mathbf{X})$ se décompose de façon unique en :

$$\mathbb{V}\mathrm{ar}(Y) = \sum_{U \subset \{1,\ldots,K\}} V_U$$

où $U$ parcourt l'ensemble des effets factoriels exceptée la moyenne générale et où $V_U = \int_{D_U} f_U(\mathbf{x}_U)^2 \, \pi_U(\mathbf{x}_U) \, d\,\mathbf{x}_U$.

## Interprétation probabiliste

D'un point de vue probabiliste, la moyenne générale $f_0$ est l'espérance marginale de la réponse $Y$, c'est-à-dire sa valeur moyenne par rapport à la loi conjointe des entrées $X_i$. Les autres composantes orthogonales de $\mathscr{G}(\mathbf{x})$ s'expriment en fonction des espérances conditionnelles de $Y$. Dans le cas de deux facteurs, on a

$$
\begin{aligned}
f_0 &= \mathbb{E}(Y) \\
f_1(x_1) &= \mathbb{E}(Y|X_1 = x_1) - f_0 \\
f_2(x_2) &= \mathbb{E}(Y|X_2 = x_2) - f_0 \\
f_{1,2}(x_1,x_2) &= \mathbb{E}(Y|X_1 = x_1, X_2 = x_2) - (f_0 + f_1(x_1) + f_2(x_2))
\end{aligned}
$$

où $\mathbb{E}(Y|X_i = x_i)$, par exemple, représente l'espérance de $Y$ conditionnelle au fait que l'entrée $X_i$ a la valeur $x_i$, avec $x_i \in D_i$.

Les composantes de la variance de $Y$ (les $V_U$) sont par conséquent des combinaisons linéaires de variances d'espérances conditionnelles. Au $1^{er}$ ordre, on trouve en particulier

$$
\begin{aligned}
V_{\{i\}} &= \mathbb{V}\mathrm{ar}(\mathbb{E}(Y|X_i)) & (5.3) \\
&= \mathbb{V}\mathrm{ar}(Y) - \mathbb{E}(\mathbb{V}\mathrm{ar}(Y|X_i)) & (5.4)
\end{aligned}
$$

La première égalité est une conséquence directe des relations entre espérances conditionnelles et composantes orthogonales, et la seconde s'en déduit compte tenu de la propriété suivante sur les probabilités conditionnelles :

$$\mathbb{V}\mathrm{ar}(Y) = \mathbb{V}\mathrm{ar}(\mathbb{E}(Y|X)) + \mathbb{E}(\mathbb{V}\mathrm{ar}(Y|X))$$

### 5.2.3   Calcul exact sur un exemple simple

Considérons le modèle $\mathcal{G}$ à deux entrées $X_1$ et $X_2$, modèle défini par $\mathcal{G}(x_1, x_2) = x_2(x_1 + w)$, où $w$ est un nombre positif quelconque mais fixé. Cette fonction est analogue, par exemple, à un modèle très simple de rendement en fonction d'un apport nutritif $w$, avec $x_1$ le niveau nutritif de base, et $x_2$ le coefficient de régression du rendement en fonction de la dose.

Pour décrire l'incertitude, on suppose que $X_1$ et $X_2$ sont indépendants de loi uniforme sur $[0, 1]$ et on veut calculer les indices de sensibilité associés aux incertitudes sur $X_1$ et $X_2$ pour un apport nutritif $w$ donné. Sur un cas aussi simple, les calculs peuvent être menés de façon analytique. On obtient d'abord la décomposition orthogonale de $\mathcal{G}$ :

$$
\mathcal{G}(x_1, x_2) = \underbrace{\frac{1}{2}\left(\frac{1}{2} + w\right)}_{f_0} + \underbrace{\frac{1}{2}\left(x_1 - \frac{1}{2}\right)}_{f_1(x_1)} + \underbrace{\left(\frac{1}{2} + w\right)\left(x_2 - \frac{1}{2}\right)}_{f_2(x_2)}
$$

$$
+ \underbrace{\left(x_1 - \frac{1}{2}\right)\left(x_2 - \frac{1}{2}\right)}_{f_{1,2}(x_1, x_2)}
$$

On constate que l'effet principal de $X_2$ dépend de l'apport nutritif, mais pas l'effet principal de $X_1$ ni l'interaction.

La variance de la loi uniforme dans l'intervalle $[0, 1]$ est égale à $1/12$. En poursuivant les calculs, on obtient la décomposition fonctionnelle de la variance :

$$
\mathbb{V}\mathrm{ar}(Y) = \left(\left(\frac{1}{2} + w\right)^2 + \frac{1}{3}\right) \times \frac{1}{12} = V_{\{1\}} + V_{\{2\}} + V_{\{1,2\}}
$$

avec

$$
V_{\{1\}} = \frac{1}{4} \times \frac{1}{12} \ ; \ V_{\{2\}} = \left(\frac{1}{2} + w\right)^2 \times \frac{1}{12} \ ; \ V_{\{1,2\}} = \frac{1}{12} \times \frac{1}{12}.
$$

On en déduit les indices de sensibilité :

$$
\mathrm{SI}_1 = \frac{1/4}{\xi_w + 1/3} \ , \ \mathrm{SI}_2 = \frac{\xi_w}{\xi_w + 1/3} \ , \ \mathrm{SI}_{1,2} = \frac{1/12}{\xi_w + 1/3}
$$

où $\xi_w = (w + 1/2)^2$. Pour $w = 0$ (pas d'apport nutritif), les indices de sensibilité des deux effets principaux sont égaux à $3/7$, et l'indice de sensibilité de l'interaction est égal à $1/7$. Pour $w > 0$, l'indice de sensibilité $\mathrm{SI}_2$

est une fonction croissante de $w$, alors que les indices $SI_1$ et $SI_{1,2}$ sont des fonctions décroissantes : dans le cas d'un apport nutritif non négligeable, l'influence du coefficient de régression sur la sortie du modèle devient prépondérante.

## 5.3  Usages pratiques des indices de sensibilité

La décomposition de la variance présentée dans la section précédente permet d'associer un indice de sensibilité à chaque terme factoriel. En pratique, certains indices ou certaines combinaisons d'indices présentent plus d'intérêt que d'autres.

### 5.3.1  Indices de $1^{er}$ ordre et classement prioritaire des entrées

Les indices de sensibilité de $1^{er}$ ordre sont ceux associés aux effets principaux. Ils sont étudiés en priorité, d'une part parce qu'ils expliquent souvent une part majeure de la variabilité en sortie, d'autre part parce que ce sont les plus faciles à calculer ou à estimer, enfin parce qu'ils possèdent une interprétation intéressante en termes de probabilités conditionnelles. D'après l'équation (5.3), l'indice de sensibilité de $1^{er}$ ordre de $X_i$ vérifie en effet

$$SI_i = \frac{\mathbb{V}\mathrm{ar}\big(\mathbb{E}(Y|X_i)\big)}{\mathbb{V}\mathrm{ar}(Y)} = 1 - \frac{\mathbb{E}\big(\mathbb{V}\mathrm{ar}(Y|X_i)\big)}{\mathbb{V}\mathrm{ar}(Y)}.$$

Si l'on fixe $X_i$, alors la variance de $Y$ est égale à $\mathbb{E}\big(\mathbb{V}\mathrm{ar}(Y|X_i)\big)$ et elle est donc réduite en moyenne d'un facteur $1 - SI_i$ d'après la seconde relation ci-dessus. On en déduit que l'entrée $X_i$ dont l'indice de sensibilité de $1^{er}$ ordre est le plus élevé, est aussi celle dont une connaissance parfaite diminuera le plus la variance (ou l'incertitude) de $Y$.

Les indices de $1^{er}$ ordre permettent donc d'effectuer ce que Saltelli *et al.* [176] appellent *factor prioritization*, c'est-à-dire le classement des entrées par ordre de priorité. Il s'agit de déterminer quelles sont les entrées dont il faut réduire l'incertitude en priorité pour réduire l'incertitude sur $Y$. Ce sont bien les $X_i$ dont les indices de $1^{er}$ ordre $SI_i$ sont les plus élevés qu'il faut sélectionner.

## 5.3.2 Indices totaux et choix des entrées à fixer

Bien que les effets principaux jouent un rôle privilégié, les interactions influentes sur la sortie sont également très importantes à détecter. Lorsque le nombre $K$ d'entrées augmente, le nombre d'interactions devient très élevé : $K(K-1)/2$ interactions doubles ; $2^K - K$ interactions en tout. Il est donc utile, en pratique, de regrouper certains indices pour faciliter leur interprétation.

Considérons le cas de trois facteurs, pour rester dans un cas simple. Il y a alors 7 indices de sensibilité : 3 pour les effets principaux, 3 pour les interactions entre deux facteurs, 1 pour l'interaction entre les 3 facteurs (Figure 5.1). Une première façon de regrouper des indices consiste à sommer ceux qui sont associés à une même entrée (Figure 5.2).

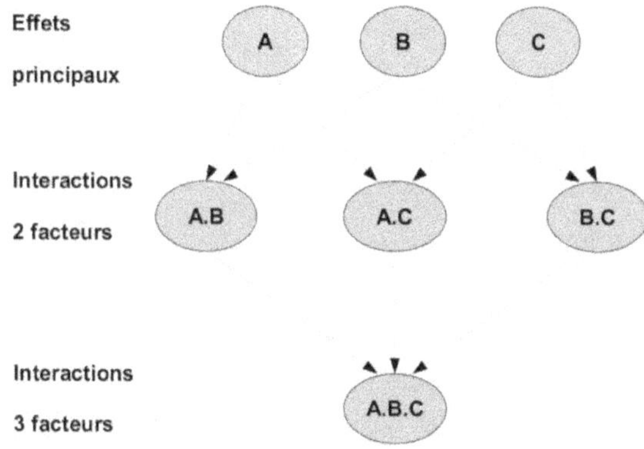


FIGURE 5.1 – Termes factoriels dans le cas de trois entrées $A$, $B$ et $C$.

**Définition 8.** L'indice de sensibilité total $\mathrm{TSI}_i$ de l'entrée $X_i$ est défini comme la somme des indices associés à l'effet principal de $X_i$ et à toutes les interactions entre $X_i$ et d'autres entrées.

L'indice de sensibilité total de $X_i$ vérifie

$$\mathrm{TSI}_i = \frac{\mathbb{E}\big(\mathbb{V}\mathrm{ar}(Y|X_{-i})\big)}{\mathbb{V}\mathrm{ar}(Y)} = 1 - \frac{\mathbb{V}\mathrm{ar}\big(\mathbb{E}(Y|X_{-i})\big)}{\mathbb{V}\mathrm{ar}(Y)}$$

où $X_{-i}$ désigne l'ensemble des facteurs à l'exclusion de $X_i$. Si l'on fixe tous les facteurs sauf $X_i$, alors la variance de $Y$ devient $\mathbb{V}\mathrm{ar}(Y|X_{-i})$.

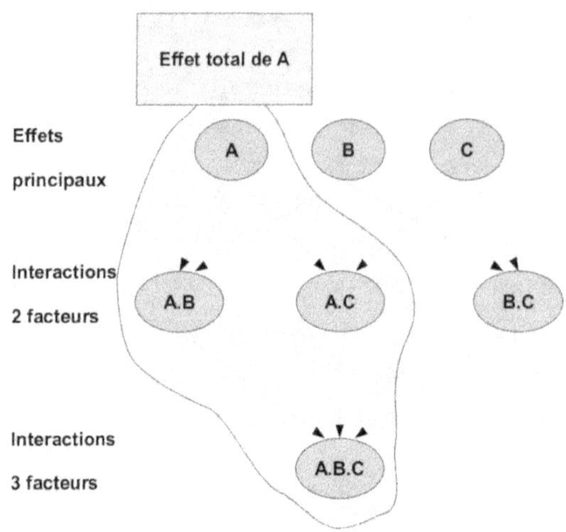


FIGURE 5.2 – Termes factoriels composant l'indice de sensibilité total de l'entrée $A$.

D'après la première égalité, la sensibilité totale mesure donc la variance moyenne de $Y$ quand toutes les entrées sauf $X_i$ sont fixées.

Les indices totaux permettent d'effectuer ce que Saltelli *et al.* [176] appellent *factor fixing*, c'est-à-dire le choix des entrées à fixer. Les indices de sensibilité totaux $TSI_i$ très faibles correspondent en effet aux entrées que l'on peut fixer arbitrairement sans modifier sensiblement le comportement du modèle, quelles que soient les valeurs des autres entrées.

### 5.3.3  Indices de groupes et découpage de la variance

Certaines entrées $X_i$ relèvent parfois d'un même aspect du phénomène modélisé. Ce sont par exemple les paramètres associés à un même composant du modèle global. Lorsque le nombre total d'entrées est élevé, il est utile de regrouper les indices de sensibilité associés à de tels groupes d'entrées.

**Définition 9.** Soit $S$ un groupe d'entrées $X_{i_1}, \ldots, X_{i_m}$,
– l'indice de sensibilité de $1^{\text{er}}$ ordre $SI_S$ est la somme des indices de sensibilité des termes factoriels ne contenant que des entrées appartenant à $S$ ;
– l'indice de sensibilité total $TSI_S$ est la somme des indices de sensibilité des termes factoriels contenant au moins une entrée appartenant à $S$.

Les indices de sensibilité associés à des groupes sont illustrés sur les figures 5.3 et 5.4, mais ces indices sont surtout intéressants lorsque le nombre d'entrées est beaucoup plus élevé que trois. Les propriétés ci-dessous rassemblent quelques relations intéressantes entre indices de groupes.

**Propriété 7.** Les indices de sensibilité associés à un groupe d'entrées $S$ et à son complémentaire noté $-S$ vérifient :

$$SI_S + TSI_{-S} = 1.$$

En particulier, quand $S$ contient une seule entrée $X_i$,

$$SI_i = 1 - TSI_{-i} \quad \text{et} \quad TSI_i = 1 - SI_{-i}.$$

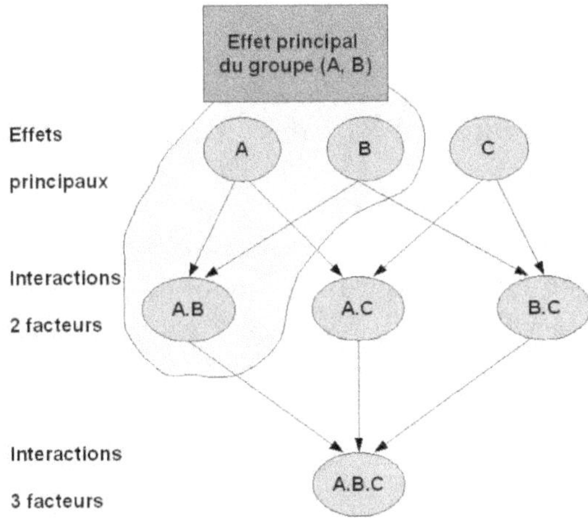


FIGURE 5.3 – Termes factoriels composant l'indice de sensibilité de 1$^{\text{er}}$ ordre du groupe d'entrées $A, B$.

Les indices de groupes permettent d'effectuer ce que Saltelli *et al.* [176] appellent *variance cutting*, c'est-à-dire le découpage de la variance. L'objectif est la réduction de la variance de $Y$ comme dans le cas du classement prioritaire, mais cette fois-ci on recherche le plus petit groupe d'entrées qu'il faut connaître avec certitude pour abaisser la variance de $Y$ sous un certain seuil de tolérance. C'est le groupe $S$ dont l'indice de sensibilité de 1$^{\text{er}}$ ordre est le plus élevé qu'il faut privilégier.

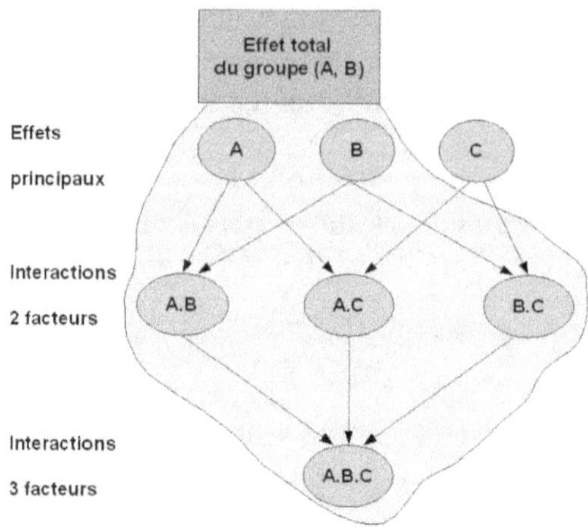


FIGURE 5.4 – Termes factoriels composant l'indice de sensibilité total du groupe d'entrées $A, B$.

## 5.3.4  Cartographie de l'effet des entrées (Factor Mapping)

Les indices de sensibilité permettent une quantification globale de l'influence des entrées et de leurs interactions, avec la possibilité d'en tirer des conséquences pratiques comme nous venons de le voir. En pratique, on représente souvent les indices de sensibilité par des graphiques en bâtons comme ceux présentés dans le paragraphe 5.3.6.

Pour aller au-delà du calcul d'indices, il est utile de cartographier l'effet des facteurs les plus influents, c'est-à-dire de représenter graphiquement les variations de $Y$ en fonction des entrées. Saltelli *et al.* [176] appellent *factor mapping* ce type d'études. Cela relève de méthodes graphiques et de métamodélisation exposées dans le chapitre 6.

## 5.3.5  Indices de sensibilité pour des sorties multivariées

Les méthodes d'analyse de sensibilité sont généralement définies pour une seule variable de sortie. Hors un modèle produit souvent une série de réponses pour chaque simulation. Dans ce cas, il est bien sûr possible d'utiliser une méthode pour sorties univariées en l'appliquant variable par variable, mais il est également intéressant de disposer de méthodes traitant explicitement les séries de réponses (Campbell *et al.* [16]).

Plusieurs travaux récents se sont intéressés à cette question. Les solutions proposées consistent généralement à appliquer une technique de réduction de dimension aux sorties, puis à effectuer des analyses de sensibilité univariées sur les coefficients issus de cette technique. Dans Lamboni *et al.* [108], une telle approche est proposée, basée sur des plans d'expérience factoriels et sur l'analyse en composantes principales (ACP) pour la réduction de dimension. L'approche est généralisée à d'autres méthodes d'échantillonnage par Lamboni *et al.* [109]. Des approches plus élaborées de modélisation des sorties sont proposées par exemple par Fang *et al.* [53] et Auder *et al.* [2]. Marrel *et al.* [132] s'intéressent au cas d'un modèle dont les sorties sont réparties dans l'espace.

### 5.3.6   Illustration sur un modèle de culture du blé

Tout comme dans le chapitre 4, nous illustrons l'usage des indices de sensibilité par l'étude du modèle WWDM (Winter Wheat Dry Matter) décrit en détail par Monod *et al.* [138] et Lamboni *et al.* [108]. Ce modèle dynamique prédit la variation journalière de matière sèche d'une culture de blé sur 223 jours, du semis à la récolte, en fonction de variables climatiques (température et rayonnement). Pour cette illustration, l'analyse de sensibilité porte sur 7 paramètres d'entrée.

Dans un premier temps, les indices de sensibilité sont calculés séquentiellement sur les sorties dynamiques journalières du modèle (Figure 5.5). Le calcul des indices a ici été réalisé par analyse de variance sur les résultats d'un plan factoriel (cf. Chapitre 4), mais la présentation serait la même pour les méthodes d'estimation présentées dans la suite de ce chapitre.

Ce graphique met en évidence de façon synthétique l'évolution au cours du temps de la sensibilité aux différents paramètres du modèle. Notons qu'il représente les indices de sensibilité de 1$^{er}$ ordre et deux groupes d'indices de sensibilité : celui des interactions entre paires de facteurs et celui des interactions entre trois facteurs ou plus. Il s'agit d'une autre façon de grouper les indices par rapport à celle présentée dans le paragraphe 5.3.3.

Dans un second temps, une ACP est effectuée sur le tableau des sorties du modèle (simulations en lignes et sorties journalières en colonnes). Les trois premières composantes principales expliquent respectivement 74%, 23% et 3% de la variabilité entre les séries de sorties journalières, ce qui montre l'intérêt de les étudier en tant que telles, surtout les deux premières. Puis des analyses de sensibilité univariées sont effectuées sur les trois premières composantes principales des sorties.

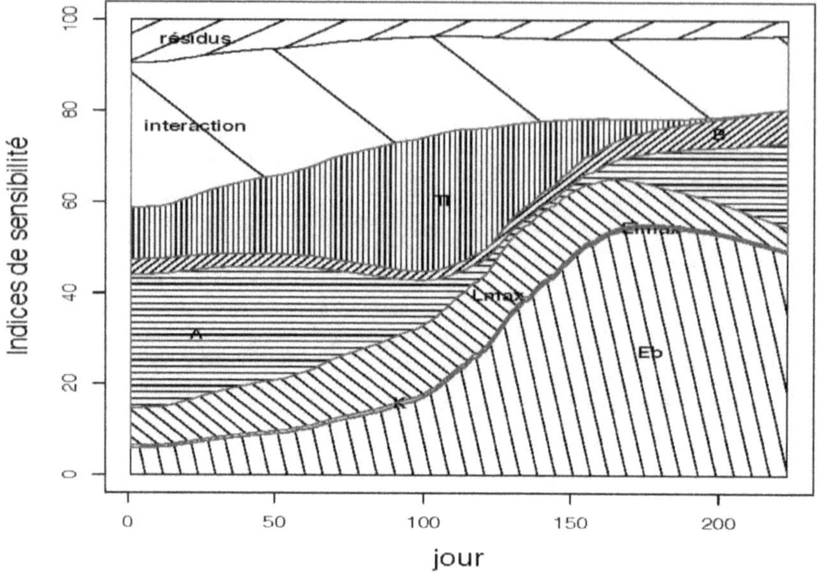


FIGURE 5.5 – ( d'après Lamboni *et al.* [108] ) - Indices de sensibilité du modèle de culture WWDM, calculés séquentiellement sur chaque variable de sortie du modèle associée à un jour donné : abscisses, jours 1 à 223 des simulations ; ordonnées, indices de sensibilité en pourcentages de la variation globale. La composante résiduelle correspond à la somme des interactions entre au moins trois paramètres.

Dans les graphiques en *bar-plot* résultant de ce type d'analyse, il y a une barre par entrée. Pour chaque entrée $X_j$, la longueur de la partie foncée correspond à l'indice de $1^{er}$ ordre $\widehat{SI}_j$, et la longueur de la partie claire correspond aux interactions, la longueur totale donnant donc la valeur de l'indice total $\widehat{TSI}_j$.

D'après la figure 5.3.6, la première composante (PC1) reflète le comportement moyen du modèle sur les 223 jours, alors que la seconde composante (PC2) reflète le contraste entre le début et la fin de la période étudiée. La figure 5.3.6 présente les indices de sensibilité de $1^{er}$ ordre et totaux obtenus par analyses de sensibilité sur les trois premières composantes principales. On constate que les paramètres ont des influences très différentes entre les différentes composantes, intéressantes à interpréter pour le modélisateur ou pour un spécialiste du domaine.

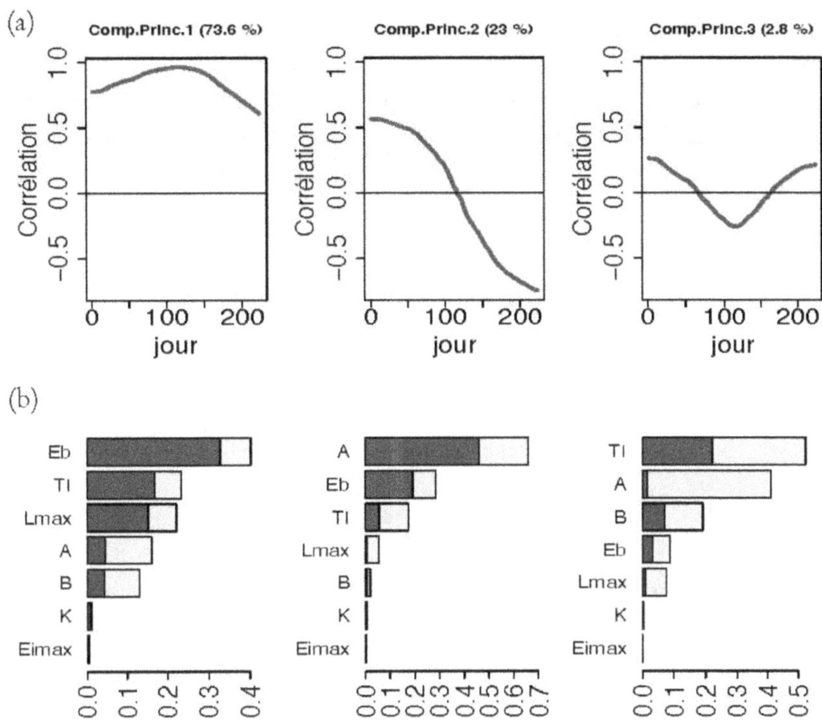

FIGURE 5.6 – ( d'après Lamboni *et al.* [108] ) - Indices de sensibilité du modèle de culture WWDM, calculés sur les trois premières composantes principales d'une ACP. De gauche à droite : 1$^{\text{ère}}$, 2$^{\text{e}}$ et 3$^{\text{e}}$ composantes principales; (a) coefficients de corrélation (en ordonnée) entre la composante principale et la sortie du jour $j$ (en abscisse); (b) diagrammes en bâtons des indices de sensibilité (indices de 1$^{\text{er}}$ ordre en foncé, indices totaux en foncé + clair).

## 5.4  Méthodes d'estimation des indices de sensibilité

En général, les indices de sensibilité ne sont pas calculables analytiquement. Il faut les calculer à partir de simulations du modèle $\mathscr{G}(x_1,\ldots,x_K)$ sous sa version codée FC$(x_1,\ldots,x_K)$. On peut considérer qu'il s'agit d'un pur problème de calcul numérique, puisque les indices de sensibilité sont définis à partir d'intégrales multiples. Mais les méthodes classiques d'intégration numérique ne sont pas applicables directement si $K$ dépasse la dizaine d'entrées. Les travaux récents posent donc plutôt le calcul d'indices comme un problème d'échantillonnage (choix des simulations à effectuer) et d'estimation statistique (calcul d'indices à partir des simulations, évaluation de leur précision).

Le paragraphe 5.4.1 a pour but de montrer que le choix du plan d'échantillonnage et de la méthode d'estimation dépend fortement des hypothèses que l'on pose sur le modèle à étudier. Un plan d'expérience composé d'un petit nombre de simulations peut donner des estimations précises à condition que l'analyse repose sur des hypothèses ou des approximations justifiées sur le modèle. Si l'on refuse de faire de telles hypothèses, il faut générer un plus grand nombre de simulations et bien les répartir sur les intervalles d'incertitude.

Dans les sections suivantes, nous présentons plusieurs méthodes d'estimation des indices de sensibilité, en commençant par celles qui reposent sur le moins d'hypothèses sur le modèle et qui, en pratique, nécessitent le plus grand nombre de simulations.

## 5.4.1 Poids des hypothèses sur le modèle : illustration dans le cas de deux facteurs d'entrée

### Cas du modèle bilinéaire

Considérons un modèle $\mathcal{G}$ à deux entrées et supposons qu'il est bilinéaire, c'est-à-dire de la forme

$$\mathcal{G}(x_1, x_2) = f_0 + a(x_1 - 1/2) + b(x_2 - 1/2) + c(x_1 - 1/2)(x_2 - 1/2)$$

avec $f_0$, $a$, $b$ et $c$ des paramètres connus. Pour ce modèle très régulier, les indices de sensibilité se calculent analytiquement et valent, pour $x_1$ et $x_2$ tels que $x_1, x_2 \in [0, 1]$ :

$$\mathrm{SI}_1 = \frac{a^2}{S} \ , \ \ \mathrm{SI}_2 = \frac{b^2}{S} \ , \ \ \mathrm{SI}_{\{1,2\}} = \frac{c^2/12}{S}$$

avec $S = a^2 + b^2 + c^2/12$. Considérons le plan d'expérience composé de quatre simulations en

$$(x_1, x_2) \in \{(0,0), (0,1), (1,0), (1,1)\}$$

et notons $y_{x_1 x_2}$ les quatre sorties obtenues. Alors on peut montrer que

$$\mathrm{SI}_1 = \frac{\hat{a}^2}{\hat{S}} \ , \ \ \mathrm{SI}_2 = \frac{\hat{b}^2}{\hat{S}} \ , \ \ \mathrm{SI}_{\{1,2\}} = \frac{\hat{c}^2/12}{\hat{S}}$$

avec

$$\hat{a} = (y_{00} - y_{0\bullet})^2 + (y_{01} - y_{0\bullet})^2 + (y_{10} - y_{1\bullet})^2 + (y_{10} - y_{1\bullet})^2$$

$$\hat{b} = (y_{00} - y_{\bullet 0})^2 + (y_{10} - y_{\bullet 0})^2 + (y_{01} - y_{\bullet 1})^2 + (y_{11} - y_{\bullet 1})^2$$

$$\hat{c} = \frac{1}{4}\Big( \sum_{x_1=0}^{1} \sum_{x_2=0}^{1} (y_{x_1 x_2} - y_{x_1 \bullet} - y_{\bullet x_2} + y_{\bullet\bullet}) \Big)^2$$

$$\hat{S} = \hat{a}^2 + \hat{b}^2 + \hat{c}^2/12$$

où la notation "$\bullet$" signifie que l'on prend la moyenne par rapport à l'indice de même position. Sous l'hypothèse que le modèle est bilinéaire, il est donc possible, en quatre simulations seulement, de calculer les indices de sensibilité de façon exacte.

Plus généralement, si l'on suppose que le modèle est bien approximé par un développement polynomial de degré $q$, un plan factoriel complet avec $q + 1$ niveaux par facteur permet d'estimer les paramètres du développement polynomial et d'en déduire les indices de sensibilité. D'autres possibilités sont fournies par la méthodologie des surfaces de réponse (Myers *et al.* [144]) ou par la métamodélisation, qui sera développée dans le chapitre 6.

### Cas de l'absence d'hypothèse préalable sur le modèle

Supposons maintenant que l'on n'effectue aucune hypothèse sur le modèle, excepté qu'il vérifie la décomposition de Sobol :

$$\mathcal{G}(x_1, x_2) = f_0 + f_1(x_1) + f_2(x_2) + f_{12}(x_1, x_2).$$

Pour prendre en compte la diversité de comportements que peut avoir le modèle, il faut parcourir de façon beaucoup plus intensive les domaines de variation $[0, 1]$ de $X_1$ et de $X_2$. C'est ce que font les différentes variantes des méthodes de Sobol et FAST, que nous présentons maintenant.

### 5.4.2 Estimation par la méthode de Sobol

La méthode de calcul d'indices que nous présentons dans cette section a été proposée à l'origine par Sobol [194]. C'est une méthode dite "model-free", c'est-à-dire qu'elle ne repose sur aucune hypothèse sur le modèle hormis que l'espérance et la variance de $Y$ sont finies. Le prix à payer d'une telle méthode est qu'elle exige un très grand nombre de simulations pour être précise, de l'ordre typiquement de la dizaine de milliers par entrée, voir le chapitre 2. Elle n'en reste pas moins intéressante pour des modèles peu coûteux en temps calcul, de par sa robustesse aux hypothèses. Pour des modèles coûteux en temps calcul, plusieurs auteurs proposent de l'appliquer aux sorties d'un métamodèle préalablement ajusté à des données de simulation en nombre raisonnable (*e.g.* Janon *et al.* [87] ; voir aussi le chapitre 6).

De nombreuses variantes ont été proposées, en particulier, par Jansen [89], Homma et Saltelli [77], Saltelli [172]. La méthode fait encore l'objet de développements et de propositions d'améliorations (Saltelli *et al.* [174] ; Janon *et al.* [87]). La version présentée ici repose en grande partie sur ces deux dernières références. Nous l'appellerons dans la suite méthode de Sobol-Saltelli. Comme dans Saltelli *et al.* [174], le but est l'estimation des indices de $1^{er}$ ordre et des indices totaux.

## Principe

Considérons un groupe d'entrées $S$. Pour calculer les indices de sensibilité $\text{SI}_S$ et $\text{TSI}_S$, les méthodes de cette section font appel à des simulations appariées, au sens que l'on calcule $\mathcal{G}(\mathbf{x})$ pour des paires de scénarios qui ne diffèrent que par le sous-ensemble $S$ d'entrées ou par le complémentaire de $S$. Les différences observées sur $Y$ sont alors attribuables sans ambiguïté aux seuls facteurs qui ont varié.

Notons $(\mathbf{x}_S, \mathbf{x}^A_{-S})$ et $(\mathbf{x}_S, \mathbf{x}^B_{-S})$ deux scénarios aléatoires dont les valeurs sont égales pour toutes les entrées $X_i \in S$ (sous-vecteur $\mathbf{x}_S$) et indépendantes pour toutes les $X_i, i \notin S$ (sous-vecteurs $\mathbf{x}^A_{-S}$ et $\mathbf{x}^B_{-S}$). Réciproquement, notons $(\mathbf{x}^A_S, \mathbf{x}_{-S})$ et $(\mathbf{x}^B_S, \mathbf{x}_{-S})$ deux scénarios aléatoires dont les valeurs sont égales pour toutes les entrées $X_i \notin S$ et indépendantes pour toutes les $X_i, i \in S$.

On note $Y^A_S = \mathcal{G}(\mathbf{x}_S, \mathbf{x}^A_{-S})$ et $Y^B_S = \mathcal{G}(\mathbf{x}_S, \mathbf{x}^B_{-S})$.

**Propriété 8.** Les variables aléatoires $Y^A_S$ et $Y^B_S$ ont la même loi de probabilité et sont corrélées. Elles vérifient

$$\mathbb{C}\text{ov}(Y^A_S, Y^B_S) = \mathbb{V}\text{ar}\big(\mathbb{E}(Y|X_S)\big).$$

Cette propriété permet de définir un estimateur de $\text{SI}_S$. En effet, la covariance à gauche de l'égalité peut être estimée par la covariance empirique entre deux vecteurs de composantes $(Y^A_S)_j$ et $(Y^B_S)_j$, que l'on obtient en simulant $\mathcal{G}$ pour $N$ paires de scénarios $(\mathbf{x}_S, \mathbf{x}^A_{-S})_j$ et $(\mathbf{x}_S, \mathbf{x}^B_{-S})_j$, avec $j = 1, \dots, N$.

D'après la propriété, cette covariance est égale à la variance conditionnelle qui est au numérateur de $\text{SI}_S$. On en déduit (Janon *et al.* [87]) :

$$\widehat{\text{SI}}_S = \frac{\frac{1}{N}\sum_{j=1}^{N}(Y_S^A)_j(Y_S^B)_j - \widehat{f_0}^2}{\widehat{\sigma^2}}$$

avec $\widehat{f_0} = (1/2N)\sum_{j=1}^{N}\left((Y_S^A)_j + (Y_S^B)_j\right)$ et $\widehat{\sigma^2} = (1/2N)\sum_{j=1}^{N}\left((Y_S^A)_j^2 + (Y_S^B)_j^2\right) - \widehat{f_0}^2$, estimateurs respectifs de $\mathbb{E}(Y) = f_0$ et de $\mathbb{V}\text{ar}(Y)$.

On note $Y_{-S}^A = \mathscr{G}(\mathbf{x}_S^A, \mathbf{x}_{-S})$ et $Y_{-S}^B = \mathscr{G}(\mathbf{x}_S^B, \mathbf{x}_{-S})$.

**Propriété 9.** Les variables aléatoires $Y_{-S}^A$ et $Y_{-S}^B$ ont la même loi de probabilité et sont corrélées. Elles vérifient

$$\frac{1}{2}\mathbb{E}\left(Y_{-S}^A - Y_{-S}^B\right)^2 = \mathbb{E}\left(\mathbb{V}\text{ar}(Y|X_{-S})\right).$$

On reconnaît à droite le numérateur de $\text{TSI}_S$. On en déduit l'estimateur

$$\widehat{\text{TSI}}_S = \frac{1}{2N}\frac{\sum_{j=1}^{N}\left((Y_S^A)_j - (Y_S^B)_j\right)^2}{\widehat{\sigma^2}}.$$

Si l'on combine les deux propriétés, nous venons de montrer qu'avec des triplets d'échantillons $(\mathbf{x}_S^A, \mathbf{x}_{-S}^A)_j, (\mathbf{x}_S^A, \mathbf{x}_{-S}^C)_j, (\mathbf{x}_S^B, \mathbf{x}_{-S}^C)_j$, il est possible d'estimer $\text{SI}_S$ et $\text{TSI}_S$. Il reste à appliquer ce principe simultanément à l'ensemble des entrées. Comme on s'intéresse aux entrées individuelles, les groupes $S$ qui nous intéressent sont les singletons $\{X_i\}$.

### Échantillonnage et calcul des indices

La méthode de Sobol-Saltelli requiert $N(K+2)$ simulations du modèle, avec $N$ un nombre déterminé par l'utilisateur (voir plus bas). Elle suit les étapes suivantes :

1. Tirage aléatoire par Monte Carlo ou quasi-Monte Carlo de deux échantillons indépendants de taille $N$ dans $D$. Les échantillons sont stockés dans deux matrices $X_A$ et $X_B$ de dimension $N \times K$ :

$$X_A = \begin{pmatrix} \mathbf{x}_{A;1,1} & \cdots & \mathbf{x}_{A;1,K} \\ \vdots & \vdots & \vdots \\ \mathbf{x}_{A;N,1} & \cdots & \mathbf{x}_{A;N,K} \end{pmatrix}, \; X_B = \begin{pmatrix} \mathbf{x}_{B;1,1} & \cdots & \mathbf{x}_{B;1,K} \\ \vdots & \vdots & \vdots \\ \mathbf{x}_{B;N,1} & \cdots & \mathbf{x}_{B;N,K} \end{pmatrix}.$$

Plutôt qu'un tirage aléatoire, Saltelli *et al.* [174, 176] recommandent d'utiliser pour $(X_A, X_B)$ une suite quasi-aléatoire de Sobol [193] (cf. Chapitre 3).

2. Pour chaque facteur $X_i$, $i = 1, \ldots, K$, construction, à partir de $X_A$ et $X_B$, d'une nouvelle matrice d'échantillons $X_{C,i}$ :

$$X_{C,i} = \begin{pmatrix} \mathbf{x}_{A;1,1} & \cdots & \mathbf{x}_{A;1,i-1} & \mathbf{x}_{B;1,i} & \mathbf{x}_{A;1,i+1} & \cdots & \mathbf{x}_{A;1,K} \\ \vdots & \vdots & \vdots & \vdots & \vdots & \vdots & \vdots \\ \mathbf{x}_{A;N,1} & \cdots & \mathbf{x}_{A;N,i-1} & \mathbf{x}_{B;N,i} & \mathbf{x}_{A;N,i+1} & \cdots & \mathbf{x}_{A;N,K} \end{pmatrix}.$$

Cette matrice $X_C$ correspond à la matrice $X_A$ sur laquelle la $i$-ème colonne a été remplacée par la $i$-ème colonne de la matrice $X_B$. Ainsi le scénario de $X_{C,i}$ en ligne $j$ a les mêmes valeurs d'entrées que le scénario de $A$ en ligne $j$ à l'exception de sa $i$-ème entrée, et inversement pour le scénario de $B$ en ligne $j$.

3. Calcul de $Y = \mathscr{G}(x_1, \ldots, x_K)$ pour les $N(K+2)$ scénarios, soit

$$\begin{pmatrix} y_{A;1} \\ \vdots \\ y_{A;N} \end{pmatrix}, \begin{pmatrix} y_{B;1} \\ \vdots \\ y_{B;N} \end{pmatrix}, \begin{pmatrix} y_{C,1;1} \\ \vdots \\ y_{C,1;N} \end{pmatrix}, \ldots, \begin{pmatrix} y_{C,K;1} \\ \vdots \\ y_{C,K;N} \end{pmatrix}.$$

On note $y_A, y_B, y_{C,i}$, pour $i = 1, \ldots, K$, les vecteurs des $N$ réponses obtenues.

4. Calcul de $\widehat{f_0}$ par la moyenne empirique du vecteur $(y_A, y_B, y_{C,1}, \ldots, y_{C,K})$ et calcul de $\widehat{\sigma^2}$ par la moyenne des variances empiriques de $y_A$, de $y_B$, de $y_{C,1}, \ldots,$ de $y_{C,K}$ :

$$\widehat{\sigma^2} = \frac{1}{K+2}\left(\mathbb{V}\mathrm{ar}(y_A) + \mathbb{V}\mathrm{ar}(y_B) + \mathbb{V}\mathrm{ar}(y_{C,1}) + \ldots + \mathbb{V}\mathrm{ar}(y_{C,K})\right).$$

5. Pour chaque entrée $X_i$, $i = 1, \ldots, K$, estimation des indices de $X_i$ par les formules :

$$\widehat{\mathrm{SI}}_i = \frac{\langle y_A, y_{C,i} \rangle / N - \widehat{f_0}^2}{\widehat{\sigma^2}}$$

$$\widehat{\mathrm{TSI}}_i = \frac{1}{2N} \frac{\left\| y_A - y_{C,i} \right\|^2}{\widehat{\sigma^2}}$$

où $\langle u, v \rangle = \sum_{i=1}^{N} u_i v_i$ et $\|u - v\|^2 = \sum_{i=1}^{N} (u_i - v_i)^2$ désigne la norme quadratique du vecteur $u - v$.

Il faut noter que ces estimateurs de $SI_i$ et $TSI_i$ peuvent sortir de l'intervalle $[0, 1]$. En pratique, à moins d'un nombre très élevé de simulations ou de l'introduction de contraintes dans les différences de sommes de carrés servant à calculer les estimateurs, il est fréquent d'avoir $\widehat{SI}_i < 0$ pour les entrées dont l'indice de $1^{er}$ ordre est peu élevé. Inversement, pour les entrées d'indice total élevé, on peut avoir $\widehat{TSI}_i > 1$. On peut également avoir, pour une même entrée, $\widehat{SI}_i > \widehat{TSI}_i$, ce qui est impossible pour les indices exacts. Evaluer la précision des estimateurs est donc particulièrement important lorsqu'on applique la méthode de Sobol-Saltelli. Par ailleurs, des améliorations des formules ont été récemment proposées (Sobol *et al.* [196], Saltelli *et al.* [174], Janon *et al.* [87]) et mises en œuvre dans le package sensitivity.

## Évaluation de la précision par bootstrap

La précision des indices de sensibilité estimés par la méthode de Sobol-Saltelli dépend du nombre de simulations effectuées (à travers le nombre $N$), du nombre de facteurs étudiés et de la complexité du modèle (non linéarités, effets seuils, interactions entre facteurs). Comme nous l'avons déjà souligné, la méthode nécessite un nombre élevé de simulations, avec des valeurs de $N$ de l'ordre du millier voire de la dizaine de milliers.

Plutôt que de se fier à de tels ordres de grandeur qui n'ont de sens que dans des contextes particuliers, il est important de pouvoir apprécier la précision des estimations dans chaque cas d'étude. Le bootstrap en fournit les moyens. Le principe, appliqué à la méthode de Sobol-Saltelli, est le suivant :

1. Pour $b = 1,\ldots,n_b$, où $n_b$ est choisi arbitrairement (quelques dizaines à quelques centaines, typiquement),
   - effectuer un tirage aléatoire avec remise d'un échantillon de taille $N$ dans les indices de ligne des matrices $A$ et $B$, c'est-à-dire dans $\{1,\ldots,N\}$ ; on obtient ainsi $N$ indices de lignes $(j_1^{(b)},\ldots,j_N^{(b)})$ avec répétitions ;
   - calculer les vecteurs $y_A^{(b)}, y_B^{(b)}, y_{C,i}^{(b)}$, $i = 1,\ldots,K$, par extraction des coordonnées $(j_1^{(b)},\ldots,j_N^{(b)})$ dans les vecteurs $y_A, y_B, y_{C,i}$. On obtient ainsi un échantillon bootstrap des quantités obtenues à l'issue de l'étape 3 de la méthode de Sobol-Saltelli ;
   - appliquer à $y_A^{(b)}, y_B^{(b)}, y_{C,i}^{(b)}$ les étapes 4 à 6 de la méthode Sobol-Saltelli pour obtenir des indices $SI_i^{(b)}$ et $TSI_i^{(b)}$ ;

2. exploiter la distribution empirique des indices $\mathrm{SI}_i^{(b)}$, pour $b = 1, \dots,$ $n_b$ pour estimer le biais, la variance, et des intervalles de confiance sur chacun des indices $\mathrm{SI}_i$ ou ses dérivés.

La procédure proposée respecte la structure d'échantillonnage de la méthode de Sobol-Saltelli et elle ne nécessite pas de simulation supplémentaire du modèle $\mathcal{G}$. En toute rigueur, elle n'est valide que si l'échantillonnage utilisé dans l'étape 1 pour construire les matrices $A$ et $B$ a été réalisé par des tirages de Monte Carlo.

### Mise en œuvre pratique : code **R**

Sous **R**, la méthode de Sobol-Saltelli est implémentée dans le package de **R** sensitivity (Pujol *et al.* [157]). Elle ne gère pas le tirage aléatoire des matrices $A$ et $B$, laissé à l'initiative de l'utilisateur. Le script ci-dessous est une application au modèle WWDM. Il utilise la fonction wwdm.simule du package ECmexico2012 (Monod [136]).

1. Générer les matrices $X_A$ et $X_B$ (tirage par hypercube latin) :

```
# charger les packages si ce n'est déja fait
  library(sensitivity)
  library(ECmexico2010)
# taille des deux échantillons de base
  n <- 1000
# tirages uniformes entre -1 et +1
  set.seed(76378)
  A <- matrix(runif(7 * n), nrow=n)
  B <- matrix(runif(7 * n), nrow=n)
# adaptation aux domaines d'incertitude des facteurs
  borninf <- wwdm.factors$binf[1:7]
  bornsup <- wwdm.factors$bsup[1:7]
  matinf <- matrix( rep(wwdm.factors$binf[1:7],
            rep(1000,7), nrow=1000, ncol=7 )
  wwdm.A <- matinf + A %*% diag(bornsup - borninf)
  wwdm.B <- matinf + B %*% diag(bornsup - borninf)
```

2. Appliquer la méthode de Sobol-Saltelli avec bootstrap :

```
# utilisation de la fonction sobol2002
   wwdm.sobol <- sobol2002(model=wwdm.simule,
                           X1=wwdm.A, X2=wwdm.B,
                           nboot=20,
                           year=3)
# interprétation des résultats
   plot(wwdm.sobol)
```

### 5.4.3 Estimation par la méthode FAST

La méthode FAST, pour *Fourier Amplitude Sensitivity Test*, est inspirée de la décomposition de Fourier utilisée en théorie du signal et a été développée initialement pour analyser la sensibilité de systèmes de réaction chimique aux taux de réaction (Cukier *et al.* [32, 30]). C'est une méthode très utile pour calculer des indices de sensibilité lorsque les entrées sont continues. Elle demande en pratique nettement moins de simulations que la méthode de Sobol-Saltelli si le modèle présente un minimum de régularité, mais il faut compter tout de même quelques milliers de simulations en général.

Depuis son origine, des améliorations ont été apportées, conduisant notamment à la méthode *FAST étendu* (extended FAST ou eFAST, Saltelli *et al.* [181]), que nous allons présenter dans ses grandes lignes. Une évolution encore plus récente a été proposée par Tarantola *et al.* [202] sous le terme de *random balance design*. Une présentation synthétique, mais antérieure à cette dernière référence, est proposée dans Chan *et al.* [24]. Comme la méthode de Sobol, la méthode FAST continue à faire l'objet de travaux de recherche (*e.g.* Tissot et Prieur [204]).

Pour la méthode FAST, l'échantillonnage est défini sous la forme de trajectoires discrètes dans le domaine $D$ des entrées, parcourant l'intervalle de variation des différentes entrées avec des fréquences différentes. L'estimation des indices est ensuite effectuée par une analyse fréquentielle, en recherchant les entrées dont les variations sont en phase avec celles de la réponse.

Dans un premier temps, nous expliquons le principe de la méthode FAST en adoptant des notations inspirées de Tissot et Prieur [204]. Dans un second temps, nous présentons les trajectoires d'échantillonnage utilisées dans FAST. Enfin, nous montrons comment les méthodes FAST et eFAST utilisent de telles trajectoires. On suppose pour la présentation que les niveaux de tous les facteurs ont été codés pour varier dans $[0, 1]$ et on note $N_s$ la taille d'une trajectoire.

## Principe

La transformée de Fourier discrète d'une fonction $\mathscr{G}$ définie sur le domaine $D = [0, 1]^K$ donne la décomposition suivante, orthogonale au sens défini dans le paragraphe 5.2.2 :

$$\mathscr{G}(\mathbf{x}) = \sum_{\underline{\nu} \in \mathbb{Z}^K} f_{\underline{\nu}}^F(\mathbf{x}) \tag{5.5}$$

où $\underline{\nu} = (\nu_1, \ldots, \nu_K)$ est un vecteur de fréquences entières qui parcourt $\mathbb{Z}^K$ et où

$$f_{\underline{\nu}}^F(\mathbf{x}) = c_{\underline{\nu}}(\mathscr{G}) \exp(i\, 2\pi[\underline{\nu}, \mathbf{x}]) \tag{5.6}$$

avec

$$c_{\underline{\nu}}(\mathscr{G}) = \int_D \mathscr{G}(\mathbf{x}) \exp(-i\, 2\pi[\underline{\nu}, \mathbf{x}])\, d\mathbf{x}$$

et $[\underline{\nu}, \mathbf{x}] = \sum_{j=1}^K \nu_j x_j$. Cette décomposition est plus fine que celle de Sobol et de l'analyse de la variance fonctionnelle. En effet le terme $f_{\underline{\nu}}^F(\mathbf{x})$ ne dépend que de $[\underline{\nu}, \mathbf{x}]$ et donc des entrées $X_j$ associées à des fréquences $\nu_j$ non nulles. Par conséquent, pour chaque terme $f_U$ de la décomposition de Sobol, on a $f_U = \sum_{\underline{\nu}:U} f_{\underline{\nu}}^F(\mathbf{x})$ où la somme $\sum_{\underline{\nu}:U}$ est restreinte aux vecteurs $\underline{\nu}$ de fréquences $\nu_j$ non nulles pour toutes les entrées $X_j \in U$ et nulles pour toutes les entrées $X_j \notin U$.

L'orthonormalité de la décomposition de Fourier entraîne que

$$\mathbb{V}\mathrm{ar}(Y) = \sum_{U \subset \{1, \ldots, K\}} V_U \quad \text{avec} \quad V_U = \sum_{\underline{\nu}:U} \left| c_{\underline{\nu}}(\mathscr{G}) \right|^2.$$

Dans cette décomposition de la variance, chaque terme de l'analyse de la variance fonctionnelle est lui-même décomposé en la somme d'une infinité dénombrable de variances de composantes de Fourier.

Pour calculer les indices de sensibilité, la méthode FAST exploite cette décomposition en utilisant des valeurs approchées et tronquées des coefficients $c_{\underline{\nu}}(f)$. Le principe est de restreindre le développement (5.5) aux vecteurs $\underline{\nu}$ de basses fréquences et d'estimer les coefficients $c_{\underline{\nu}}(f)$ en approximant l'intégrale multiple de (5.6) par une somme discrète univariée le long d'une suite de scénarios, appelée trajectoire, déterminée grâce au théorème ergodique de Weyl [213].

## Calculs sur une trajectoire FAST

Dans la méthode FAST, l'échantillonnage est constitué d'une ou plusieurs trajectoires dans $D$. Chaque trajectoire est une suite de scénarios $\mathbf{x}_j = (x_{j,1}, \ldots, x_{j,K})$, pour $j = 1, \ldots, N$. Par défaut, elle est déterministe et définie par un jeu de fréquences $\boldsymbol{\omega} = (\omega_1, \ldots, \omega_K)$ associées aux $K$ entrées $X_i$. De façon optionnelle, un jeu aléatoire de paramètres de déphasage $\phi_i \in [0, 1[$ ($i = 1, \ldots, K$) peut être utilisé pour introduire de la variabilité dans les trajectoires.

Nous expliquerons le choix des fréquences $\boldsymbol{\omega}$ plus loin, car il dépend de la variante de FAST que l'on considère. Une fois ce choix effectué, la trajectoire est définie par

$$u_j = -\pi + 2\pi(j - 1/2)/N \quad \text{et} \quad x_{j,i} = g(\sin(\omega_i u_j + \phi_i)).$$

Les $u_j$ forment une suite de valeurs équi-espacées entre $-\pi$ et $\pi$. Les $x_{j,i}$, pour une entrée $X_i$ donnée, forment une suite de niveaux qui se répètent à une fréquence $\omega_i$. La fonction $g$ sert à assurer une répartition des entrées $X_i$ conforme à leur loi de probabilité. Pour une distribution uniforme sur $[0, 1]$, la transformation employée est $g(.) = \frac{1}{2} + \frac{1}{\pi} \arcsin(.)$.

A titre d'illustration, les trajectoires et les échantillons obtenus dans $[0, 1]^2$ sont représentés sur la figure 5.7, pour $\omega_1 = 2$ et $\omega_2 = 5$, $N = 50$ et $\phi_1 = \phi_2 = \pi/8$. En pratique, $N$ doit être nettement plus élevé.

Pour un entier $v$ donné, la composante spectrale de fréquence $v$ de la trajectoire est définie par

$$D_v = \left| \frac{1}{N} \sum_{j=1}^{N} \mathscr{G}(\mathbf{x}_j) \exp(-i\, v u_j) \right|^2 = A_v^2 + B_v^2$$

où

$$A_v = \frac{1}{N} \sum_{j=1}^{N} \mathscr{G}(\mathbf{x}_j) \cos(v u_j)$$

$$B_v = \frac{1}{N} \sum_{j=1}^{N} \mathscr{G}(\mathbf{x}_j) \sin(v u_j).$$

Notons que $A_v$ et $B_v$ désignent ici des nombres sans rapport avec les matrices $A$ et $B$ de la méthode de Sobol. Ces deux nombres sont des approximations discrètes des coefficients de Fourier de $Y_T = (\mathscr{G}(\mathbf{x}_1), \ldots, \mathscr{G}(\mathbf{x}_N))$

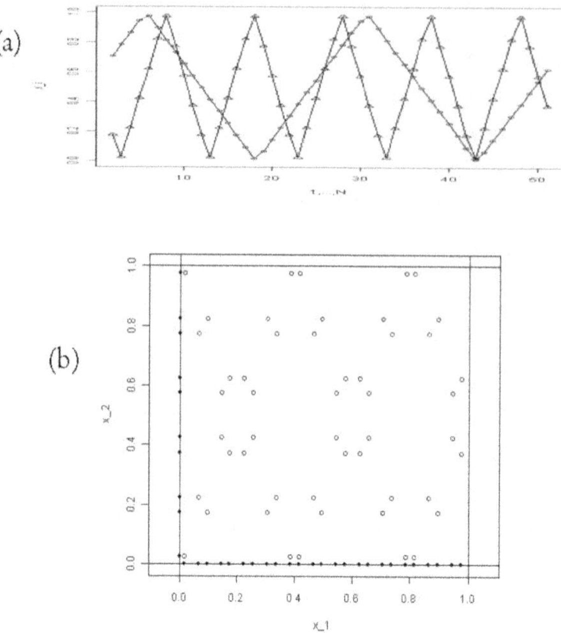


FIGURE 5.7 – Procédure d'échantillonnage de FAST : (a) trajectoires FAST des niveaux de deux facteurs $\mathbf{x}_1$ (ronds) et $\mathbf{x}_2$ (triangles) de fréquences $\omega_1 = 2$ et $\omega_2 = 5$, pour $N = 50$ et $\phi_1 = \phi_2 = \pi/8$ ; (b) échantillons $(x_1, x_2)$ obtenus.

le long de la trajectoire FAST, et $D_\nu$ peut être considéré comme un estimateur de $|c_\nu(\mathscr{G})|^2$, pour $\underline{\nu}$ tel que $[\underline{\nu}, \omega] = \nu$.

La variance empirique de $Y_T$ vérifie

$$\mathbb{V}\mathrm{ar}(Y_T) \;=\; \sum_{\nu=1}^{(N-1)/2} D_\nu^2 \text{ si } N \text{ est impair}$$

$$\mathbb{V}\mathrm{ar}(Y_T) \;=\; \sum_{\nu=1}^{(N-1)/2} D_\nu^2 + A_{N/2}^2 \text{ si } N \text{ est pair.}$$

La valeur de $S_\nu = D_\nu/(\sum D_\nu)$ est donc la proportion de $\mathbb{V}\mathrm{ar}(Y_T)$ associée à la fréquence $\nu$. Si $\nu$ correspond à la fréquence $\omega_i$ d'une entrée $X_i$ ou à une de ses harmoniques $m\omega_i$, alors $D_\nu$ mesure une partie de l'effet principal de $X_i$ sur la réponse du modèle. En pratique, on ne considère que les premières harmoniques et on mesure l'effet principal de $X_i$ par la somme des $D_{m\omega_i}$ sur les entiers $m$ compris entre 1 et une valeur maximale $M$ égal à 4 ou 6, généralement.

## Méthode FAST classique

La méthode FAST classique utilise une seule trajectoire et sert essentiellement à calculer des indices de sensibilité de $1^{er}$ ordre. Pour un nombre d'harmoniques prises en compte $M$ à fixer, l'indice de sensibilité principal de $X_i$ est estimé par :

$$\widehat{SI}_i = \frac{\sum_{m=1}^{M} D_{m\omega_k}}{\mathbb{V}ar(Y_T)}.$$

Pour éviter des confusions d'effets, les fréquences $\omega_i$ doivent être choisies de façon que $\sum_{i=1}^{K} c_i \omega_i \neq 0$, pour toutes valeurs entières de $c_i$ telles que $\sum_i |c_i| \leq M + 1$. Il faut également que la longueur de la trajectoire vérifie $N > 4\omega_{max} + 1$. Ces contraintes imposent un nombre élevé de simulations si le nombre de facteurs est lui-même élevé. Un algorithme récursif permettant de trouver de telles fréquences a été proposé par Cukier *et al.* [32]. Pour $K = 8$ facteurs, par exemple, les fréquences obtenues sont $\{23, 55, 77, 97, 107, 113, 121, 125\}$. Il faut au minimum effectuer $N_{min} = 501$ simulations.

## Méthode FAST étendue

Dans la méthode FAST étendue, on utilise une trajectoire par entrée, soit $K$ trajectoires au total. Dans la trajectoire associée à $X_i$, on choisit une valeur élevée de la fréquence $\omega_i$ et des valeurs beaucoup plus faibles des autres fréquences.

L'indice de sensibilité principal de $X_i$ est estimé par

$$\widehat{SI}_i = \frac{\sum_{m=1}^{M} D_{m\omega_k}}{\mathbb{V}ar(Y)}.$$

On estime de plus l'indice de sensibilité total de $\mathbf{x}_k$ par

$$\widehat{TSI}_i = 1 - \frac{\sum_v D_v}{\mathbb{V}ar(Y)}$$

où la somme est restreinte à des fréquences $v$ de la forme $\sum_{i' \neq i} m_{i'} \omega_{i'}$ inférieures à $\omega_i$.

Au total, il faut effectuer $N.K$ simulations, mais avec une valeur de $N$ qui peut être nettement plus faible que pour la méthode FAST classique.

## Méthode FAST-RBD

Avec la méthode FAST-RBD (pour *Random Balance Design*), Tarantola *et al.* [202] proposent de construire une trajectoire FAST puis de la déstructurer en randomisant indépendamment l'ordre des niveaux de chaque entrée. L'idée est que pour de longues trajectoires, une telle randomisation conduit à une corrélation très faible entre les différentes entrées. On retrouve ainsi des propriétés très similaires à celles de l'hypercube latin (cf. Chapitre 3) : répartition très régulière des niveaux de chaque entrée et faibles corrélations linéaires des paires d'entrées si $N$ est grand. La méthode FAST-RBD est très efficace pour estimer les indices de sensibilité de $1^{\text{er}}$ ordre. Par contre, elle ne permet pas d'estimer les indices de sensibilité totaux, contrairement à FAST étendu.

Dans une analyse par FAST-RBD, il y a une seule trajectoire. Les pas $u_j$ entre $-\pi$ et $+\pi$ restent définis par l'égalité (5.4.3). Par contre les niveaux des entrées sont données par

$$x_{j,i} = g\left(\sin(\omega_i u_{\varsigma_i(j)})\right)$$

avec $\varsigma_i$ la permutation de $\{1,\ldots,N\}$ utilisée pour l'entrée $X_i$. Les fréquences $\omega_i$ n'ont pas à être différentes entre elles puisque l'ordre des niveaux de chaque entrée est randomisé avant simulation. On choisit donc, généralement, $\omega_i = 1$ pour toutes les entrées.

Pour chaque entrée $X_i$ et chaque fréquence entière $v$, on calcule la composante spectrale de $X_i$ de fréquence $v$ par

$$D_{v,i} = \left| \frac{1}{N} \sum_{j=1}^{N} \mathscr{G}(\mathbf{x}_j) \exp(-i\, v u_{\varsigma_i(j)}) \right|^2 .$$

On en déduit

$$\widehat{\text{SI}}_i = \frac{\sum_{m=1}^{M} D_{m\omega_i,i}}{\mathbb{V}\text{ar}(Y)}$$

avec $M$ fixé à une valeur généralement comprise entre 5 et 10.

## Mise en œuvre pratique de la méthode FAST étendue : code **R**

Sous **R**, la méthode FAST étendue est implémentée dans le package de **R** sensitivity par la fonction fast99 (Pujol *et al.* [157]). Il suffit de préciser la taille $N$ de l'échantillonnage et la fonction calcule des fréquences adaptées. Le script ci-dessous est une application au modèle WWDM.

1. Définir les paramètres des lois de distribution :
```
# Bornes des intervalles d'incertitude
# (lois uniformes)
  wwdm.bounds <- apply( cbind(wwdm.factors$binf,
                           wwdm.factors$bsup), 1,
                function(x){list(min=x[1],max=x[2])} )
```

2. Appliquer la méthode FAST étendu :
```
# lancement de la commande fast99
    wwdm.fast99 <- fast99(model=wwdm.simule,
                      factors=7,
                      n=1000,
                      q=rep("qunif",7),
                      q.arg=wwdm.bounds)
```

3. Interpréter les résultats
```
# interprétation des résultats
      plot(wwdm.fast99)
```

## Mise en œuvre pratique : précautions

En pratique et à même nombre de simulations, la méthode FAST est souvent nettement plus stable que la méthode de Sobol pour l'estimation des indices de sensibilité. Cela s'explique par le fait que FAST repose sur l'hypothèse implicite que le modèle est relativement régulier par rapport aux entrées.

Néanmoins, les indices obtenus par FAST sont issus d'approximations et leur précision mérite d'être évaluée. Il n'y a pas de méthode bien définie pour cela. Le bootstrap n'est pas applicable, par exemple, parce que les trajectoires sont construites de façon principalement déterministe avec une forte structure incompatible avec le bootstrap. En cas de doutes sur la précision, la stabilité des estimations peut être évaluée en répétant l'ensemble de la procédure après permutation des fréquences et tirage aléatoire des paramètres $\phi_j$. Une alternative aujourd'hui est d'utiliser un FAST-RBD, une des évolutions les plus récentes de la méthode FAST.

## 5.4.4 Comparaison sur un exemple

La figure 5.8 présente une comparaison entre les méthodes de Sobol et FAST étendu pour le modèle WWDM, issue de Makowski *et al.* [127], la variabilité des estimations d'indices totaux entre répétitions étant représentée par les tirets horizontaux. Dans ces comparaisons, des procédures de randomisation ont été utilisées et chaque méthode a été répétée, de façon à obtenir des mesures de la variabilité d'estimation des indices de sensibilité. Dans le cas de la méthode de Sobol, les répétitions ont consisté à répéter le tirage des matrices $A$ et $B$.

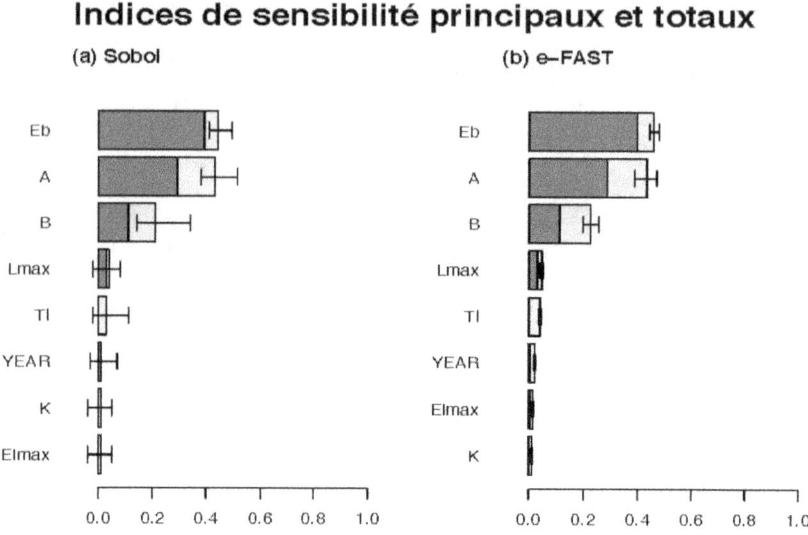



FIGURE 5.8 – ( d'après Monod *et al.* [138] ) - Comparaison des indices de sensibilité obtenus avec la méthode de Sobol et la méthode FAST étendue, pour le modèle WWDM : (a) Sobol avec 9 trajectoires de taille 1000 ; (b) eFAST avec 8 trajectoires de taille 1000 1 000. Chaque procédure a été répétée 20 fois : les barres horizontales représentent l'écart entre ces répétitions.

Le classement entre les entrées est le même pour les deux méthodes. On constate cependant des intervalles de crédibilité plus larges pour Sobol, en particulier pour les indices de sensibilité de faible valeur. En effet avec la méthode de Sobol les indices de faible niveau peuvent être estimés par des valeurs négatives. Cela ne peut pas se produire avec la méthode FAST.

## 5.5 Discussion

Les indices de sensibilité sont des mesures très synthétiques de la sensibilité du modèle aux facteurs. Ils ont une définition mathématique précise, basée sur la variance, indépendante de toute simulation, prenant en compte la totalité du domaine d'incertitude.

La connaissance de ces indices est importante pour mieux comprendre le comportement du modèle et pour identifier les facteurs d'entrée les plus influents ainsi que leurs interactions. Les méthodes qui ont été décrites permettent toutes l'estimation des indices de $1^{er}$ ordre (effets principaux), mais elles ne sont pas toutes aussi performantes pour l'estimation des interactions, qui est un problème difficile. La méthode par échantillonnage apparié intensif (dite de Sobol) et la méthode FAST étendu offrent néanmoins une solution pour estimer les interactions globalement, par le biais des indices de sensibilité totaux.

Dans tous les cas, les méthodes Sobol et FAST requièrent un nombre très élevé de simulations. Pour des modèles rapides en temps calcul, ce sont des méthodes très utiles pour comparer l'influence d'un nombre élevé de facteurs d'entrée, à condition de bien évaluer la précision des indices estimés. Pour des modèles très longs en temps calcul, une bonne stratégie est de rechercher d'abord un métamodèle émulant de façon précise le comportement du modèle et rapide à calculer (voir les chapitres 2 et 6), puis de calculer les indices de sensibilité sur ce métamodèle.

Une fois effectuée une analyse de sensibilité, il est nécessaire d'étudier plus précisément le rôle des facteurs d'entrée identifiés comme influents. Là encore, les techniques de métamodélisation présentées dans le chapitre 6 représentent un complément indispensable aux méthodes présentées dans ce chapitre.

# Chapitre 6

# Exploration par construction de métamodèles

*Robert Faivre*

Les méthodes d'analyse de sensibilité globale présentées dans les chapitres précédents nous permettent d'identifier les facteurs auxquels le modèle est sensible, que ce soit en effet direct mais aussi en interaction avec d'autres facteurs. L'exploration de modèle par des méthodes de surface de réponse ou métamodélisation va nous permettre d'inférer l'existence d'une relation entre un facteur et sa réponse mais aussi de l'analyser et la décrire finement. On pourra par exemple identifier précisément la nature des interactions et plus particulièrement quels sont les facteurs qui interagissent entre eux.

## 6.1   Introduction

D'une manière générale, les méthodes d'exploration par simulation d'un modèle s'imposent lorsqu'on ne dispose pas de forme analytique intelligible du modèle. Pour appréhender au mieux les propriétés du modèle, l'usage est de simuler son comportement pour un certain nombre de situations expérimentales. Sur la base de l'évaluation du modèle sur un échantillon de valeurs des facteurs d'entrée, les chapitres précédents nous ont montré qu'il est possible d'obtenir des informations concernant les contributions des facteurs d'entrée à la variabilité de la variable de sortie. Dans ce chapitre, nous allons rechercher à inférer la réponse du modèle

"

en tout point de l'espace des facteurs d'entrée, en n'évaluant le modèle (fonction code) qu'en un nombre restreint de points (Figure 6.1).

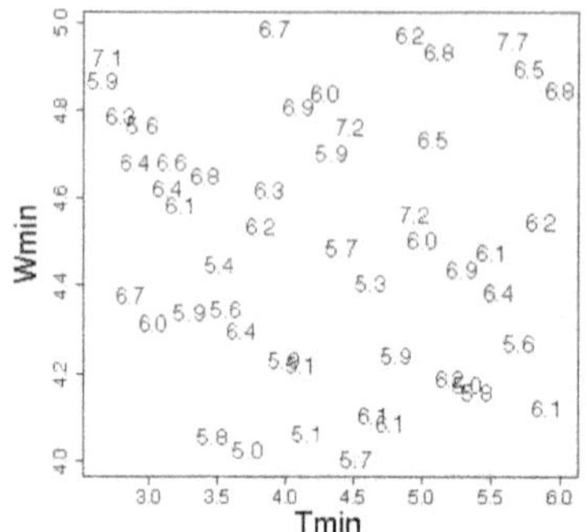

FIGURE 6.1 – Sorties du modèle WETNESS décrit dans le chapitre 1 (en section 1.5) pour une température de 14 degrés, sur le plan des facteurs Tmin et Wmin. Les points ont été échantillonnés selon un plan hypercube latin de taille 50 sur les 5 paramètres du modèle.

Pour ce faire, nous allons inférer un modèle plus simple (qu'on appellera modèle de surface de réponse ou métamodèle). Sur la base de ce nouveau modèle (ou émulateur), une estimation (prédiction) de la réponse en tout point du domaine pourra ainsi être obtenue beaucoup plus simplement et rapidement. On pourra de la sorte évaluer les indices de sensibilité présentés précédemment pour des ordres d'interaction éventuellement plus élevés ainsi que leurs intervalles de confiance.

## 6.1.1 Objectifs et Enjeux

Considérons les réponses du modèle pour l'échantillon de valeurs des paramètres sélectionnés. On peut tout d'abord explorer par visualisation les réponses du modèle. Différentes options sont possibles comme présentées figure 6.2. Les graphiques étant souvent présentés en 2 dimensions, il est nécessaire de réaliser les mêmes graphiques pour tous les couples de facteurs d'entrée pour avoir une vision plus générale du modèle. Des représentations en 3D dynamique (en gérant l'angle de vue) peuvent être aussi informatives.

Ces représentations graphiques, facilement accessibles sur la plupart des logiciels, sont cependant basées sur certaines hypothèses, par exemple par interpolation linéaire ou cubique entre les points, qu'il est important d'avoir en tête.

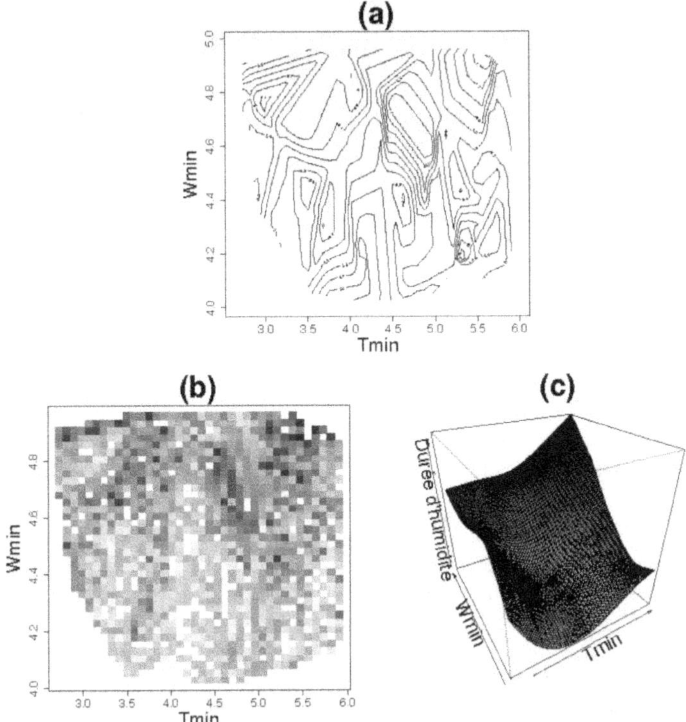

FIGURE 6.2 – Visualisation en courbes de niveau (a), image (b) et perspective 3D (c) de la sortie du modèle WETNESS à la température de 14 degrés sur la base des points échantillonnés présentés sur la figure 6.1 en faisant varier Tmin et Wmin.

Outre pour les aspects de visualisation, on peut avoir besoin de disposer d'un modèle approché afin d'avoir une estimation/prédiction du modèle en tout point du domaine de variation. Un tel modèle approché est appelé selon les communautés, émulateur, modèle de surface de réponse, méta-modèle, etc. Il consiste à écrire

$$Y = \mathcal{G}(X^{(1)}, X^{(2)}, ..., X^{(K)}) \approx \mathcal{M}(X^{(1)}, X^{(2)}, ..., X^{(K)})$$

où $\mathcal{G}$ est la fonction code et $\mathcal{M}$ le métamodèle.

Selon le métamodèle $\mathcal{M}$, on pourra ainsi disposer d'une écriture analytique parfois plus compréhensible du modèle du système complexe (ou fonction code), l'approximation étant contrôlée par l'erreur de modélisation ($\eta$) qui dans notre cas est évaluable :

$$Y = \mathcal{M}(X^{(1)}, X^{(2)}, ..., X^{(K)}) + \eta \qquad (6.1)$$

Cette forme simplifiée (certains facteurs $X^{(1)}, X^{(2)}, ..., X^{(K)}$ pouvant même être considérés comme non influents) peut ne pas être analytique mais les temps de calcul pour son évaluation sont en général grandement inférieurs à l'évaluation directe de la fonction code. On peut alors calculer les indices de sensibilité soit analytiquement sur la base du métamodèle, soit par échantillonnage mais avec un échantillon plus performant compte tenu de la rapidité des évaluations du métamodèle.

## 6.1.2  Questions

La recherche d'un tel modèle $\mathcal{M}$ est une problématique standard en modélisation statistique. Habituellement, trois questions intimement liées vont se poser au modélisateur.

La première concerne le choix des points à échantillonner à partir desquels le modèle de surface va être inféré ; le choix du plan d'échantillonnage est au cœur de cet aspect.

La seconde concerne bien évidemment le choix du modèle d'estimation ou d'interpolation entre ces points. Selon la forme postulée du métamodèle, le plan d'expérience optimal pourrait être différent. Par exemple, pour identifier un modèle de régression polynomiale de degré $p$, seuls $p + 1$ points suffisent dans le cas unidimensionnel.

La troisième question concerne le choix du critère de comparaison de modèles lorsqu'on aura à identifier le modèle le plus performant (qualité d'estimation, de prédiction, etc.). Bien que nous travaillions sur des simulations où tout est contrôlable (même l'aléatoire), nous utiliserons la plupart du temps les mêmes stratégies de comparaison de modèles que dans le cas où l'aléatoire est incontrôlable.

Cette présentation est basée principalement sur l'article de Storlie et Helton [198]. Nous nous intéresserons en grande partie aux méthodes de régression. En section 6.2, les méthodes de régression paramétrique seront présentées et nous nous focaliserons plus particulièrement sur les modèles de régression linéaire multiple. Dans la section suivante, des méthodes de régression non paramétrique seront présentées et en section 6.4, nous présenterons schématiquement les méthodes de prédiction par processus gaussien.

Etant donné que toute la modélisation statistique peut être mise en œuvre pour cette exploration, on pourra se référer aux articles de Simpson *et al.* [190], de Storlie et Helton [198] ou de Villa-Vialaneix *et al.* [209] pour avoir un aperçu plus exhaustif de méthodes et à tout bon ouvrage de modélisation statistique (par exemple, Hastie *et al.* [70]) pour étendre la revue des modélisations.

## 6.2   Méthodes de régression paramétrique

La régression est une méthode statistique très utilisée pour analyser la relation d'une variable par rapport à une ou plusieurs autres variables. Cette relation peut être de différentes formes. Elle peut bien souvent faire intervenir de manière explicite certaines quantités qu'on appelle paramètres (dont la valeur est fixée). Les méthodes de régression sont alors, en statistique, les méthodes qui vont permettre d'estimer la valeur de ces paramètres en procédant à un ajustement du modèle spécifié en fonction des données observées (dans notre cas simulées). La régression linéaire signifie que la relation entre la variable à expliquer et la ou les variables explicatives est linéaire par rapport aux paramètres.

Dans le cadre des méthodes d'analyse de sensibilité, les modèles linéaires prennent tout leur sens dès lors qu'on peut faire l'analogie avec les développements limités de Taylor. Ces modèles sont particulièrement adaptés pour les analyses de sensibilité locale, c'est-à-dire autour d'une valeur nominale, autour de laquelle on va chercher à estimer la valeur de la dérivée (ou pente) dans toutes les directions. Sans perdre de généralité, nous présenterons dans le paragraphe 6.2.1, les principales bases de la régression dans le cas univarié que nous étendrons en 6.2.3 au cas multivarié.

### 6.2.1   Ecriture du modèle et estimation des paramètres

Considérons dans cette partie le modèle WWDM pour lequel cinquante simulations sont obtenues selon un dispositif expérimental obtenu par un tirage d'un plan d'expérience hypercube latin dans l'espace des 7 facteurs du modèle. Le facteur *Météo* est tiré quant à lui aléatoirement dans la série de séquences climatiques ; il jouera un rôle d'aléa non modélisable. Le nuage des points $(x_i, y_i)_{i=1,\dots,50}$ est présenté sur la figure 6.3 pour le facteur d'entrée $X$ correspondant au paramètre $E_b$ du modèle WWDM, et la sortie $Y$ de ce modèle à la biomasse accumulée notée *Biomasse*.

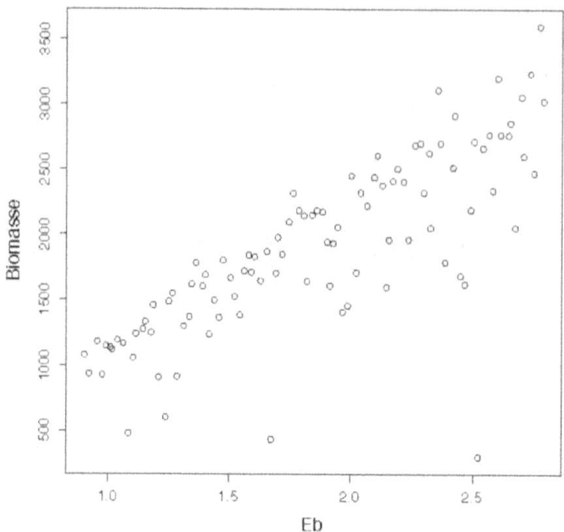

FIGURE 6.3 – Relation entre le paramètre $E_b$ et la variable de sortie *Biomasse* du modèle WWDM pour 50 valeurs échantillonnées.

Les points $(x_i, y_i)$, $i = 1, \ldots, n$ paraissent alignés. On peut alors proposer un modèle linéaire simple, c'est-à-dire chercher la droite dont l'équation est $Y = a + bX$ et qui passe au plus près des points du graphe.

Passer au plus près, selon la méthode des moindres carrés, c'est rendre minimale la somme des carrés des écarts verticaux des points à la droite $\sum_{i=1}^{n}(y_i - a - bx_i)^2$ où $(y_i - a - bx_i)^2$ représente le carré de la distance verticale du point expérimental $(y_i, x_i)$ à la droite considérée comme la meilleure (Figure 6.4). Cela revient donc à déterminer les valeurs des paramètres $a$ et $b$ (respectivement l'ordonnée à l'origine et la pente de la droite) qui minimisent la somme ci-dessus.

Le modèle linéaire simple s'écrit alors $Y = a + bX + \eta$ où $\eta$ représente l'erreur de modélisation. Classiquement, cette erreur correspond à l'erreur de mesure plus l'erreur de modélisation dans le cas où le modèle n'est pas exact. Les erreurs sont considérées indépendantes de la valeur $\mathbf{x}$ à laquelle le modèle est évalué et indépendantes entre deux points quelconques $\mathbf{x}_1$ et $\mathbf{x}_2$ du domaine.

Les paramètres d'un modèle polynomial de degré quelconque s'estiment selon les mêmes principes. Le tableau 6.1 présente l'écriture de différents modèles et leur codage dans le langage **R**.

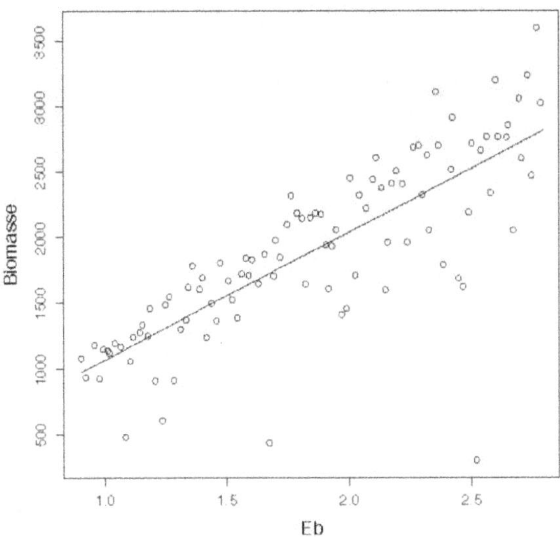

FIGURE 6.4 – Droite de régression linéaire de *Biomasse* sur $E_b$ (modèle WWDM).

| modèle | formule | écriture sous **R** |
|---|---|---|
| linéaire | $Y = a + bX + \eta$ | lm( y ~ x ) |
| quadratique | $Y = \theta_0 + \theta_1 X + \theta_2 X^2 + \eta$ | lm( y ~ x + I(x^ 2)) |
| de degré $r$ | $Y = \theta_0 + \theta_1 X + \cdots + \theta_r X^r + \eta$ | lm( y ~ poly(x,r)) |

Tableau 6.1 – Modèle, formule et écriture sous **R** de modèles linéaires polynomiaux.

La fonction `poly(x,r)` permet de générer des polynômes orthogonaux dépendant des points échantillonnés, c'est-à-dire du plan d'expérience, qui ont comme intérêt d'obtenir des estimateurs des coefficients $\theta_j$ indépendants dans le cas gaussien.

Plus généralement, on peut écrire un modèle linéaire sous la forme

$$Y = \mathbf{X}\Theta + \eta \tag{6.2}$$

où la matrice $\mathbf{X}$ est appelée matrice du dispositif expérimental et $\Theta' = (\theta_0, \theta_1, \theta_2, \ldots, \theta_r)$ est le vecteur de paramètres. On a

$$\mathbf{X} = \begin{pmatrix} 1 & x_1 & x_1^2 & \ldots & x_1^r \\ 1 & x_2 & x_2^2 & \ldots & x_2^r \\ \vdots & \vdots & \vdots & \vdots & \vdots \\ 1 & x_n & x_n^2 & \ldots & x_n^r \end{pmatrix}.$$

L'estimateur du vecteur des paramètres s'obtient par

$$\widehat{\Theta} = \left(\mathbf{X}'\mathbf{X}\right)^{-1}\mathbf{X}'Y.$$

Les valeurs estimées sur les points expérimentaux sont égales à $\mathbf{X}\widehat{\Theta}$. Elles s'obtiennent sous $\mathbf{R}$ par : `fitted (lm( y ~ poly(x,r)))`.

La valeur prédite en un point quelconque $\mathbf{x}_*$ du domaine est égale à $\mathbf{X}_*\widehat{\Theta}$ où $\mathbf{X}_* = (1, \mathbf{x}_*, \mathbf{x}_*^2, \cdots, \mathbf{x}_*^r)$. Sous $\mathbf{R}$, elle est obtenue par la commande `predict( newX, lm( y ~ poly(x,p) )` ) où `newX` est une structure $\mathbf{R}$ contenant le nouveau point $\mathbf{x}_*$. Les courbes ainsi obtenues pour différents degrés de polynôme sont présentées sur la figure 6.5.

D'autres modélisations sont envisageables et ne seront que très succinctement mentionnées ici. Contrairement à la décomposition en polynômes orthogonaux basée sur les abscisses des points observés, ces approches partent du principe que toute fonction disposant de bonnes propriétés (régularité, variabilité finie, etc.) peut être décomposée sur une base de fonctions $\{\psi_\alpha, \alpha \in \mathbb{N}\}$.

$$Y(\mathbf{x}) = \sum_\alpha \theta_\alpha \psi_\alpha(\mathbf{x})$$

Il peut s'agir par exemple d'une décomposition sur une base de Fourier, sur une base de fonctions splines etc. La décomposition sur une base de polynômes orthogonaux ou chaos polynomial concerne plus particulièrement les approches prenant en compte la loi de distribution des incertitudes sur les facteurs (paramètres) d'entrée du modèle (Sudret [200]). Pour la régression polynomiale classique, l'orthogonalisation des fonctions polynomiales de degrés différents est obtenue sur la base des points échantillonnés. Pour le chaos polynomial, dans le cas univariable où le facteur est défini par exemple sur l'intervalle $[-1, 1]$ selon une loi uniforme,

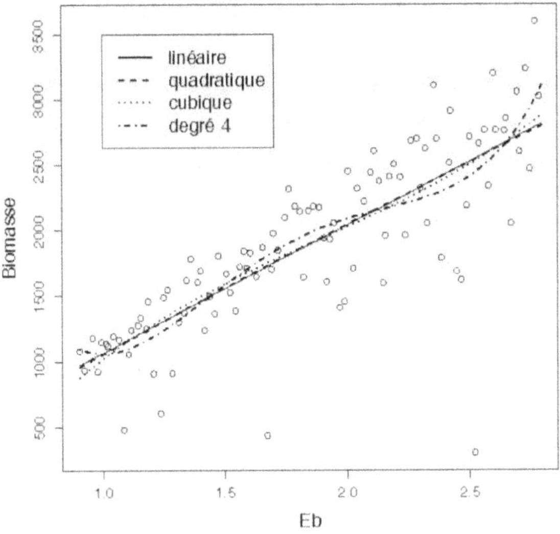

FIGURE 6.5 – Courbes d'ajustement de régression linéaire, quadratique, cubique, de degré 4, de *Biomasse* sur $E_b$ (modèle WWDM).

on obtient l'orthogonalité des fonctions $\psi_\alpha$ en utilisant les polynômes de Legendre. Les polynômes d'Hermite sont utilisés quant à eux quand la loi des incertitudes est gaussienne. Le passage au cas multivariable est réalisé par tensorisation des bases univariables.

Pour éviter un sur-ajustement des trajectoires dans le cas d'un échantillon de taille fini, il est nécessaire de limiter le degré maximal (ou le nombre d'éléments de la base) à considérer.

## 6.2.2 Critères d'ajustement et de comparaison de modèles

La variabilité totale des valeurs simulées $\mathrm{SC}_{tot} = \sum_{i=1}^{n} (y_i - \bar{y})^2$ où $\bar{y} = \frac{1}{n} \sum_{i=1}^{n} y_i$ est la moyenne générale des valeurs simulées, peut se décomposer en deux termes :

$$\sum_{i=1}^{n} (y_i - \bar{y})^2 = \sum_{i=1}^{n} (\hat{y}_i - \bar{y})^2 + \sum_{i=1}^{n} (\hat{y}_i - y_i)^2$$
$$= \mathrm{SC}_{exp} + \mathrm{SC}_{res}$$

Le premier terme, $\mathrm{SC}_{exp} = \sum_{i=1}^{n} (\hat{y}_i - \bar{y})^2$ où $\hat{y}_i$ est la valeur prédite au point $\mathbf{x}_i$, correspond à la variablité expliquée par le modèle.

Le second terme, $\mathrm{SC}_{res} = \sum_{i=1}^{n} (\hat{y}_i - y_i)^2$, correspond à la variance résiduelle, la variance non expliquée lors de l'estimation du vecteur de paramètres $\Theta$ de l'équation (6.2).

Le critère d'ajustement le plus couramment utilisé est le critère des moindres carrés ; on vise alors à rechercher les valeurs des paramètres telles que la somme des carrés des erreurs résiduelles $\mathrm{SC}_{res}$ soit minimale.

La qualité d'ajustement est établie selon un *a priori* sur certains critères. Les trois critères les plus souvent utilisés sont la variance d'erreur estimée, le coefficient de détermination et la variance d'erreur de prédiction. Ces trois critères sont liés.

La variance d'erreur estimée

$$\widehat{\sigma^2} = \frac{\sum_i (y_i - \hat{y}_i)^2}{n - p} = \frac{\mathrm{SC}_{res}}{n - p}$$

correspond à l'estimation de la variance de l'erreur d'approximation du modèle $\eta$ (Eq. (6.1)). Notons que $p$ correspond au nombre de paramètres estimés c'est-à-dire que pour un polynôme de degré $r$, $p = r + 1$ en raison de la constante générale à estimer. Cette quantité s'exprime dans la même unité que les données initiales, c'est une quantité d'erreur explicite.

Le coefficient de détermination

$$R^2 = \frac{\sum_i (\hat{y}_i - \bar{y})^2}{\sum_i (y_i - \bar{y})^2} = \frac{\mathrm{SC}_{exp}}{\mathrm{SC}_{tot}}$$

correspond au pourcentage de la variance totale expliquée par le métamodèle. Ce critère correspond à un pourcentage, celui de la variation totale expliquée, c'est une quantité adimensionnelle.

La variance d'erreur de prédiction est la somme de deux termes : le premier correspondant à la précision autour de la valeur prédite (liée à la précision des paramètres estimés) et le second à la variance de l'erreur estimée autour de la valeur prédite (terme dû à la composante $\eta$ du modèle).

Sur la figure 6.6, on peut visualiser l'effet de ces deux composantes sur le calcul des intervalles de confiance. Sous **R**, ces intervalles sont obtenus par :
- la fonction `predict(modele,newdata)` pour l'intervalle de confiance autour de la courbe estimée,

– la fonction `predict(modele, newdata, interval="prediction")` pour l'intervalle de confiance des valeurs prédites.

On peut noter dans ce cas que la valeur prédite aux points échantillonnés est évaluable explicitement (il n'y a pas d'erreur de mesure) s'il n'y a pas d'aléa autour de la valeur simulée par le modèle ce qui n'est pas le cas dans notre utilisation du modèle WWDM car la séquence météo est tirée aléatoirement.

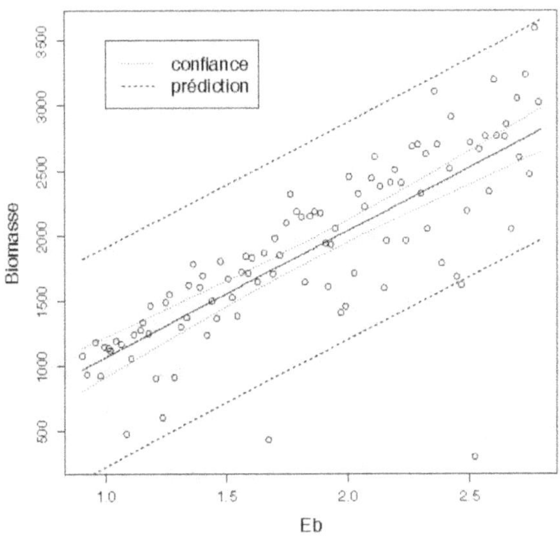


FIGURE 6.6 – Courbe estimée et intervalles de confiance et de prédiction de la régression linéaire de $Biomasse$ sur $E_b$ (modèle WWDM).

L'analyse des résidus est également un des aspects de contrôle de la qualité de l'ajustement qui peut être réalisé, notamment en ce qui concerne les hypothèses associées aux erreurs autour du modèle comme la symétrie, l'unimodalité, la variance identique, etc. On ne le développera pas plus ici (voir par exemple Saporta [185]).

Bien que nous soyons dans le cas d'expérimentation numérique, la comparaison de modèles se fait la plupart du temps par analogie avec la méthodologie statistique "classique" de choix de modèle. La procédure mise en œuvre le plus souvent est la procédure pas à pas (*stepwise*) ascendante (on part d'un modèle simple en le "complexifiant") ou descendante (on part du modèle le plus complet possible et on le simplifie). La comparaison entre deux modèles se fait sur le principe suivant.

Analyse de sensibilité et exploration de modèles

Soient deux modèles $\mathcal{M}_1$ et $\mathcal{M}_2$ emboités, respectivement décrits avec $p_1$ et $p_2$ paramètres ($p_2 < p_1$) : $\mathcal{M}_2$ est un cas particulier de $\mathcal{M}_1$. Soit $\mathrm{SCE}^{(1)}$ (resp. $\mathrm{SCE}^{(2)}$) la somme des carrés des écarts associée au modèle $\mathcal{M}_1$ (resp. $\mathcal{M}_2$). Le test "Le modèle $\mathcal{M}_2$ est non significativement différent du modèle $\mathcal{M}_1$" se réalise par la statistique

$$F = \frac{(\mathrm{SCE}^{(2)} - \mathrm{SCE}^{(1)})/(p_1 - p_2)}{\mathrm{SCE}^{(1)}/(n - p_1)}$$

qui est comparée à la fonction de répartition d'une loi de Fisher à $p_1 - p_2$ et $n - p_1$ degrés de liberté. Le numérateur $\frac{\mathrm{SCE}^{(2)} - \mathrm{SCE}^{(1)}}{p_1 - p_2}$ correspondant à la perte d'explication due à une paramétrisation plus faible est comparé à la base de la variablité $\frac{\mathrm{SCE}^{(1)}}{n - p_1}$ établie sur le modèle *a priori* le plus explicatif.

| | somme des carrés | degrés de liberté |
|---|---|---|
| Perte d'explication | $\mathrm{SCE}^{(2)} - \mathrm{SCE}^{(1)}$ | $p_1 - p_2$ |
| Base de la variabilité | $\mathrm{SCE}^{(1)}$ | $n - p_1$ |
| | statistique | loi sous $\mathcal{M}_2$ |
| Statistique de test | $\dfrac{(\mathrm{SCE}^{(2)} - \mathrm{SCE}^{(1)})/(p_1 - p_2)}{\mathrm{SCE}^{(1)}/(n - p_1)}$ | $F(p_1 - p_2 ; n - p_1)$ |

Tableau 6.2 – Résumé du principe du test d'un sous-modèle.

Sous **R**, les fonctions utiles pour analyser et comparer les modèles sont : `summary` pour résumer les informations sur le modèle ; `anova` pour comparer deux modèles ; `step` pour entamer une procédure pas à pas (*stepwise*) de réduction ou d'accroissement de la complexité du modèle.

Dans le cas d'une modélisation par décomposition sur une base fonctionnelle, les méthodes de choix du degré maximal sont en général basées sur des validations croisées (leave-one-out) qui consistent à évaluer la qualité prédictive sur un point observé en s'étant abstenu de le prendre en compte dans la procédure d'estimation. On peut également éliminer certains degrés avec des procédures de test ou de sélection de variable adaptées (Lasso, Least Angle Regression) basées généralement sur un critère des moindres carrés et d'une pénalisation (Blatman et Sudret [8]). Ces procédures étant beaucoup plus délicates à mettre en œuvre et les coûts de calcul pour l'estimation et les tests plus élevés, elles font l'objet de recherches actives.

### 6.2.3   Cas multivarié

Dans le cas où l'on dispose de plusieurs variables potentiellement explicatives $(X^{(1)},\ldots,X^{(K)})$, on procède selon la même démarche que celle présentée pour une seule variable explicative concernant les estimateurs des paramètres, le critère d'ajustement et les stratégies de tests.

Par exemple, le modèle linéaire quadratique ($r = 2$) multivarié s'écrit :

$$Y = \theta_0 + \sum_{j=1}^{K}(\theta_j X^{(j)} + \theta_{jj} X^{(j)2}) + \sum_{j=1}^{K}\sum_{k=j+1}^{K}\theta_{jk}X^{(j)}X^{(k)} + \eta$$

que l'on écrit également de manière synthétique

$$Y = \mathbf{X}\Theta + \eta$$

avec $\Theta$ le vecteur des paramètres $\theta_0, \theta_1,\ldots,\theta_K, \theta_{11},\ldots,\theta_{jk},\ldots,\theta_{KK}$.

L'estimateur du vecteur de paramètres $\Theta$ s'obtient par la même formule :

$$\widehat{\Theta} = (\mathbf{X}'\mathbf{X})^{-1}\mathbf{X}'Y.$$

Les critères d'ajustement et de comparaison de modèles sont les mêmes que dans le cas univarié. Ils sont basés sur les sommes des carrés des écarts.

Sur l'échantillon précédent concernant le modèle WWDM, le résumé de l'estimation du modèle polynomial de degré 3 (cubique) écrit sous **R** par `lm (Biomasse ~ polym(Eb,Lmax,B,degree=3))` est présenté dans le tableau 6.3. On peut constater que 6 paramètres sont fortement significativement différents de 0, que 3 ont un niveau de confiance supérieur à 95% et qu'un (la composante quadratique en Lmax) est juste à la limite classique des tests (entre 5 et 10 %). L'utilisation dans notre cas de polynômes orthogonaux présente deux avantages non négligeables. Outre la concision de l'écriture du modèle, les estimateurs et tests sont indépendants de l'ordre d'introduction des facteurs dans le modèle (ce qui n'est pas toujours le cas lorsque le plan d'expérience n'est pas orthogonal). Deuxièmement, la matrice **X** contenant les polynômes orthogonaux est presque diagonale, ce qui conduit à avoir un aperçu assez rapide des composantes influentes. En effet, lorsqu'on simplifie un modèle, les estimateurs et donc les tests se trouvent modifiés car des confusions d'effets sont souvent légion dans ce cas. Dans notre cas, on peut constater (Tableau 6.4) que le modèle obtenu par une procédure pas à pas descendante conduit à retenir les mêmes termes et éventuellement le terme cubique relatif au facteur $A$ (niveau de signification à 0.1).

```
Call:
lm(formula = Biomasse ~ polym(Eb, Lmax, A, degree = 3))

Residuals:
   Min     1Q Median     3Q    Max
-773.0 -124.4   34.4  151.2  564.2

Coefficients:
                             Estim. Std.   Error t value Pr(>|t|)
(Intercept)                       1917.3    28.5   67.30 < 2e16 ***
polym(Eb,Lmax,A,degree=3)1.0.0    5413.0   300.1   18.04 < 2e16 ***
polym(Eb,Lmax,A,degree=3)2.0.0     320.0   297.7    1.07 0.2857
polym(Eb,Lmax,A,degree=3)3.0.0      24.8   297.9    0.08 0.9340
polym(Eb,Lmax,A,degree=3)0.1.0    1180.2   315.3    3.74 0.0003 ***
polym(Eb,Lmax,A,degree=3)1.1.0   11829.8  3083.2    3.84 0.0002 ***
polym(Eb,Lmax,A,degree=3)2.1.0    1716.2  3396.0    0.51 0.6147
polym(Eb,Lmax,A,degree=3)0.2.0    -615.6   315.6   -1.95 0.0545 .
polym(Eb,Lmax,A,degree=3)1.2.0    -728.8  3431.3   -0.21 0.8323
polym(Eb,Lmax,A,degree=3)0.3.0     -39.2   307.5   -0.13 0.8988
polym(Eb,Lmax,A,degree=3)0.0.1    1566.6   288.5    5.43 6 e-07 ***
polym(Eb,Lmax,A,degree=3)1.0.1    2877.7  2881.7    1.00 0.3210
polym(Eb,Lmax,A,degree=3)2.0.1   -1520.9  3261.5   -0.47 0.6423
polym(Eb,Lmax,A,degree=3)0.1.1   -6632.8  3020.0   -2.20 0.0310 *
polym(Eb,Lmax,A,degree=3)1.1.1  -63736.5 29065.1   -2.19 0.0312 *
polym(Eb,Lmax,A,degree=3)0.2.1    2910.5  3185.8    0.91 0.3637
polym(Eb,Lmax,A,degree=3)0.0.2   -1856.7   296.3   -6.27 2 e-08 ***
polym(Eb,Lmax,A,degree=3)1.0.2   -2206.0  3443.6   -0.64 0.5236
polym(Eb,Lmax,A,degree=3)0.1.2    7466.1  3069.9    2.43 0.0172 *
polym(Eb,Lmax,A,degree=3)0.0.3     456.0   290.8    1.57 0.1208
---
Signif. codes:  0 '***' 0.001 '**' 0.01 '*' 0.05 '.' 0.1 ' ' 1

Residual standard error: 269.7 on 80 degrees of freedom
Multiple R-squared: 0.8717,Adjusted R-squared: 0.8412
F-statistic: 28.61 on 19 and 80 DF,  p-value: < 2.2e-16
```

Tableau 6.3 – Résumé de l'estimation d'un modèle polynomial multiple de degré 3.

D'une manière générale, l'utilisation d'une procédure de choix de modèle descendante est rarement envisageable dans le cas d'expérimentation numérique lorsque le nombre de facteurs en interaction est élevé. Le nombre $C_{K+d}^{d}$ d'interactions possibles entre les degrés des différents facteurs impose une quantité très importante d'évaluations du modèle.

```
Call:
lm(formula = Biomasse ~ V1 + V4 + V5 + V7 + V10 + V13 + V14
   + V16 + V18 + V19, data = wwdm.dfpol)

Residuals:
    Min      1Q  Median      3Q     Max
-843.09 -119.32   15.68  170.73  498.57

Coefficients:
              Estimate Std. Error t value Pr(>|t|)
(Intercept)    1915.38      26.85  71.344  < 2e-16 ***
V1             5374.14     275.93  19.477  < 2e-16 ***
V4             1200.91     271.49   4.423 2.74e-05 ***
V5            11531.89    2799.86   4.119 8.51e-05 ***
V7             -680.20     287.17  -2.369  0.02002 *
V10            1519.01     268.07   5.666 1.77e-07 ***
V13           -6396.60    2733.04  -2.340  0.02150 *
V14          -80083.21   26100.12  -3.068  0.00285 **
V16           -1881.38     272.78  -6.897 7.43e-10 ***
V18            7568.59    2735.31   2.767  0.00688 **
V19             503.53     267.21   1.884  0.06278 .
---
Signif. codes:  0 '***' 0.001 '**' 0.01 '*' 0.05 '.' 0.1 ' ' 1

Residual standard error: 263 on 89 degrees of freedom
Multiple R-squared: 0.8643,Adjusted R-squared: 0.849
F-statistic: 56.68 on 10 and 89 DF,  p-value: < 2.2e-16

Analysis of Variance Table

Model 1: Biomasse ~ V1 + V2 + V3 + V4 + V5 + V6 + V7 + V8 + V9
    + V10 + V11 + V12 + V13 + V14 + V15 + V16 + V17 + V18 + V19
Model 2: Biomasse ~ V1 + V4 + V5 + V7 + V10 + V13 + V14 + V16
    + V18 + V19
  Res.Df      RSS Df Sum of Sq      F Pr(>F)
1     80  5821194
2     89  6157044 -9   -335850 0.5128 0.8612
```

Tableau 6.4 – Résumé de la procédure pas à pas d'affinement d'un métamodèle. Les variables V1, V2, ..., V19 correspondent aux variables en interaction obtenues par `polym(Eb, Lmax, A, degree = 3)` et présentées tableau 6.3.

## 6.2.4   Plans d'expérience optimaux

L'optimalité d'un plan d'expérience pour les modèles de surface de réponse repose sur l'estimabilité de tous les paramètres (on doit pouvoir fournir une valeur à tous les paramètres) et sur la régularité de la précision de la prédiction sur tout le domaine d'étude en utilisant un minimum de points pour une qualité donnée.

Dans le cas unidimensionnel (un seul facteur), le nombre de points nécessaire et suffisant pour identifier parfaitement un polynôme de degré $r$ est $r + 1$. Ceci répond parfaitement au premier critère concernant l'estimabilité. Pour atteindre le second, la question se traduit en : à quels endroits faut-il expérimenter ? Pour un modèle linéaire classique à deux paramètres et dans le cas où l'erreur est identiquement distribuée le long de l'axe du facteur, les points optimaux sont les min et max de l'intervalle. Cela se complique bien évidemment lorsqu'on considère un modèle polynomial multidimensionnel (plusieurs facteurs en interaction) et/ou que l'erreur n'est pas homogène sur tout le domaine.

Les propriétés générales des plans d'expérience sont présentées par Droesbeke *et al.* [45]. De leur côté, Jourdan [93] et Franco [58] s'intéressent plus particulièrement à la planification d'expériences numériques.

Différents plans d'expérience optimaux comme les plans factoriels complets, les plans composites centrés, les plans de Doehlert ou encore les plans de Box-Behnken sont envisageables mais la génération de ces plans n'est pas toujours aisée lorsqu'on considère un grand nombre de facteurs et un degré de polynôme élevé. Les plans fractionnaires avec une maîtrise du degré des interactions sont une alternative intéressante. Les hypercubes latins (cf. Chapitre 3) ont l'avantage de maîtriser le nombre de simulations (on n'a aucun problème concernant le degré du polynôme) mais il n'est pas garanti que tous les paramètres décrivant les interactions soient estimables et conduisent à une précision la plus homogène possible sur le domaine.

## 6.2.5   Retour sur le calcul d'indices de sensibilité

L'identification d'un métamodèle nous permet de calculer les indices de sensibilité de la fonction code $\mathcal{G}$ en les évaluant sur le métamodèle $\mathcal{M}$ par l'une des méthodes présentées dans les chapitres précédents. Il faut dans ce cas bien noter que ces indices ne concerneront que les indices de sensibilité du métamodèle $\mathcal{M}$. Pour pouvoir l'étendre au modèle $\mathcal{G}$, il faudra tenir compte de l'estimation de la part non expliquée du modèle représentée par l'erreur $\eta$.

Les indices peuvent, selon la forme du métamodèle, être évalués soit analytiquement, soit en générant un nouvel échantillon. Dans ce dernier cas, il est envisageable de pouvoir générer des plans d'expérimentation numérique de taille beaucoup plus grande que pour la fonction code d'intérêt car le coût d'évaluation du métamodèle $\mathcal{M}$, émulateur du modèle $\mathcal{Y}$, sera souvent faible. On peut également évaluer les indices de sensibilité directement sur l'échantillon servant à l'identification d'un métamodèle, notamment les indices basés sur la décomposition de la variance.

Nous avons vu dans le chapitre 5 que les indices basés sur la régression comme le coefficient de détermination $R^2$ ou le coefficient de corrélation partielle correspondent au pouvoir descriptif ou explicatif d'un modèle. Il s'agit dans ce cas d'évaluer le pouvoir explicatif de chaque facteur ou groupe de facteurs dans la procédure de choix du métamodèle.

Le principe général est de calculer les contributions des facteurs ou groupe de facteurs. Nous le présentons sur l'exemple du modèle WWDM échantillonné selon un plan hypercube latin de taille 1 000 sur les 7 facteurs d'entrée $E_b, E_{i\max}, K, L_{\max}, A, B, TI$, le facteur *Météo* étant échantillonné dans la série de séquences climatiques comme précédemment.

Les indices de sensibilité basés sur un métamodèle polynomial sont une généralisation des indices basés sur le coefficient de détermination en régression et présentés dans le chapitre 5. Dans le cas du métamodèle, il s'agit d'évaluer trois termes. Le premier consiste à évaluer la part non expliquée par le métamodèle complet. Dans le cas d'un métamodèle polynomial complet, la part de variabilité expliquée par le métamodèle (estimation basée sur l'échantillon) correspond au carré du coefficient de corrélation multiple (`Multiple R-squared`). La part non expliquée est donc : `1 - Multiple R-squared`. Le second terme d'intérêt correspond à la variabilité expliquée par un seul facteur. Il s'évalue par le pouvoir explicatif d'un seul facteur en considérant un modèle polynomial de même degré que le modèle complet mais pour ce seul facteur. Ensuite, il s'agit d'évaluer la part de variabilité expliquée par tous les autres facteurs du modèle sauf le facteur considéré, c'est-à-dire d'évaluer le pouvoir explicatif du métamodèle complet sans le facteur.

Dans le cas du métamodèle polynomial de degré 3 (`lm( Biomasse ~ polym(Eb, Eimax, K, Lmax, A, B, TI, degree = 3))`), ces trois termes se calculent comme suit.

1. La part de variance expliquée par le modèle complet

```
lm(Biomasse ~ polym(Eb,Eimax,K,Lmax,A,B,TI, degree=3))
```
  est : Multiple R-squared: 0.9680.

2. La part de variance expliquée par le seul facteur $E_b$

```
lm(Biomasse ~ poly(Eb, degree=3))
```
  est : Multiple R-squared: 0.6366.

3. La part de variance expliquée par tous sauf le facteur $E_b$

```
lm(Biomasse ~ polym(Eimax,K,Lmax,A,B,TI, degree=3))
```
  est : Multiple R-squared: 0.3930.

Le tableau 6.5 synthétise les informations sur les contributions des facteurs seuls ou en interaction. La figure 6.7 permet de les visualiser et la figure 6.8 d'en expliciter sa construction.

```
Pourcentage des contributions des facteurs
 MétaModèle Linéaire Polynomial de degré 3

Biomasse ~ polym(Eb, Eimax, K, Lmax, A, B, TI, degree = 3)

 R^2 (pourcentage) du métamodèle complet : 96.80

Erreur standard initiale   de 710.7 avec 999 degrés de liberté

Erreur standard résiduelle de 135.5 avec 880 degrés de liberté
```

|       | Seul   | Spécifique | Total  | Interaction |
|-------|--------|------------|--------|-------------|
| Eb    | 63.656 | 57.496     | 63.656 | -6.160      |
| Eimax | 0.173  | 0.173      | 0.836  | 0.663       |
| K     | 0.439  | 0.295      | 0.439  | -0.144      |
| Lmax  | 5.366  | 4.397      | 5.366  | -0.969      |
| A     | 16.416 | 16.416     | 19.604 | 3.187       |
| B     | 4.305  | 4.305      | 9.531  | 5.226       |
| TI    | 0.434  | 0.434      | 3.021  | 2.587       |

Tableau 6.5 – Résumé d'une analyse de sensibilité par un métamodèle polynomial de degré 3.

La part expliquée par le métamodèle s'évalue par le carré du coefficient de corrélation multiple (ou coefficient de détermination $R^2$). On constate que le métamodèle polynomial de degré 3 explique 96.80 % de la variabilité de la réponse. Les 3.20 % restants correspondent à la variabilité due à l'erreur de modélisation ; il peut s'agir d'une forme paramétrique non appropriée (le degré peut être plus élévé ou la forme non linéaire) mais aussi

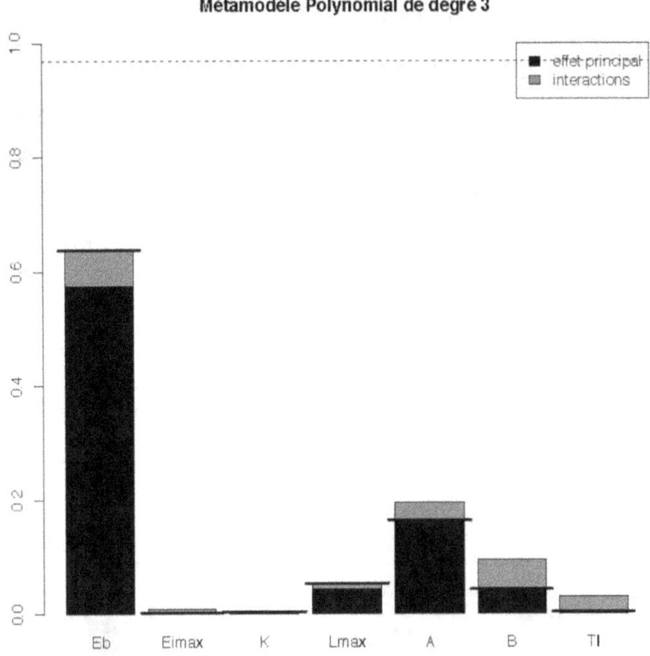



FIGURE 6.7 – Contributions des 7 facteurs à la variabilité de la variable réponse *Biomasse* du modèle WWDM calculées sur la base d'un métamodèle polynomial de degré 3.

dans notre cas à l'aléa engendré par le tirage aléatoire de la séquence climatique. L'erreur résiduelle a un écart-type de 135.5 évalué sur 880 degrés de liberté à comparer à un écart-type de la réponse *Biomasse* de 710.7. Ce modèle explique donc très bien le comportement du modèle WWDM.

La première colonne (Seul) correspond au pouvoir explicatif de chacun des facteurs modélisés seuls par un modèle polynomial de degré 3. On retrouve les 63.66 % d'explication du facteur $E_b$.

La contribution de chaque facteur, en effet seul ou en interaction, s'évalue par le gain en pouvoir explicatif entre le modèle polynomial avec tous les facteurs sauf le facteur considéré et le pouvoir explicatif du modèle complet (soit pour $E_b$, respectivement 39.30 % et 96.80 %). Le pouvoir explicatif propre au facteur $E_b$ est de 96.80 % - 39.30 % = 57.50 %. Il est représenté sur la seconde colonne (Spécifique) du tableau 6.5.

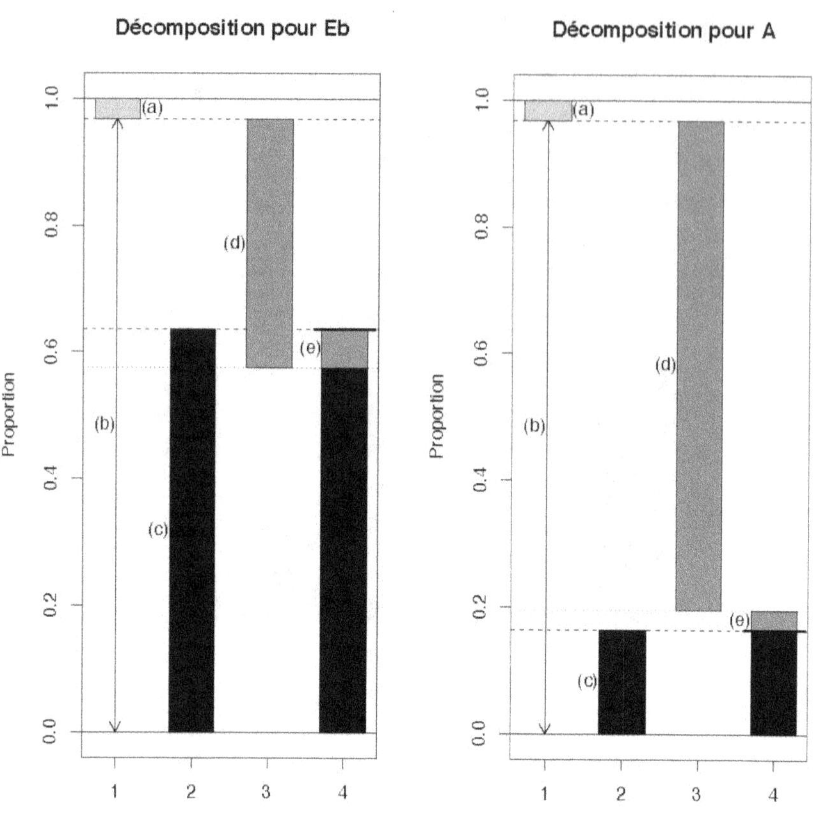


FIGURE 6.8 – Décomposition des contributions des facteurs $E_b$ et $A$ du modèle WWDM évalué par le métamodèle polynomial de degré 3 : (a) part de variance non expliquée par le modèle, (b) part expliquée par le métamodèle avec les 7 paramètres, (c) part de variance explicable par le seul paramètre $E_b$ (à gauche) et $A$ (à droite), (d) part expliquée par le métamodèle avec tous les paramètres sauf $E_b$ (gauche) et sauf $A$ (droite), et (e) différence (b - d - c) signifiant, si elle est négative (à gauche pour $E_b$), une confusion et si elle est positive une interaction.

Selon le plan d'expérience utilisé, le pouvoir explicatif d'un facteur peut être confondu avec celui d'autres facteurs explicatifs. Ici on peut constater que le pouvoir explicatif spécifique de $E_b$ (colonne Spécifique) est inférieur au pouvoir explicatif de $E_b$ seul (colonne Seul) ce qui parait *a priori* contradictoire car on s'attendrait à ce que les interactions entre $E_b$ et tous les autres facteurs améliorent le pouvoir explicatif total du facteur. En fait, comme on a vu dans le chapitre 4 lorsqu'on recherchait des plans d'expérience fractionnaires, il arrive qu'on soit dans le cas de plans présentant des confusions d'effets. Le tableau 6.5 explicite cette disctinction et sa visualisation est présentée figure 6.8 pour les facteurs $E_b$ et $A$. Les résultats sont présentés dans la dernière colonne du tableau (colonne `Interaction`). On observe une confusion d'effets lorsque l'interaction est négative.

La colonne `Total` donne le pouvoir explicatif maximal du facteur (sous la forme polynomiale de degré prédéfini). Ce pouvoir explicatif maximal provient soit du facteur seul, soit du facteur seul plus ses interactions avec les autres facteurs. Dans le premier cas, il explique une partie de ce qui est explicable par les autres facteurs (on a confusion d'effets). Dans le second cas, on met en avant une interaction. Cela n'empêche pas qu'il puisse exister des confusions mais elles ne sont pas identifiées. La figure 6.7 synthétise l'ensemble de ces informations.

## 6.3 Méthodes de régression non paramétrique

Les modèles de régression non paramétrique se différencient des modèles de régression paramétrique par le fait que la forme de la courbe n'est pas prédéterminée mais est obtenue en tenant compte des seules données. Certaines méthodes s'attachent à suivre rigoureusement les données (les interpolations par exemple), d'autres spécifient la forme de la courbe réponse par des critères de régularité (continûment dérivable par exemple). On parle de méthodes non paramétriques car il n'y a pas de paramètres explicites. Cependant, des paramètres souvent cachés sont nécessaires et il est important de bien connaître leur rôle.

Afin de voir plus aisément les fondements de différentes modélisations, nous allons présenter le cas unidimensionnel pour l'étendre comme précédemment au cas multidimensionnel. Nous allons pour cela illustrer les différentes modélisations en utilisant la fonction ISHIGAMI (Saltelli *et al.* [175]). Il s'agit d'une fonction analytique ayant trois facteurs d'entrée $(X_1, X_2, X_3)$ variant entre $[-\pi, +\pi]$ et définie par

$$Y = \sin(X_1) + 7\,(\sin(X_2))^2 + 0.1\,(X_3)^4\,\sin(X_1).$$

## 6.3.1  Exemples de modélisations non paramétriques

Quelques méthodes sont présentées dans cette partie sans que nous soyons exhaustifs.

### Méthodes d'interpolation

L'interpolation doit être distinguée de l'approximation de fonction (par méthode de régression notamment) qui consiste à chercher la fonction la plus proche possible, selon certains critères, d'une fonction donnée. La fonction d'interpolation la plus connue est la méthode d'interpolation linéaire entre deux points. Il s'agit d'estimer la droite qui passe entre deux points successifs $(x_1, y_1)$ et $(x_2, y_2)$ et de procéder de la même manière pour les deux suivants $(x_2, y_2)$ et $(x_3, y_3)$ et ainsi de suite. La propriété d'une telle trajectoire est qu'elle est continue mais non dérivable (dans la plupart des cas) comme on peut le voir sur la figure 6.9.

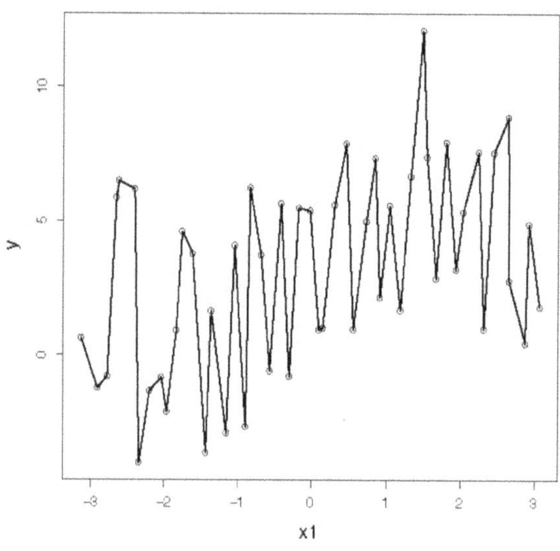


FIGURE 6.9 – Modèle ISHIGAMI : interpolation linéaire.

Afin de pallier ce problème de non régularité, des splines d'interpolation sont souvent utilisées. Elles sont définies par un ordre $r$ de telle sorte que la trajectoire soit $(r - 2)$-dérivable.

**Définition :** Pour un intervalle $[a, b]$, un entier $r \geq 1$ et une suite de $n$ points $x_1, \cdots, x_n$ dans $[a, b]$, on appelle spline polynomiale d'ordre $r$ ayant pour noeuds simples les points $x_1, \cdots, x_n$, toute fonction $f$ de $[a, b]$ dans $R$ telle que :

- $f$ est continûment dérivable jusqu'à l'ordre $r - 2$ (si $r \geq 2$),
- la restriction de $f$ aux intervalles inter-noeuds $[a, x_1], \cdots, [x_i, x_{i+1}]$, $\cdots, [x_n, b]$ coïncide avec un polynôme de degré inférieur ou égal à $r - 1$.

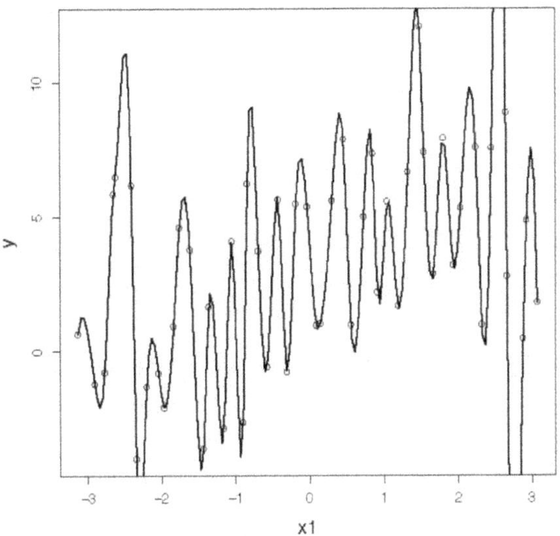

FIGURE 6.10 – Modèle ISHIGAMI : splines cubiques d'interpolation.

La figure 6.10 présente l'interpolation obtenue par des splines cubiques, c'est-à-dire des splines d'ordre 4. On peut constater le caractère très fluctuant des interpolations par splines de degré élévé ; les contraintes de continuité des dérivées imposent à la trajectoire de partir parfois très loin des points observés surtout lorsque les points sur les abscisses sont proches.

Il est à noter que pour les méthodes d'interpolation, il ne faut pas de répétition au même point. Dans le cas contraire, une pratique est alors d'en faire la moyenne.

## Modèles de régression locale à noyau et à fenêtre glissante

Pour estimer la valeur en un point $x$ quelconque de son intervalle de variation, le principe général est de ne considérer que les valeurs observées sur un voisinage restreint de ce point (d'où un paramètre de largeur de bande, ou *bandwidth*, souvent nécessaire) et ensuite de se déplacer le long de l'intervalle pour pouvoir prédire en tout point (d'où la terminologie de fenêtre glissante). Sur cet intervalle restreint, différentes fonctions de régression sont applicables. Les fonctions le plus souvent utilisées sont les moyennes glissantes. Pour cela, on fait la moyenne de toutes les valeurs observées dans cet intervalle restreint ou la moyenne de ces valeurs pondérées par un noyau gaussien par exemple (d'où la terminologie régression locale à noyau) ce qui s'écrit comme suit :

$$\hat{f}(x) = \frac{\sum_i^n K(x_i - x; h) y_i}{\sum_i^n K(x_i - x; h)}$$

$$\text{avec } K(z, h) = \begin{cases} \mathbf{I}_{[0,d]}(|z|) & \text{moyenne glissante,} \\ \frac{1}{h\sqrt{2\pi}} exp(-\frac{z^2}{2h^2}) & \text{moyenne locale pondérée} \\ & \text{à noyau gaussien.} \end{cases}$$

Ces modèles sont mis en œuvre sous **R** par la fonction `ksmooth(x, y, kernel = , bandwith= )`. La figure 6.11 présente l'effet de la largeur de bande sur les trajectoires obtenues pour les deux noyaux.

Cette procédure locale s'étend à la régression polynomiale locale et au cas multidimensionnel par la méthode loess (Local Polynomial Regression Fitting, fonction `loess` de **R**) comme on peut le voir sur la figure 6.12.

L'avantage de ces méthodes de régression locale est qu'elles permettent de bien suivre les données (il y a donc peu d'hypothèses fortes sur un modèle global sur tout le domaine). Pour cela, il est nécessaire de disposer de données réparties sur tout le domaine, surtout dans le cas multidimensionnel où il est nécessaire d'avoir un plan d'expérience qui remplisse bien l'espace.

## Méthodes avec splines de régression pénalisées

Afin de pallier les problèmes de fluctuations très fortes des trajectoires obtenues par les méthodes d'interpolation à base de splines, l'utilisation de splines de lissage est envisageable. Celles-ci sont construites selon les mêmes principes que pour l'interpolation : définition d'un ensemble de

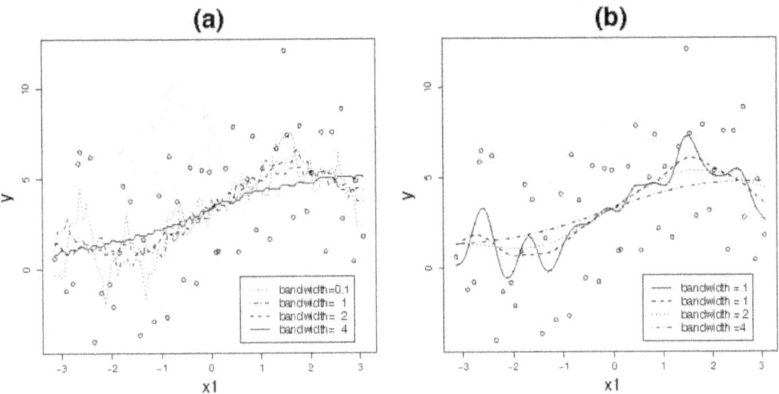

FIGURE 6.11 – Modèle ISHIGAMI : `ksmooth` avec différentes largeurs de bande pour un estimateur avec un noyau en boîte (a) et avec un noyau gaussien (b).

points ou nœuds et choix d'une base de fonctions splines. Au critère de lissage classique (moindres carrés) est ajoutée une pénalisation pour régulariser la courbe obtenue. Le critère à minimiser est de la forme

$$\sum_i^n [y_i - \hat{f}(x_i)]^2 + \lambda \int_a^b [d^2\hat{f}(x)/dx^2]^2 dx \qquad (6.3)$$

Le rôle de $\lambda$ est d'ajuster le compromis entre la proximité aux données (premier terme) et la régularité globale de la fonction (second terme) afin d'éviter des fluctuations trop grandes. Plus le paramètre $\lambda$ se rapproche de 0, plus la courbe estimée correspond à la spline naturelle d'interpolation (aux nœuds $(x_i, y_i)$). Plus $\lambda$ part vers l'infini, plus la courbe se rapproche de la moyenne générale.

Une base de fonctions souvent utilisée dans ce cadre est constuite à partir de fonctions B-splines : ces dernières disposent de propriétés intéressantes car ce sont des fonctions à support local. Cependant, la difficulté réside dans le choix du nombre et de la position des nœuds : pour l'établissement d'un métamodèle, celui-ci devient très dépendant du choix du plan d'expérience. C'est pour cela que l'utilisation de splines de régression est préconisée dans notre cas.

La modélisation par splines de régression pénalisées repose sur deux principes. Premièrement, la fonction $f$ est décomposée sur une base de fonctions splines pour lesquelles sont définies au préalable un ensemble limité

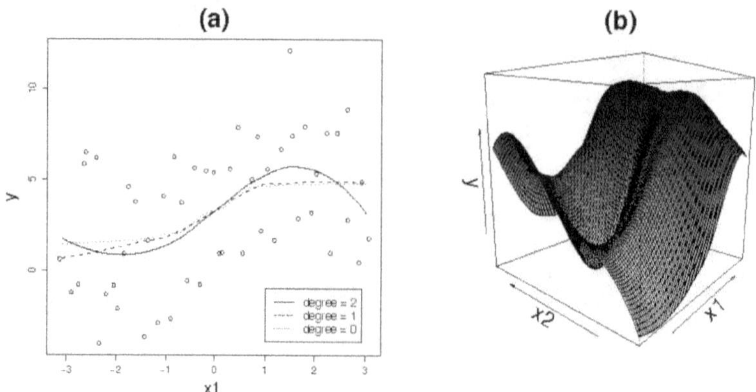

FIGURE 6.12 – Modèle ISHIGAMI : (a) méthode loess unidimensionnelle (`loess((y ~ x1, degree = 2))`); (b) méthode loess bi-dimensionnelle (`loess (y ~ loess(x1,x2))`).

de nœuds (souvent répartis de manière uniforme sur l'intervalle ou selon la répartition des valeurs $x_i$). Ensuite, une pénalisation est ajoutée comme précédemment pour pallier le problème du choix des nœuds et de la dimension de la base. En utilisant une base de splines cubiques, le modèle approché $\hat{f}$, s'écrit alors linéairement sous la forme

$$\hat{f}(x) = \sum_{j=1}^{p+2} \widehat{\theta}_j S_j(x)$$

où $p$ est le nombre de nœuds $z_j$ considéré et $S_j(x)$, les éléments de la base qui s'expriment sous la forme $S_1(x) = 1$, $S_2(x) = x$ et pour $j = 1, \ldots, p$
$S_{2+j}(x) = \frac{1}{4}[(z_j - \frac{1}{2})^2 - \frac{1}{12}][(x - \frac{1}{2})^2 - \frac{1}{12}] - \frac{1}{24}[(|x - z_j| - \frac{1}{2})^4 - \frac{1}{2}(|x - z_j| - \frac{1}{2})^2 + \frac{7}{240}]$ (Woods [215]). Les paramètres $\widehat{\theta}_j$ minimisent l'équation (6.3).

Afin de pallier le choix du nombre de nœuds à prendre en compte et leur localisation, Woods [215] préconise, surtout dans le cas de plusieurs variables de prédiction, l'utilisation de splines en plaques minces (thin plate splines); le choix du nombre de nœuds et de leur localisation est transformé en un problème de nombre d'éléments de la base à considérer. Woods [215] apporte plus de détails et de précisions sur ces méthodes et leurs implémentations sous **R**, notamment dans le package mgcv et dans l'utilisation de la fonction gam.

## 6.3.2  Critère d'ajustement et de comparaison de modèles

Le critère d'ajustement le plus communément utilisé pour les méthodes de régression non paramétriques est le PRESS (*predicted sum of squares*) qui correspond au critère de somme des carrés des erreurs minimale dans le cas paramétrique. Dans le cas des modèles avec splines de régression pénalisées, le choix de la valeur du paramètre $\lambda$ se fait par validation croisée (jackknife ou leave-one-out) sur la valeur prédite de la somme des carrés : on estime sur $n - 1$ points et on évalue sur le point restant, en répétant $n$ fois la procédure en changeant de point.

La comparaison des modèles se fait par analogie avec les méthodes paramétriques. Pour ce faire, on cherche à s'approcher de la notion de degrés de liberté pour les modèles non paramétriques. En régression linéaire standard, le nombre de degrés de liberté vaut $n - p$ où $n$ est le nombre de données et $p$ le nombre de paramètres estimés. Dans le cas de régression non paramétrique, $p$ va être égal à 1 pour une moyenne générale et à $n$ pour une interpolation qui passe par tous les points ; dans ce cas, il ne reste plus aucune liberté, les valeurs prédites sont les valeurs observées. Entre ces deux cas extrêmes, on utilise la trace de la hat-matrice $H$, projecteur défini par $H = S(S'S)^{-1}S'$ où $\hat{y} = Sy$. Le nombre de degrés de liberté effectifs est quantifié par $df = n - \text{trace}(H)$. Il est à noter que dans le cas d'un modèle de régression linéaire, la matrice $H$ n'est autre que $\mathbf{X}(\mathbf{X'X})^{-1}\mathbf{X'}$ et que dans ce cas $\text{trace}(H) = p$.

Les tests de comparaison de modèles se font également par analogie avec les tests dans les modèles paramétriques.

## 6.3.3  Extension multidimensionnelle

Le modèle additif généralisé (GAM ou *Generalized Additive Model* en anglais) approche le modèle $\mathcal{G}(X^{(1)}, X^{(2)}, ..., X^{(K)})$ par une somme de fonctions définies sur une partition des facteurs explicatifs. La plus simple est d'écrire

$$y_i = \sum_{j=1}^{K} f^{(j)}(x_i^{(j)}) + \eta_i$$

qui est une somme de $K$ fonctions ne dépendant que d'un seul facteur comme dans le cas d'un modèle linéaire simple (additif sans interaction). Chacune de ces fonctions peut être estimée par décomposition sur une base de fonctions splines par régression sur splines pénalisées. L'interaction entre deux facteurs peut être modélisée de la même façon que dans le cas linéaire paramétrique ; les splines à plaque mince (*thin-plate*) s'étendent au cas multidimensionnel par produit tensoriel.

Sous **R**, la fonction **gam** du package **mgcv** (Woods [215]) permet aux non-initiés une mise en œuvre aisée de ces modèles.

```
Family: gaussian
Link function: identity

Formula:
y ~ s(x1) + s(x2) + s(x3)

Parametric coefficients:
            Estimate Std. Error t value Pr(>|t|)
(Intercept)   3.1581     0.2578   12.25 1.46e-14 ***
---
Signif. codes:  0 '***' 0.001 '**' 0.01 '*' 0.05 '.' 0.1 ' ' 1

Approximate significance of smooth terms:
        edf Ref.df     F  p-value
s(x1) 3.646  4.467 10.54 4.66e-06 ***
s(x2) 6.791  7.861 11.92 3.78e-08 ***
s(x3) 1.696  2.085  0.74    0.489
---
Signif. codes:  0 '***' 0.001 '**' 0.01 '*' 0.05 '.' 0.1 ' ' 1

R-sq.(adj) =  0.755   Deviance explained = 81.6%
GCV score =  4.506  Scale est. = 3.3225   n = 50
```

Tableau 6.6 – Modèle ISHIGAMI : Résultats de l'analyse d'un modèle additif (GAM).

Sur l'exemple du modèle ISHIGAMI, le résumé de la procédure d'estimation du modèle additif des 3 facteurs est présenté sur le tableau 6.6. On peut observer le degré de liberté équivalent associé à chaque composante (edf) ; plus le degré de liberté équivalent est proche de 1, plus la fonction estimée est plate. Les fonctions estimées des facteurs ($f_i^{(j)}(X^{(j)})$) sont présentées sur la figure 6.13. La procédure de sélection de modèle s'applique également (dans notre cas, on conserve les deux premiers facteurs) et la qualité d'ajustement obtenue par cette modélisation est présentée sur la figure 6.14.

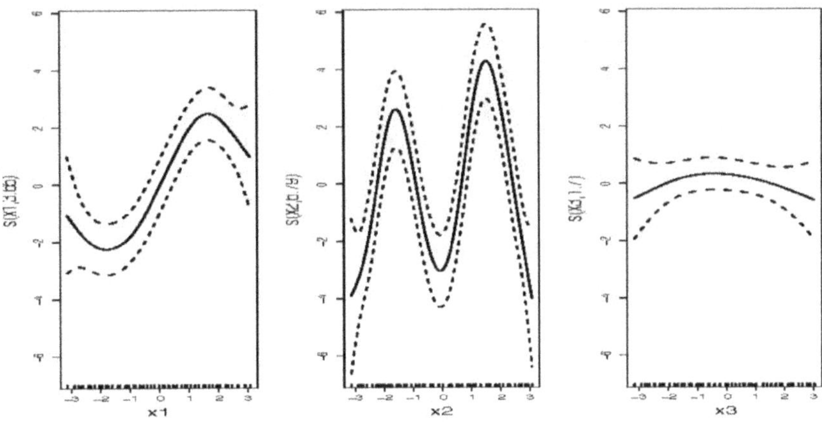

FIGURE 6.13 – Modèle ISHIGAMI : fonctions et bandes de confiance estimées par gam pour le modèle additif.

### 6.3.4  Plans d'expérience

Il n'y a pas de résultats explicites concernant l'optimalité de plans d'expérience pour des modèles non paramétriques. Cependant, en pratique, deux plans disposant de propriétés intéressantes ressortent : les hypercubes latins et les plans issus d'échantillonnage de type quasi-Monte Carlo utilisant une suite à faible discrépance (cf. Chapitre 3). Leur point commun est que pour identifier une fonction sur laquelle on ne veut faire aucune hypothèse si ce n'est une hypothèse de régularité, il est nécessaire de disposer des observations sur tout le domaine du facteur. Les hypercubes latins avec des propriétés de remplissage de l'espace, de type *space filling design* (cf. Chapitre 3), sont dans ce cas à privilégier d'autant plus qu'une de leurs propriétés est de répartir les points sur le domaine de tous les facteurs. Le choix d'un plan d'expérience optimal devient encore plus difficile à proposer lorsqu'on veut identifier une forme multidimensionnelle car dans ce cas le remplissage de l'espace est très important (encore plus que dans le cadre du modèle linéaire multiple).

## 6.4  Méthodes de prédiction par processus gaussien

L'idée de base des méthodes de prédiction par processus gaussien est de prédire la valeur en tout point $\mathbf{x}$ du domaine comme étant une

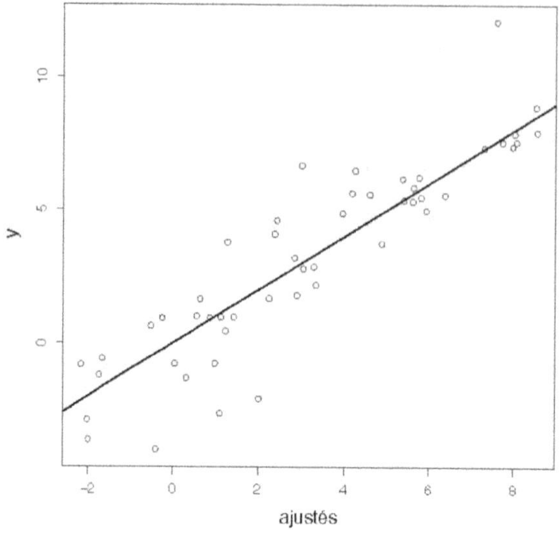

FIGURE 6.14 – Modèle ISHIGAMI : qualité d'ajustement du meilleur modèle additif.

combinaison linéaire des valeurs observées (simulées) sur un échantillon de points. La formule de prédiction est de la forme

$$\hat{Y}(\mathbf{x}) = \sum_{i=1}^{n} \alpha_i(\mathbf{x}) Y(\mathbf{x}_i)$$

où les paramètres $\alpha_i$ correspondent aux poids respectifs de chaque donnée dans la prédiction de la valeur au nouveau point $\mathbf{x}$. Ces paramètres sont estimés de telle sorte que cette prévision soit sans biais et de variance minimale quel que soit $\mathbf{x}$. Pour ce faire, on va s'intéresser plus particulièrement aux corrélations entre les observations en deux points distincts.

Les modélisations présentées dans les sections précédentes supposent que le lien entre les réponses du modèle en deux points distincts est explicite et déterministe, la relation pouvant être paramétrique ou non. La modélisation par processus gaussien, stochastique de manière plus générale, exprime quant à elle ce lien par le biais d'une structure de covariance entre les valeurs observées.

La prédiction en tout point se fera par une formule d'interpolation exacte non plus avec le modèle déterministe mais avec la formule du meilleur prédicteur linéaire sans biais construit à partir des observations et de la structure de covariance estimée. Cette méthode issue de la géostatistique minière est communément appelée méthode de krigeage. Dans le cas de l'étude d'une fonction code déterministe, les valeurs prédites par krigeage aux points de l'échantillon correspondront aux valeurs effectivement simulées, contrairement à la plupart des modèles de régression. En dehors de l'échantillon initial, la précision des prédictions se dégradera plus on s'éloignera des points de l'échantillon d'estimation.

### 6.4.1 Modèle de krigeage universel

Cette approche suppose que la sortie du modèle $Y$ évaluée en un point quelconque $\mathbf{x}$ du domaine s'écrit

$$Y(\mathbf{x}) = \sum_{l=1}^{p} \theta_l h_l(\mathbf{x}) + Z(\mathbf{x})$$

où les fonctions $h_l$ sont des fonctions déterministes prédéfinies, les $\theta_l$ sont des paramètres inconnus à estimer et $Z(\mathbf{x})$ est un processus gaussien stationnaire d'espérance nulle $E(Z(\mathbf{x})) = 0$ et de covariance qui ne dépend que de la distance entre les points $\mathbf{x}_i$ et $\mathbf{x}_j$

$$\mathrm{Cov}(Z(\mathbf{x}_i), Z(\mathbf{x}_j)) = \sigma^2 R(\mathbf{x}_j - \mathbf{x}_i)$$

avec $\sigma^2$ la variance de $Z$ et $R(.)$ la fonction de corrélation de $Z$. Ainsi, pour chaque point $\mathbf{x}$ du domaine d'étude, la sortie du simulateur est modélisée comme une variable gaussienne d'espérance $\sum_{l=1}^{p} \theta_l h_l(\mathbf{x})$ et de variance $\sigma^2$. Cette première composante linéaire est appelée dérive (drift en anglais). Dans le cas où cette dérive n'est modélisée que par une espérance $\mu$, le modèle est appelé modèle de krigeage ordinaire. L'erreur systématique est modélisée par la composante $Z(\mathbf{x})$ dont la régularité est contrôlée par la fonction de corrélation $R(.)$.

### 6.4.2 Choix du modèle d'auto-corrélation et estimation des paramètres

Outre les hypothèses portant sur la dérive, le modèle de krigeage universel repose entièrement sur les hypothèses relatives à la composante stochastique $Z(.)$ du modèle. Une première hypothèse concerne la stationnarité du processus : cela signifie que la loi de ce processus, compte tenu de la dérive, ne dépend en rien de sa position. Entre autres, la variance $\sigma^2$ est indépendante de la position du point dans le domaine. La seconde concerne la loi de ce processus. Nous supposerons que ce processus est gaussien : il n'est défini que par sa fonction de variance-covariance exprimant les corrélations entre les observations en deux points du domaine.

Différentes fonctions de corrélation $\gamma(d) = R(\left\|\mathbf{x}_i - \mathbf{x}_j\right\|)$ où $d$ est la distance euclidienne $\left\|\mathbf{x}_i - \mathbf{x}_j\right\|$ entre les points sont envisageables mais avec des propriétés de régularité de la surface de krigeage différentes. Si $\gamma(d)$ est linéaire c'est-à-dire $\gamma(d) = 1 - \tau d$ alors la surface de krigeage est continue partout mais non dérivable aux points de l'échantillon ; si elle est parabolique à l'origine, alors la surface est continue et dérivable partout ; une forme cubique donne des prédictions comme les splines cubiques ; une forme exponentielle $\gamma(d) = \exp(-\tau d)$ fournit une fonction continue mais pas de carré différentiable ; une forme gaussienne $\gamma(d) = \exp(-\tau d^2)$ la donne indéfiniment différentiable. La fonction de corrélation de Matérn $\gamma(d) = \frac{(\tau d)^\nu}{\Gamma(\nu)2^{\nu-1}}K_\nu(\tau d)$ (avec $K_\nu(.)$ la fonction de Bessel modifiée), la plus souple en terme de régularité ($\nu$ réglant la différentiabilité du processus), est préconisée par Koehler et Owen [103].

Cette paramétrisation est unidimensionnelle et le passage au multidimensionnel se fait par exemple en faisant le produit des corrélations unidimensionnelles

$$R(\mathbf{x}_i, \mathbf{x}_j) = \prod_{k=1}^{K} R_k(\mathbf{x}_i^{(k)}, \mathbf{x}_j^{(k)})$$

Dans le cas d'une fonction de corrélation gaussienne, elle s'exprime par

$$R(\mathbf{x}_i, \mathbf{x}_j) = \exp\left(\sum_{k=1}^{K} \beta_k \left\|\mathbf{x}_i^{(k)} - \mathbf{x}_j^{(k)}\right\|^2\right)$$

Dans le cas où $Z(.)$ est gaussien, l'estimation des paramètres est le plus souvent réalisé par maximum de vraisemblance. L'estimation de la dérive est quasi-analytique, celle de la variance idem. Par contre, l'estimation des paramètres de la fonction de corrélation ne l'est pas. Il faut donc utiliser un algorithme d'optimisation non linéaire.

Par exemple, dans le cas d'une dérive polynomiale, on peut écrire $Y(\mathbf{x}) = \mathbf{X}\Theta + Z(\mathbf{x})$ comme dans le cadre d'un modèle linéaire multidimensionnel à la différence que le résidu aléatoire $Z(\mathbf{x})$ n'est plus un bruit blanc mais une variable aléatoire centrée de matrice de covariance $R$. L'estimateur du vecteur des paramètres $\Theta$ s'obtient par $\widehat{\Theta} = \left(X' R^{-1} X\right)^{-1} X' R^{-1} Y$ et celui de la variance par $\widehat{\sigma^2} = \frac{1}{n}(Y - X\widehat{\Theta})' R^{-1}(Y - X\widehat{\Theta})$. Comme $R$ n'est pas connue, il faut l'estimer et, dans une procédure itérative, remplacer dans ces deux formules $R$ par son estimation $\hat{R}$.

### 6.4.3  Formule de prédiction

La valeur prédite en un point quelconque $\mathbf{x}_*$ du domaine est obtenue par

$$\widehat{y}(\mathbf{x}_*) = \sum_{l=1}^{p} \widehat{\theta}_l h_l(\mathbf{x}_*) + \widehat{r}(\mathbf{x}_*)\widehat{R^{-1}}(Y - \sum_{l=1}^{p} \widehat{\theta}_l h_l(X))$$

où $Y = (Y(\mathbf{x}_i))_{i=1,n}$ est le vecteur des valeurs observées aux points $\mathbf{x}_i$, $h_l(X) = (h_l(\mathbf{x}_i))$ le vecteur de la composante de la dérive évaluée aux points $\mathbf{x}_i$, les $\widehat{\theta}_l$ sont les paramètres estimés de la dérive, $\widehat{R^{-1}}$ l'inverse de la matrice de variance-covariance estimée aux points de l'échantillon et $\widehat{r}(\mathbf{x}_*)$ le vecteur des corrélations estimées entre le nouveau point $\mathbf{x}_*$ et les $n$ points observés de l'échantillon $(\widehat{r}_i(\mathbf{x}_*) = \widehat{R}(\mathbf{x}_*, \mathbf{x}_i))_{i=1,\ldots,n}$.

Dans le cas linéaire gaussien, il s'agit de la formule du meilleur prédicteur linéaire sans biais ce qui signifie qu'en espérance, le prédicteur fournit la vraie valeur, et ceci avec une variance la plus faible possible (pour les prédicteurs de cette forme).

Nous pouvons constater que la valeur prédite par cette formule aux points échantillonnés correspondent bien aux valeurs effectivement observées. Plus on s'éloigne des points observés, plus la prédiction est celle de la dérive, le produit $\widehat{r}(\mathbf{x}_*)\widehat{R^{-1}}$ devenant faible. On peut également estimer la précision autour de la valeur prédite. Ceci est très intéressant car cela nous permet d'avoir une prédiction en un point où le modèle n'a pas été évalué avec un intervalle de prédiction associé.

On peut observer sur la figure 6.15 les surfaces obtenues pour 3 hypothèses sur le modèle de dérive. On constate très peu de différences entre un modèle de processus gaussien sans dérive (Figure 6.15 (b)), un modèle de processus gaussien avec dérive additive (Figure 6.15 (a)) et un modèle de processus gaussien avec dérive additive et interactions deux à deux (Figure 6.15 (c)) montrant la forte efficacité d'un modèle basé sur les seules corrélations.

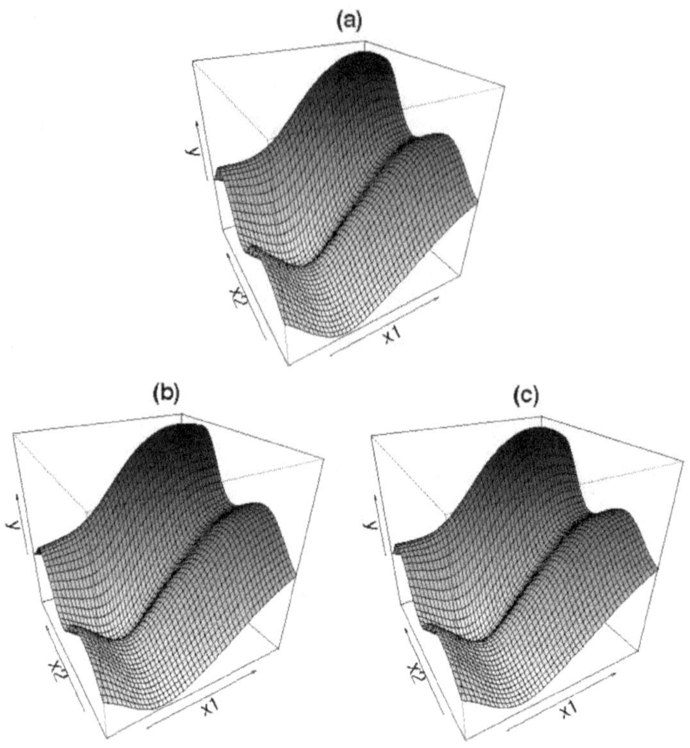

FIGURE 6.15 – Surfaces de réponse obtenues pour le modèle ISHIGAMI par un modèle de processus gaussien avec aucune dérive (b), avec dérive additive (a) et avec dérive additive et interactions deux à deux (c).

## 6.4.4  Plans d'expérience optimaux

Aussi bien pour des raisons d'estimabilité des paramètres des fonctions de corrélations que pour homogénéiser le plus possible la précision de la surface de réponse, les plans d'expérience qui cherchent à remplir l'espace le plus efficacement possible sont à privilégier. Pour le premier point concernant l'estimabilité, il faut pouvoir identifier efficacement les paramètres des fonctions de corrélation ; il est nécessaire d'avoir des informations sur toute la gamme de variation des distances entre les points. Pour le second point concernant l'homogénéité de la précision, les modèles de processus gaussien ont comme principe que plus on s'éloigne des points échantillonnés, moins la prédiction est précise ; il est nécessaire de ne pas laisser de vide dans l'espace des paramètres.

Parmi les plans décrits dans le chapitre 3, les plans hypercubes latins optimisés sont parmi les plus efficaces. Cependant, ils ont de très bonnes propriétés si le modèle de covariance est bien connu. Simpson *et al.* [189] signalent des difficultés d'ajustement des paramètres pour les plans factoriels ou les plans *central-composite*.

## 6.5   Synthèse

Dans ce chapitre, trois classes de méthodes (paramétriques, non-paramétriques, processus gaussien) ont été présentées pour inférer un modèle simplifié (métamodèle, émulateur, surrogate, surface de réponse, etc.). Il existe bien d'autres méthodes comme les méthodes à base de réseaux de neurones (Bishop [7]), les méthodes d'apprentissage basées sur la classification comme les SVM (support vector machines) (Vapnik [206]) et les forêts aléatoires (Breiman [12]). En fait, toute la panoplie de modélisation et d'apprentissage statistique est disponible et de nombreux auteurs comparent leur efficacité respective. Outre Simpson *et al.* [189], Storlie et Helton [198] ou Villa-Vialaneix *et al.* [209], on peut citer d'autres références portant sur des comparaisons de métamodèles comme Wang et Shan [211] et Forrester et Keane [57].

Concernant les modèles linéaires paramétriques, ils présentent l'avantage d'être simples à manipuler : leurs paramètres ne sont pas trop délicats à estimer même si dans le cas d'un grand nombre de facteurs l'ensemble des interactions possibles peut rapidement devenir très important. Concernant leur pouvoir prédictif, il atteint son potentiel rapidement en fonction du nombre de données. Cependant, cette modélisation repose sur une hypothèse forte de linéarité sur le domaine de variation des facteurs ce qui peut s'avérer n'être souvent pas le cas. Par exemple, les réponses d'un modèle sont souvent asymétriques (pas d'interaction entre les facteurs sur une partie du domaine et interaction sur l'autre partie). Dans ce cas, une telle interaction sera identifiée mais pas son comportement local.

Les métamodèles à base de régression non-paramétriques présentent l'intérêt de pouvoir suivre des comportements locaux particuliers. Il est cependant nécessaire, pour bien les caractériser, de disposer en général d'un nombre assez important de données car ces comportements locaux ne sont que très peu inférables à partir des observations sur d'autres parties du domaine de variation des facteurs. Ils s'améliorent en principe avec l'augmentation de la taille du plan d'expérience. Villa-Vialaneix *et al.* [209] mentionnent une certaine efficacité des splines de lissage de la décomposition ANOVA du modèle par une estimation et une sélection de variables adaptative selon la méthode COSSO de Lin et Zhang [120] qui utilise une pénalisation basée sur la somme des normes des composants et non la somme des carrés de la norme. Cette procédure nécessite de calculer des structures matricielles de taille assez importante en fonction de la dimension des échantillons d'apprentissage et de validation.

Les métamodèles à base de processus gaussien présentent dans bien des cas une grande efficacité pour les tailles d'échantillon assez faibles. Les hypothèses sur une forme explicite du modèle sont quasi inexistantes ; la seule hypothèse forte repose sur une co-relation entre les comportements en les points du domaine. La difficulté, pour cette méthode, concerne principalement les aspects calculatoires car il est nécessaire, pour la prédiction, d'inverser une matrice de taille $n \times n$, $n$ étant la taille de l'échantillon.

Une autre méthode, non présentée ici, semble recueillir tous les suffrages, dès que la taille de l'échantillon d'apprentissage devient important. Il s'agit des prédictions à base de forêts aléatoires (Breiman [12]). Schématiquement, cette méthode est basée sur une segmentation des comportements (valeurs de la variable de sortie du modèle) sur la base d'un arbre binaire de décision.

Pour conclure, la plupart des méthodes présentées ici ou dans la bibliographie sont assez faciles à mettre en œuvre car disponibles dans la plupart des logiciels ; on peut donc souvent rapidement les appliquer en utilisant les options par défaut. Elles nécessitent cependant, dès qu'on veut aller plus loin, une certaine technicité. Il est alors conseillé, si possible, d'évaluer la qualité prédictive de ces métamodèles. La stratégie la plus adéquate, si on a à effectuer un choix entre différentes modélisations, serait de pouvoir disposer de 3 jeux de données indépendants : le premier servant à estimer les paramètres des métamodèles, le deuxième servant à comparer les métamodèles candidats et le troisième servant à évaluer la qualité du métamodèle choisi. Cette stratégie n'est envisageable que si nous pouvons disposer assez facilement de grandes bases de données. De plus, selon la variable de sortie de la fonction code (du modèle de départ), les facteurs influents peuvent être très différents et les métamodèles évalués comme étant les plus performants peuvent être également différents.

Pour finir, il faut garder à l'esprit que les métamodèles ainsi établis ne sont que des approximations du modèle du système initial (de la fonction code) et ne peuvent être considérés comme un modèle du système réel qu'avec précaution.

# Chapitre 7

# Grille de sélection d'une méthode d'analyse de sensibilité globale

*Stéphanie Mahévas et Bertrand Iooss*

Evaluer la qualité d'un modèle par exemple dans sa capacité à reproduire le fonctionnement d'un système, à le comprendre ou à soutenir une prise de décision, nécessite de mettre en œuvre une analyse de sensibilité (Kleijnen [97], Saltelli [171], Beck et Chen [4]). L'analyse de sensibilité est une méthode d'identification des facteurs qui sont la cause des variations les plus importantes des sorties du modèle et de quantification ou qualification de leur influence. On distingue souvent les analyses de sensibilité locales (qui analysent l'influence d'un paramètre sur les sorties, les autres étant supposés constants) des analyses de sensibilité globales (qui explorent conjointement tout l'espace d'incertitude de l'ensemble des paramètres) (Campolongo *et al.* [18]). On peut aussi les classer selon qu'elles qualifient l'influence des facteurs ou qu'elles la quantifient. Nous nous intéresserons ici aux analyses de sensibilité globales qu'elles soient qualitatives ou quantitatives.

Mettre en œuvre une analyse de sensibilité globale requiert dans un premier temps d'expliciter les objectifs de l'analyse du modèle et la précision recherchée dans le diagnostic (Saltelli *et al.* [179]). Les variables (sorties du modèle) sur lesquelles l'analyse va porter et la liste des paramètres du modèle qui seront considérés dans l'analyse doivent être définis en fonction des objectifs de l'analyse. Le nombre, la nature (discrète ou continue) des paramètres et le temps (ou le coût) nécessaire à la réalisation d'une expérience (simulation) sont alors les caractéristiques qui, conditionnellement à la régularité du modèle et aux moyens disponibles pour réaliser les expériences, dicteront le choix de la méthode d'analyse de sensibilité.

Une approche rationnelle pour réaliser une analyse de sensibilité passe dans une première étape par une revue des méthodes existantes. Les chapitres précédents de cet ouvrage s'y sont consacrés. Bien que non exhaustive, cette revue donne une vision globale des méthodes disponibles au modélisateur. La compréhension de ces méthodes, des hypothèses sous-jacentes et des contraintes opérationnelles est le gage du choix d'une méthode adaptée au modèle d'étude et à la question posée. Néanmoins la diversité des méthodes et des objectifs de mise en œuvre des analyses de sensibilité rend ce choix parfois non trivial. Si la littérature regorge d'articles scientifiques décrivant les fondements mathématiques de l'une ou l'autre de ces méthodes (voir par exemple Saltelli *et al.* [179] pour une revue), peu d'articles à notre connaissance proposent un guide pragmatique et synthétique de choix de la "bonne" méthode. Cariboni *et al.* [21] proposent une figure combinant un graphique à deux entrées (le nombre de facteurs et le temps CPU requis pour une simulation) et un arbre de décision. Le graphique vise à positionner de grandes familles de méthodes (du local au global, du déterministe au stochastique) et l'arbre permet d'orienter le choix en fonction de la linéarité de la variable réponse du modèle et du nombre de simulations du modèle à réaliser. Cette présentation reste néanmoins complexe et ne détaille pas l'ensemble des méthodes décrites dans cet ouvrage.

L'approche choisie dans ce chapitre se veut opérationnelle, simple et efficace, avec des niveaux de lecture adaptés à la connaissance du modèle (Campolongo *et al.* [18], Iooss [80]). Certains utilisateurs n'ayant pas accès aux détails des processus décrits par le modèle utilisent ce dernier comme une boîte noire et ont donc besoin de méthodes robustes aux hypothèses inhérentes au modèle. D'autres ont une appréhension des propriétés du modèle et peuvent par conséquent orienter leur choix vers des méthodes plus spécifiques.

Nous avons ainsi fait le choix de présenter deux grilles de sélection selon une utilisation boîte noire (Kleijnen [97]) ou boîte blanche (i.e. avec une connaissance interne du modèle par opposition à boîte noire) du modèle. Ces grilles synthétisent graphiquement les méthodes visitées dans les chapitres précédents et proposent des critères pragmatiques pour sélectionner une méthode pertinente d'analyse de sensibilité. Dans la suite de ce document, on suppose que le modélisateur dispose d'une estimation du temps ou du coût d'utilisation de son modèle et de la liste des paramètres du modèle dont il veut connaître l'influence sur la variable de sortie.

## 7.1   Notations et définitions

Considérons le modèle $\mathcal{G}(.)$. Il décrit les processus dynamiques de variables, que nous noterons $X$ (par exemple, l'abondance d'une population), caractérisés par des paramètres notés $\Theta$ (par exemple, un taux de fécondité). Il peut aussi être décomposé en plusieurs fonctions de variables et de paramètres (par exemple, une courbe de croissance). $\mathcal{G}(.)$ est supposé déterministe, c'est-à-dire que les processus et les fonctions du modèle ne sont pas stochastiques. Les variables de sorties (par exemple les captures d'une flottille) du modèle seront notées $\mathbf{Y}$. On note $Y = \mathcal{G}(X, \Theta)$ dans le cas où on étudie une sortie scalaire $Y$. Le modèle $\mathcal{G}(.)$ est considéré analytique si $\mathcal{G}$ est une fonction mathématique explicite. Dans une analyse statistique du modèle $\mathcal{G}(.)$, les variables et paramètres sont indifféremment appelés facteurs et notés $X$ dans la suite. On note $K$ le nombre de facteurs. Les valeurs ou modalités prises par les facteurs sont appelées niveaux.

On se place ici dans le cadre d'un modèle dont l'analyse de sensibilité globale ne peut-être résolue analytiquement. Cette analyse sera donc réalisée par une exploration numérique (simulation) du modèle. Elle consiste à faire varier simultanément l'ensemble des facteurs, à simuler les scénarios associés à ces combinaisons et à analyser les variables de sortie en fonction des niveaux des facteurs.

Considérons les définitions suivantes :

**Définition 10.** Une analyse de sensibilité globale est définie par :

1. le choix d'une méthode d'exploration de l'espace des facteurs incertains du modèle pour générer des combinaisons de niveaux de ces facteurs,

2. le choix d'une méthode statistique d'estimation des indices de sensibilité des facteurs incertains à partir des sorties du modèle simulées pour chacune des combinaisons de niveaux générées.

Chacune des combinaisons de niveaux des facteurs incertains spécifie les facteurs d'entrée d'une expérience numérique élémentaire et l'ensemble des combinaisons définit le plan d'expériences.

**Définition 11.** Une expérience est la simulation par le modèle $\mathscr{G}$ d'une réalisation $\mathbf{x}$ du jeu de facteurs $X$. Elle se caractérise par le vecteur $\mathbf{x} = (x_1, \ldots, x_K)$ et par la sortie du modèle $Y = \mathscr{G}(\mathbf{x})$.

On distingue des expériences stochastiques qui seront les résultats d'un échantillonnage aléatoire des niveaux pour chaque facteur, des réalisations déterministes qui seront les résultats d'une combinaison de choix prédéfinie des niveaux de chaque facteur. Cette distinction est nécessaire pour le choix de la méthode statistique d'analyse du plan d'expériences. Le plan d'expériences permet d'apprécier les variations des sorties du modèle au regard des variations sur les facteurs. Ces variations sont quantifiées par le biais des indices de sensibilité. L'indice de sensibilité du facteur $X_j$ pour la variable $Y$, appelé aussi indice de premier ordre, se définit comme la variation partielle de $Y$ induite par la variation d'un facteur. L'indice de sensibilité de l'interaction entre le facteur $X_i$ et le facteur $X_j$ pour la variable $Y$, appelé aussi indice de deuxième ordre, se définit comme la variation partielle de $Y$ induite par la variation des facteurs $X_i$ et $X_j$. Enfin, l'indice de sensibilité total d'un facteur $X_j$ pour la variable $Y$, est égal à la somme des indices de sensibilité associant ce facteur. L'estimation des indices de sensibilité peut se faire *via* un modèle statistique d'analyse de la variance (modèle linéaire, modèle additif, modèle à effets aléatoires, etc.) ou bien directement par la formule de la statistique découlant de la méthode d'exploration. Dans tous les cas, il est indispensable de s'assurer que les hypothèses requises pour l'ajustement du modèle et l'interprétation des sorties soient vérifiées.

## 7.2 Contraintes et caractéristiques d'une analyse de sensibilité

Mettre en œuvre une analyse de sensibilité requiert de réaliser méthodiquement quatre étapes :

**Etape 1** La première consiste à identifier les facteurs à considérer dans l'analyse et les variables de sortie. La question de l'exploration guide en général ces choix. Par exemple, lorsque l'on cherche à utiliser le modèle pour prendre une décision, les facteurs d'entrée seront tous les paramètres et variables incertaines, les variables de sortie seront les critères de décision (indicateurs).

**Etape 2** La deuxième étape consiste à déterminer le domaine de définition ou de variation et la distribution de chacun des facteurs. Cette étape est parfois compliquée car on ne maîtrise pas toujours l'incertitude sur les facteurs. Une possibilité peut alors être de fixer une gamme de variation identique pour tous les facteurs. On rencontre souvent dans la littérature une variation de 20% autour de la valeur de référence. Concernant la distribution, en absence d'information, il est couramment choisi une distribution uniforme.

**Etape 3** La troisième étape est le choix de la méthode d'analyse de sensibilité.

**Etape 4** La quatrième étape consiste à calculer les indices de sensibilité des facteurs pour chaque variable de sortie ou pour l'ensemble des variables de sortie.

Ici, nous nous focalisons sur les étapes 3 et 4, et nous proposons une grille de sélection de la méthode de sensibilité globale la plus pertinente au regard des caractéristiques du modèle et des contraintes opérationnelles. L'analyse de sensibilité est en général réalisée dans des contraintes de coût ou de temps qui limitent le nombre d'expériences réalisables. Supposons qu'une simulation du modèle $\mathcal{G}(.)$ prenne $d$ unités de temps (respectivement $c$ unités de coûts) et que nous disposions d'une durée $D$ (respectivement un budget $C$) pour réaliser cette analyse, le nombre maximum de simulations est alors borné supérieurement par $D/d$ (respectivement $C/c$). D'un autre côté, le nombre de simulations est directement relié au nombre de facteurs, au domaine de variation des facteurs et à l'intensité d'exploration de ces domaines. Par exemple, pour un espace de deux facteurs discrets à deux modalités, $(x_1, x_2) \in \{0, 1\}^2$, le nombre d'expériences peut varier de 1 à 4. Si les deux facteurs sont continus définis sur $[0; 1]$, $(x_1, x_2) \in [0, 1]^2$, alors le nombre d'expériences peut varier de 1 à $\infty$. Il en résulte que borner le nombre de simulations possibles déterminera l'intensité d'exploration du domaine de variation des facteurs et par conséquent la précision des indices de sensibilité.

En résumé, choisir une méthode d'analyse de sensibilité consiste à relever le défi de choisir le meilleur compromis entre l'exploration intensive du domaine de variation des facteurs et la limitation du nombre de simulations pour éviter de dépasser les temps de simulation disponibles.

Le type de facteurs considéré influence aussi le choix de la méthode (Campolongo *et al.* [18]). Certaines méthodes d'analyse de sensibilité ne s'appliquent qu'à des facteurs continus et sont donc en général inexploitables pour les facteurs discrets. La configuration inverse pose moins de problèmes puisqu'un facteur continu peut toujours être discrétisé.

Enfin le niveau de précision recherché oriente aussi le choix de la méthode d'analyse de sensibilité. Certains chercheront à évaluer qualitativement les facteurs influençant le modèle, par exemple dans une approche exploratoire. D'autres auront besoin d'une estimation précise des indices de sensibilité des facteurs et de leurs interactions, pour quantifier par exemple l'apport d'une réduction de l'incertitude des facteurs sur l'incertitude de la sortie.

## 7.3 Critères de choix d'une analyse de sensibilité

Les propriétés de régularité du modèle étudié sont souvent indissociables du calcul des indices de sensibilité (Campolongo *et al.* [18]). Les modèles complexes sont susceptibles de présenter des irrégularités, par exemple une non linéarité de la variable réponse en fonction des paramètres. Cependant les propriétés de $Y$ sont souvent mal appréciées. Nous présentons donc dans un premier temps une grille permettant de sélectionner des méthodes robustes à ces irrégularités, dites "indépendantes du modèle" (Saltelli [171]), dans une configuration d'utilisation boîte noire du modèle. Les critères de choix de la méthode se doivent d'être très pragmatiques et opérationnels. Il est important de garder à l'esprit qu'un modèle présentant *a priori* de fortes irrégularités nécessitera une exploration plus fine de l'espace des paramètres qu'un modèle régulier. Pour un utilisateur averti, il est possible d'optimiser le choix de la méthode en prenant en compte les propriétés du modèle. Dans un deuxième temps, nous présentons donc une grille plus complète qui permet d'adapter le choix de la méthode à ces propriétés.

### 7.3.1 Critères de choix pour un modèle boîte noire

Spontanément sur la base des remarques précédentes, il apparaît que le choix de la méthode de sensibilité est guidé d'un côté par le nombre de facteurs et leurs types (discret fini, discret infini, continu) et d'un autre côté par le temps de simulation du modèle (ou le coût) conditionnellement aux moyens disponibles (nombre de simulations réalisables) pour faire cette analyse. Dans une configuration d'utilisation du modèle comme une boîte noire, nous proposons les trois critères suivants pour sélectionner une méthode d'analyse de sensibilité :

1. le nombre de simulations réalisables,
2. le nombre de facteurs,
3. le type des facteurs (continus, discrets).

Dès lors que les modèles sont complexes, appréhender le sens des interactions d'ordre 2 entre facteurs est souvent difficile voire impossible. C'est pourquoi nous nous sommes limités dans cette grille aux méthodes permettant d'estimer les effets principaux, les effets totaux et pour certaines les effets d'interaction d'ordre 2.

### 7.3.2 Critères de choix pour un modèle boîte blanche

Considérons à présent que l'utilisateur du modèle connait le sens de variation de la variable de sortie du modèle et plus particulièrement son degré de linéarité. Si de plus il dispose d'information sur les interactions entre les paramètres alors il lui est possible de choisir sa méthode d'analyse de sensibilité en fonction des deux critères suivants :

1. le nombre de simulations réalisables,
2. les propriétés du modèle.

Le nombre de simulations peut être exprimé comme un multiple de $K$ le nombre de facteurs. Les propriétés du modèle seront classées selon 5 catégories, de la plus régulière à la plus complexe : linéaire de degré 1, monotone sans interaction, monotone avec interactions, non monotone continu, non monotone discontinu.

## 7.4 Grilles de choix de la méthode

En reprenant les critères de choix présentés au paragraphe précédent, deux grilles de choix de la méthode d'analyse de sensibilité sont construites selon une utilisation boîte noire (Figure 7.1) ou boîte blanche (Figure 7.2) du modèle. La première reprend l'ensemble des méthodes présentées en détail dans les chapitres 4, 5 et 6, alors que la seconde inclut toutes les méthodes décrites dans le chapitre 2.

### 7.4.1 Grille pour un modèle boîte noire

La lecture de la figure 7.1 est proposée en suivant l'axe des abscisses, c'est-à-dire en augmentant progressivement le nombre de facteurs ou de niveaux des facteurs et en considérant dans un premier temps la configuration où tous les facteurs sont discrets et, dans un second temps, celle où tous les facteurs sont continus. Les méthodes permettant d'estimer plus que les effets principaux et totaux, à savoir des effets d'interaction, sont surlignées.

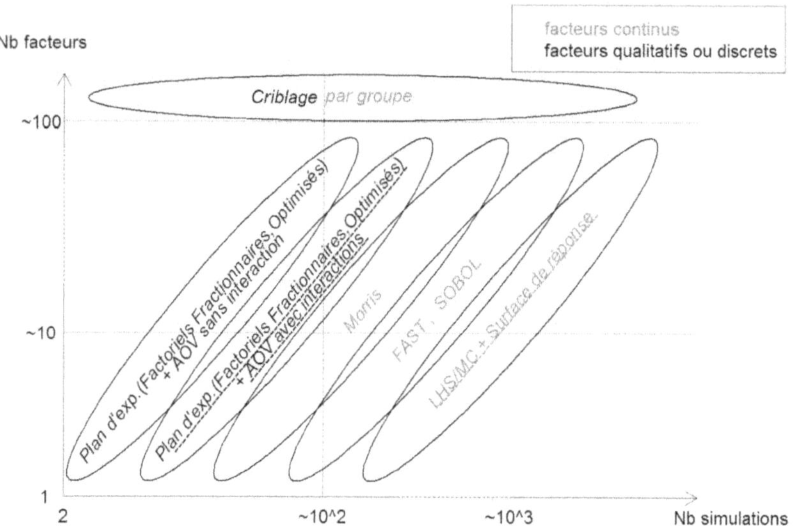


FIGURE 7.1 – Grille de sélection d'une méthode d'analyse de sensibilité. Les nombres de facteurs en abscisse et les nombres de simulations sont donnés à titre indicatif et s'apparentent à des choix pour un modèle dont le temps de calcul d'une simulation est de l'ordre de 10 minutes et la durée maximale de l'analyse est d'une journée.

## Si tous les facteurs sont discrets

Les grandes classes de méthodes utilisables sont les plans d'expériences usuels (*e.g.* factoriels fractionnaires, plans optimaux) couplés à une analyse de variance. Ces plans d'expériences correspondent à une sélection des expériences dans un plan d'expériences complet. Un plan d'expériences complet consiste en l'ensemble des expériences associées à la combinaison exhaustive de tous les niveaux possibles des facteurs considérés dans l'analyse. Cette sélection repose sur le calcul d'un critère (*e.g.* l'identifiabilité à partir d'une clé pour les plans fractionnaires, la D-optimalité pour les plans D-optimaux) imposant la résolution d'un calcul algébrique rapidement insoluble si les nombres de facteurs et de niveaux sont trop grands. Ce type de plans est donc souvent préconisé lorsque l'on a peu de facteurs (moins de 10 facteurs) et un nombre réduit de simulations réalisables.

Les plans factoriels fractionnaires sont caractérisés par un indicateur de résolution qui rend compte de l'identifiabilité des indices de sensibilité (Box *et al.* [10]). Une résolution supérieure ou égale à V assure l'identifiabilité des indices de premier et deuxième ordre. Une résolution inférieure à III ne garantit pas l'identifiabilité des indices de premier ordre. Avec ce type de plans, la méthode d'estimation des indices de sensibilité est directement déduite d'une analyse de variance des sorties du modèle en considérant les différents facteurs incertains inclus dans l'analyse de sensibilité. Les algorithmes utilisés pour la construction de ce type de plans fonctionnent efficacement pour un nombre de facteurs réduit avec peu de modalités.

Par exemple, lorsque l'objectif est d'estimer les indices de sensibilité des effets principaux et des interactions de deuxième ordre en utilisant un plan factoriel fractionnaire pour 10 facteurs à 2 modalités, le nombre d'expériences requises est égal à $2^7 = 128$ (p. 272 dans Box *et al.* [10]). Si une simulation dure environ 10 minutes, le temps total de calcul sera d'environ 21 heures. Si la contrainte relative au coût de mise en œuvre ou aux moyens disponibles est d'une journée de calcul (soit 144 simulations de 10 minutes), il est par conséquent possible de simuler l'ensemble des expériences définies par un plan factoriel fractionnaire de résolution V et d'estimer par une analyse de variance la sensibilité des différents facteurs et de leur interactions deux à deux. Augmentons à présent le nombre de niveaux. Si les 10 facteurs ont 3 niveaux, estimer la sensibilité de ces 10 facteurs avec la même précision (effets principaux et interactions) nécessite maintenant $3^5 = 243$ expériences soit 40 heures. Si le nombre de facteurs est égal à 15 avec 2 niveaux, il faut réaliser $2^8 = 256$ expériences soit 43 heures de simulation pour estimer les effets principaux et les interactions.

Ces ordres de grandeur permettent de prendre la mesure de la limite d'exploitation des plans d'expériences. Au delà de 10 facteurs, à contraintes fixées dans l'utilisation du modèle (ici une journée avec un temps de simulation de 10 minutes), on est rapidement contraint à réduire la résolution du plan d'expériences, ce qui limite la précision d'estimation de la sensibilité des facteurs, ou l'exploration du domaine de variation des facteurs.

## Si tous les facteurs sont continus

Classiquement une première approche exploratoire de l'espace des facteurs et de leur influence sur les sorties se fait en utilisant la méthode de Morris (cf. Chapitre 4). Cette méthode consiste en une exploration de l'espace des facteurs sur une grille en considérant un échantillonnage fini régulier du domaine de variation de chacun des facteurs. Dans ce nouvel espace fini de dimension $K$, un nombre fini $r$ de trajectoires de $K+1$ points sont construites en passant d'un point au suivant en augmentant la valeur d'un seul paramètre du pas de la grille. Le modèle est ensuite simulé en chacun de ces points, soit $r \times (K+1)$ évaluations, et l'indice de sensibilité de premier ordre pour chaque facteur est approché par la valeur moyenne des variations en valeur absolue de $Y$ relativement aux variations de ce facteur. Bien que s'apparentant aux méthodes d'analyse paramètre par paramètre, la méthode de Morris permet d'identifier les possibles interactions, sans les quantifier précisément, *via* le calcul de la variance de ces variations relatives. Par exemple, pour un jeu de 20 facteurs, en considérant un découpage régulier des intervalles de variation de ces facteurs (par exemple en 7 sous-intervalles) et la construction de 7 trajectoires (voir la méthode de Morris, Chapitre 4), il faut 147 simulations soit une journée de calcul. La méthode de Morris peut donc être utilisée dans à peu près toutes les configurations de nombre de facteurs en jouant sur le pas de découpage du domaine de variation des facteurs. Plus le nombre de simulations est important, plus l'indice de premier ordre sera précis.

On peut dans un deuxième temps avoir recours à des méthodes plus gourmandes en simulation telles que les méthodes de Sobol ou de FAST (cf. Chapitre 5) voire de surface de réponse (cf. Chapitre 6). Ces méthodes supposent de connaître ou sélectionner la distribution aléatoire des facteurs sur leur domaine de variation (Law et Kelton [110]). Par défaut on prendra une hypothèse de distribution uniforme (hypothèse implicite des méthodes présentées ci-dessus). Ces techiques sont recommandées pour peu de facteurs et avec des moyens de simulation importants. Les méthodes de Sobol et de FAST sont basées sur une décomposition exacte et analytique de la variance (voir Saltelli *et al.* [179] pour un historique de ces méthodes). La méthode des surfaces de réponse (appelées aussi métamodèles) repose sur l'ajustement d'un modèle paramétrique ou non paramétrique (*e.g.* modèle polynomial, modèle additif généralisé-GAM) (Kleijnen [96]).

La méthode d'exploration de Sobol (Sobol [194]) repose sur un échantillonage aléatoire de l'espace des paramètres, souvent implémenté par les techniques de Monte Carlo (Fishman [56]) ou par les hypercubes latins (McKay *et al.* [135]). Les estimateurs des indices de sensibilité ont une écriture analytique (déduite du théorème de Sobol, Sobol [194]). Les indices de premier ordre et les indices totaux sont estimés à partir de la simulation de $m \times (K + 2)$ expériences construites à partir de $2m$ tirages aléatoires dans l'espace des facteurs. L'avantage de la méthode de Sobol est la possibilité de calculer des intervalles de confiance des indices.

La méthode d'exploration de FAST (Cukier *et al.* [31]) est déterministe et repose sur un $m$-échantillonnage régulier du domaine de variation de chacun des facteurs selon une certaine sinusoïde. Les indices de sensibilité sont approchés par la décomposition de Fourier de la variance. Les indices de premier ordre et totaux sont calculés à partir des simulations du modèle réalisées pour $m$ expériences.

La méthode d'exploration par surfaces de réponse (appelée aussi métamodélisation) repose comme la méthode de Sobol sur un échantillonnage aléatoire de l'espace des paramètres. Les indices de sensibilité sont estimés à partir des effets estimés par le modèle. Ce type de modèle permet d'appréhender la nature de la variation de Y relativement à un ou plusieurs facteurs.

Lorsqu'il y a une inflation du nombre de paramètres, une stratégie que l'on retrouve souvent dans la littérature sous la dénomination de "criblage par groupe" (Watson [212]) consiste à regrouper les paramètres qui agissent de façon similaire sur les sorties. Chaque groupe ainsi constitué est alors traité comme un unique facteur. L'analyse de sensibilité est réalisée sur ces facteurs auxquels on attribue des modalités virtuelles. Une augmentation d'un facteur (passage d'une valeur faible à une valeur forte) correspond à une augmentation de tous les paramètres du groupe. On passe ainsi d'une analyse de sensibilité à $K$ paramètres à une analyse de sensibilité à $K'$ facteurs, $K' \ll K$. Cette approche repose sur une hypothèse forte que tous les paramètres d'un même groupe n'nteragissent pas entre eux.

Lorsque tous les facteurs ne sont pas continus, il est souvent nécessaire de considérer l'ensemble des facteurs comme discrets en discrétisant *a priori* le domaine de variation des facteurs continus. On peut alors appliquer les méthodes pour facteurs discrets.

## 7.4.2    Grille pour un modèle boîte blanche

La connaissance *a priori* des propriétés du modèle permet de choisir avec plus de précision la méthode d'analyse de sensibilité la plus pertinente. Dans le chapitre 2, une grande variété de méthodes d'analyse de sensibilité disponibles ont été passées en revue et positionnées en termes d'hypothèses requises et de réponses apportées. Cette revue n'est bien entendu pas exhaustive et ne tient pas compte d'éventuelles améliorations apportées aux différentes méthodes. C'est le cas par exemple pour la méthode des bifurcations séquentielles (Kleijnen [96]) et celle de Morris (Pujol *et al.* [157]).

La figure 7.2 présente une synthèse des méthodes en fonction des deux critères précisés ci-dessus, *i.e.* le nombre de simulations et les propriétés du modèle. Cette figure possède ainsi plusieurs niveaux de lecture :
- distinction entre méthodes de criblage (identification des entrées non influentes parmi un grand nombre) et méthodes de hiérarchisation précises de l'influence des entrées ;
- positionnement des méthodes en fonction du coût requis en nombre d'évaluations du modèle, qui dépend de manière plus ou moins linéaire du nombre de facteurs d'entrée ;
- positionnement des méthodes en fonction de leurs hypothèses sur la complexité et régularité du modèle ;
- visualisation d'une progression dans l'application de ces méthodes. En effet, une approche méthodologique raisonnée consiste à utiliser la méthode la plus simple adaptée au problème posé, fonction de l'objectif de l'étude, du nombre d'évaluations du modèle que l'on peut réaliser et de la connaissance que l'on a sur la complexité du modèle. La validation *a posteriori* de la méthode utilisée permet de savoir s'il est nécessaire d'utiliser une méthode plus performante, en réalisant ou non de nouvelles simulations.
- Le type d'informations en terme d'analyse de sensibilité apporté par chaque méthode est retranscrit pas une couleur : certaines méthodes fournissent seulement des indices de sensibilité au premier ordre, alors que d'autres donnent des résultats plus riches (interactions, indices totaux, etc.).

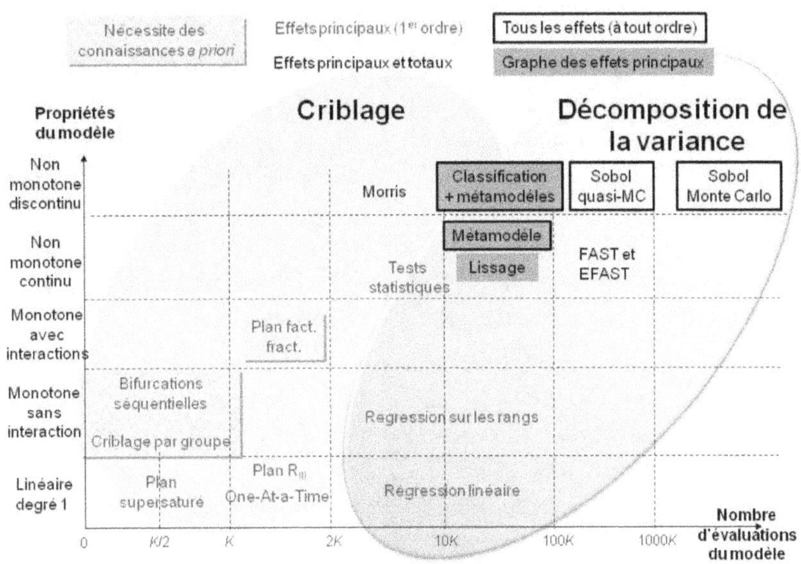


FIGURE 7.2 – Synthèse détaillée des méthodes d'analyse de sensibilité.

– Les cases grisées indiquent les méthodes nécessitant de posséder certaines informations sur le modèle : le sens de variation de la sortie par rapport aux entrées pour les bifurcations séquentielles et la connaissance d'interactions qui n'ont pas d'effet pour les plans factoriels fractionnaires.

## 7.5 Conclusion

Il existe de nombreuses méthodes d'analyse de sensibilité globale pour explorer numériquement un modèle. Ce chapitre propose et illustre une démarche pragmatique pour sélectionner une méthode d'analyse de sensibilité globale d'un modèle adaptée à l'objectif de l'analyse, aux moyens disponibles et aux caractéristiques du modèle. Elle se résume graphiquement par un découpage en régions d'un espace simplifié des objets "Modèle-objectif de l'analyse de sensibilité" à deux dimensions. Chaque région correspond à une ou plusieurs méthodes d'analyse de sensibilité. La précision du découpage et par conséquent des méthodes associées diffère selon la connaissance interne du modèle (régularité, interactions). Chaque dimension correspond à un critère d'aide au choix de la méthode.

Les deux grilles proposées offrent des schémas de lecture différents. Si le modèle est considéré comme une boîte noire, les critères sont très pragmatiques : "Combien de temps ai-je à ma disposition pour faire mon analyse ?" et "Combien ai-je de facteurs ?". Lorsque l'utilisateur est plus averti des propriétés du modèle (modèle boîte blanche), son choix sera guidé par les critères "Combien de simulations puis-je faire étant donné le nombre de facteurs ?" et "Quelle est la régularité du modèle ?".

Plus le modèle est complexe (nombreux paramètres et interactions entre processus), plus il est difficile d'appréhender *a priori* les propriétés du modèle. La première grille (Figure 7.1) est dès lors le support adapté pour choisir une première méthode d'analyse de sensibilité. Sachant que la complexité du modèle s'accompagne souvent de temps de simulation longs, l'utilisateur du modèle est généralement contraint à utiliser des méthodes dans la partie de la figure où le nombre de simulations est inférieur à 100, en démarrant très souvent par un criblage par groupes.

Le premier inconvénient de ces méthodes est la faible intensité d'exploration du domaine de variation des facteurs. Pour pallier cette faiblesse, il est judicieux d'adopter une approche adaptative consistant à réitérer les analyses de sensibilité en se concentrant au fur et à mesure sur les paramètres les plus influents (Kleijnen [97]). La réduction du nombre de facteurs en entrée de l'analyse permet ainsi d'augmenter le nombre de niveaux des facteurs étudiés.

Le second inconvénient de ces familles de méthodes est la présence de l'hypothèse de monotonie entre niveaux successifs, peu souvent vérifiée par les modèles complexes. L'approche itérative est aussi une manière de contourner cette difficulté. Permettant d'augmenter l'intensité d'exploration des domaines de variation des facteurs, elle ouvre l'accès à des méthodes dites indépendantes des propriétés du modèle (*e.g.* Morris, Sobol). Ces méthodes ont cependant le défaut d'être gourmandes en simulations et de ne pas estimer séparément les indices de sensibilité relatifs aux différentes interactions entre paramètres. Un autre avantage de l'approche itérative des analyses de sensibilité pour les modèles complexes est d'accroître sa connaissance sur les propriétés des modèles. On peut dès lors passer de la grille présentée sur la figure 7.1 à celle sur la figure 7.2 pour choisir plus précisément la méthode appropriée pour mener son analyse.

Comme nous avons pu le voir, la nature continue ou discrète des paramètres influence fortement le choix de la méthode. Passer d'un domaine de variation continu à un domaine discret est relativement aisé (l'inverse l'est moins), mais il est cependant indispensable d'évaluer l'incidence de la qualité de la discrétisation sur les résultats (Fishman [56]). Il en résulte que la plupart des techniques utilisables pour des facteurs discrets, le sont aussi pour les facteurs continus, offrant un choix de méthodes plus vaste pour les facteurs continus que discrets. Ceci conduit cependant à un nombre de simulations plus important pour réaliser une analyse de sensibilité pertinente avec des facteurs continus (puisque le nombre de niveaux par facteur est plus grand).

Dans les deux configurations "boîte noire" et "boîte blanche", les frontières des régions d'exploitation des grandes familles de méthodes symbolisées par des ellipses restent floues (intersections non vides). Ceci s'explique principalement par le fait que le nombre de niveaux peut ne pas être identique pour tous les facteurs et par la diversité de méthodes au sein d'une même famille (*e.g.* distribution de probabilité, critère d'optimalité).

L'objectif est ici de guider le modélisateur dans un catalogue de méthodes classiques et plus particulièrement celles présentées dans cet ouvrage. La liste des méthodes proposées n'est donc pas exhaustive et ces grilles pourraient facilement être enrichies. Par exemple, il serait utile d'étendre cette grille aux modèles stochastiques (Kleijnen [96]). De même lorsque les facteurs d'entrée ne sont pas indépendants, il existe des méthodes permettant de prendre en compte les corrélations ou dépendances dans la construction du plan d'expériences et le calcul des indices de sensibilité (Gauchi *et al.* [61]). Enfin ces représentations graphiques ne donnent pas de détails concernant l'étape parfois peu triviale (notamment lorsque la connaissance est très partielle) de définition du domaine de variation des facteurs et de la distribution de probabilité associée. Il pourrait être intéressant d'intégrer ces éléments au choix de la méthode.

# Troisième partie

# Applications

# Chapitre 8

# Illustration de la mise en œuvre d'une analyse de sensibilité d'un modèle de gestion des pêches

*Stéphanie Mahévas et Sigrid Lehuta*

## 8.1   Le rôle de l'analyse de sensibilité en halieutique

L'analyse de sensibilité est largement utilisée en écologie ou plus largement dans les sciences environnementales, mais reste un outil peu commun en halieutique. Nous illustrons ici l'utilisation de cette méthode pour un modèle décrivant le fonctionnement des pêcheries pour évaluer les conséquences de différentes réglementations de la pêche. Une pêcherie est un ensemble de pêcheurs et de populations marines interagissant dans un écosystème marin géographiquement délimité. Depuis les années 1980, un intérêt croissant de la société est porté aux pêcheries, entraîné entre autres par la prise de conscience de l'état alarmant des populations de poissons, crustacés et mollusques, les impacts écologiques des captures accidentelles et du rôle reconnu des pêcheries dans les objectifs de maintien de la biodiversité (FAO [54]). D'un point de vue institutionnel, plusieurs objectifs de gestion durable des pêcheries et écosystèmes marins ont été fixés lors du sommet de l'Organisation des Nations Unies à Johannesbourg en 1992 :

*i)* maintien de la biodiversité, *ii)* inversion de la tendance de dégradation des ressources vivantes, *iii)* restauration des pêcheries à leur niveau de production maximale durable, *iv)* création d'un réseau d'aires marines protégées (AMP1) et *v)* protection de l'environnement marin contre les sources de pollution (terrestres, marines). Une conséquence directe de cette prise de conscience et de cette ratification est la sollicitation croissante de la communauté scientifique pour répondre aux grandes questions telles que : quel est l'état de santé des écosystèmes marins ? Quelle est la capacité des écosystèmes marins à supporter les perturbations d'origines naturelle et humaine ? Comment assurer une exploitation durable des écosystèmes ? Quelles politiques possibles pour la gestion des pêcheries ? Ces questions ont conduit au développement d'une approche intégrée et pluridisciplinaire permettant des diagnostics quantitatifs (spatialisés et pluriannuels) à moyen et long terme des pêcheries tant au plan écologique que socio-économique pour assister la gestion des pêches.

L'ensemble des activités de recherche en halieutique repose sur des observations du milieu marin même si ce dernier est difficilement observable (Figure 8.1). On distingue deux grandes sources d'observations : *i)* les observations de l'activité de pêche fournies par les pêcheurs (fiches de pêche) ou récoltées par les scientifiques (enquêtes, échantillonnages) et *ii)* les observations du milieu marin réalisées lors de campagnes scientifiques *via* des engins échantillonneurs sous-marins. Collectées selon des plans d'échantillonnage, ces observations permettent de développer des statistiques et des modèles mécanistes pour apporter de la connaissance sur le fonctionnement des populations et des activités de pêche à différentes échelles spatiales et temporelles. Cette production participe à l'émission des avis sur l'état des ressources et à la production de recommandations sur des modifications de la pression de pêche pour assurer la conservation conjointe des écosystèmes et des pêcheries (Figure 8.1). Pour l'Europe, dans le cadre de la Politique commune de la pêche, le Conseil des ministres des Pêches de l'Union européenne décide de prendre des mesures de gestion de la pêche sur la base de ces avis. Le mode d'observation du système marin est en général indirect, coûteux et fortement contraint. Ce qui explique la rareté des données et renforce la nécessité de prendre en compte des incertitudes liées aux observations dans la production des avis scientifiques.

Les pêcheries sont pour la plupart des systèmes dynamiques complexes : de nombreuses flottilles de caractéristiques techniques et économiques contrastées, et exerçant des activités de pêche différentes ; de nombreuses populations marines ciblées ou impactées par la pêche au travers de

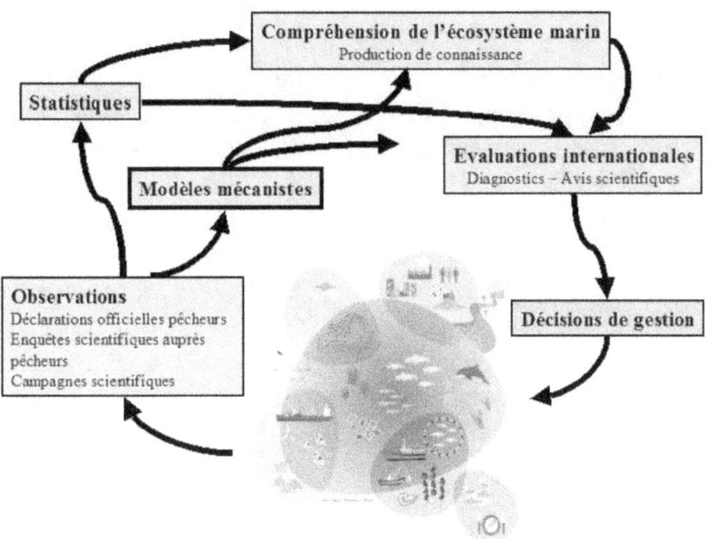


FIGURE 8.1 – La recherche halieutique depuis l'observation de l'écosystème marin jusqu'à la production d'avis scientifiques et de recommandations pour l'avenir des écosystèmes et des pêcheries.

captures accidentelles ou accessoires et ayant des cycles biologiques spatio-saisonniers diversifiés. Ces caractéristiques rendent la quantification de l'impact des pressions de pêche sur le système extrêmement délicate. En outre cette grande diversité d'activités dans une même région crée de nombreuses interactions techniques et des conflits d'intérêts que les mesures conventionnelles de gestion ne parviennent pas à réguler (Cochrane [29], Pastoors *et al.* [151], Punt et Donovan [158], Deroba et Bence [41], Kraak *et al.* [104]). Enfin, de nombreux processus déterminant le fonctionnement de ce système sont mal connus et nourrissent de fortes incertitudes dans la compréhension et l'évaluation des diagnostics (Fulton *et al.* [60], Punt et Donovan [158]). Etant donné les implications écologiques et économiques des décisions de gestion, l'expérimentation de stratégies de gestion *in situ* est inenvisageable. Le recours à des modèles de simulation basés sur les observations est donc nécessaire pour appréhender la complexité des écosystèmes et anticiper le devenir d'une pêcherie sous différentes contraintes réglementaires.

ISIS-Fish est un modèle de pêcheries explicitement spatialisé pour évaluer les conséquences de réglementations de la pêche comme par exemple des restrictions spatiales de l'accès (aires marines protégées). On se place ici dans le cadre d'une approche mécaniste qui consiste à expliciter les processus dynamiques du système. La diversité et l'hétérogénéité des dynamiques spatio-temporelles imposent souvent de considérer dans le modèle ces structures spatiales et temporelles. Les interactions spatio-temporelles entre les populations marines, les groupes de navires et les mesures de gestion, entraînent des non-linéarités et une écriture analytique du modèle complet jusqu'à ce jour impossible. La mise en œuvre, l'étude des propriétés du modèle, et l'exploration du système étudié sont par conséquent réalisées par simulation, ce qui nécessite une implémentation informatique du modèle. Le développement du modèle conceptuel, sa spécification informatique et son développement informatique ont été réalisés selon un protocole permettant de vérifier pas à pas l'absence d'erreurs (Figure 2.1 du chapitre 2).

Proposer un diagnostic d'évolution d'une pêcherie selon différentes stratégies de gestion requiert une paramétrisation du modèle. Cette étape consiste en une intégration de la connaissance disponible sur la pêcherie (Lehuta *et al.* [113]), l'acquisition de nouvelles observations (Mahévas *et al.* [125]), voire le développement de nouvelles méthodes d'estimation de paramètres encore inestimés (Mahévas et Pelletier [124], Mahévas *et al.* [123], Mahévas *et al.* [126], Deporte *et al.* [40]). C'est aussi à cette étape que l'on identifie et quantifie les incertitudes dans la connaissance. Il n'est pas rare que plusieurs hypothèses de modélisation *a priori* réalistes coexistent ou même que la littérature mette en évidence des connaissances parfois contradictoires. Le défi du modélisateur dans cette phase de paramétrisation est de faire des choix qui assurent une cohérence globale du modèle (Lehuta *et al.* [113]). Pour qu'un modèle ne soit pas utilisé comme un outil presse-bouton sans qu'aucun recul ne soit pris vis-à-vis des résultats des simulations, il est nécessaire de réaliser une analyse de sensibilité du modèle pour chaque application. Malgré une littérature très abondante sur le sujet, on ne trouve en halieutique que des approches primitives essentiellement basées sur des analyses paramètre par paramètre (aussi communément appelée analyse d'élasticité). Or il a été démontré qu'une telle méthode est inadaptée pour explorer/valider un modèle complexe (Saltelli *et al.* [179]).

Ce chapitre vise à illustrer la mise en œuvre d'une analyse de sensibilié d'un modèle complexe dans le domaine de l'halieutique pour servir de support à la gestion des pêches. La complexité du modèle se caractérise par une connaissance réduite des propriétés mathématiques du modèle, des temps de simulation longs et un nombre de paramètres importants (par exemple 300 paramètres). La sélection de la méthode d'analyse de sensibilité est guidée par la démarche présentée dans le chapitre 7 et plus particulièrement la grille de la figure 7.1. Le chapitre est divisé en deux parties. La première s'intéresse plus particulièrement au modèle. Elle présente la structure et les processus décrits par le modèle, les variables et paramètres principaux. La seconde se concentre sur la démarche d'analyse du modèle mise en œuvre pour produire des recommandations de gestion des flottilles de pêche capturant des anchois (*Engraulis encrasicolus*) dans le golfe de Gascogne. Cette partie présente dans une première étape le déroulement d'une analyse de sensibilité du modèle sur plusieurs variables de sortie. Dans une seconde étape, une analyse de propagation de l'incertitude des paramètres sensibles est proposée pour évaluer la robustesse du pronostic de mise en place de deux aires marines protégées au comportement réactif des pêcheurs.

## 8.2 Le modèle complexe ISIS-Fish

ISIS-Fish (Integration of Spatial Information for Simulation of Fisheries dynamics) est un modèle matriciel à temps discret (le pas de temps est mensuel) couplant dans le temps et l'espace des sous-modèles de populations, de dynamique des flottilles et de gestion (Figure 8.2). La dynamique de population décrit les déplacements saisonniers (coefficients de migration), la croissance, la reproduction et le recrutement (équation de fécondité spatialisée et saisonnière). La dynamique de flottille décrit mensuellement et spatialement l'allocation de l'effort de pêche en fonction des caractéristiques techniques des navires, des métiers et des stratégies annuelles de pêche. La dynamique de gestion décrit mensuellement et spatialement les contraintes réglementaires s'exerçant sur les flottilles et les comportements réactifs des pêcheurs à ces réglementations. On propose ici une description rapide des équations du modèle. Pour plus de détails, on peut se reporter aux publications (Mahévas et Pelletier [124], Pelletier *et al.* [153]).

Considérons le vecteur ligne par blocs $\mathbf{N}(t)$ des effectifs d'une population structurée en *smax* groupes (d'âge, ou de longueur, ou de stade, etc.) spatialement distribuée sur un ensemble de zones préalablement définies $(z1,\ldots zn)$ à l'instant $t$ ($t =$ mois) :

$$\mathbf{N}_t = (\mathbf{n}_{t,1},\ldots,\mathbf{n}_{t,s},\ldots,\mathbf{n}_{t,s_{max}})$$

$$\mathbf{n}_{t,s} = (n_{t,s,z1},\ldots,n_{t,s,z},\ldots,n_{t,s,z_n})$$

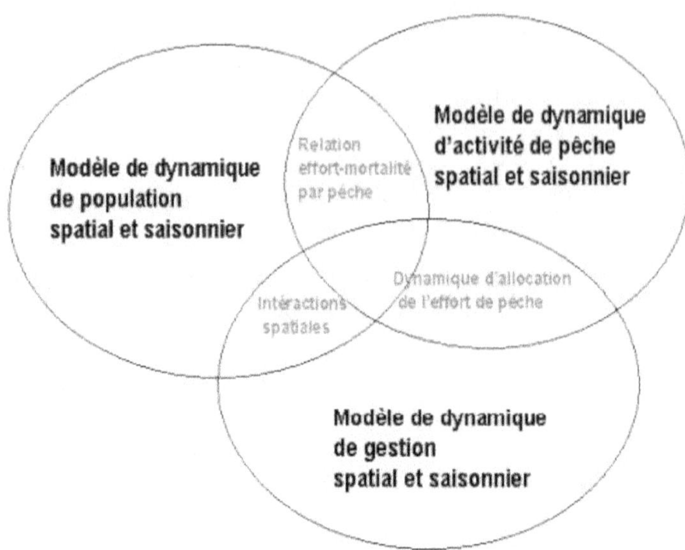


FIGURE 8.2 – Une vue synoptique d'un modèle spatialisé de dynamique de pêcherie, décomposé en 3 sous-modèles qui interagissent dans le temps et l'espace (Mahévas et Pelletier [124]).

avec $n_{t,s,z}$ l'effectif du groupe $s$ de la population dans la zone $z$ à l'instant $t$. De manière instantanée ($\epsilon$ désigne un temps négligeable) à chaque début de pas de temps, les populations peuvent grandir ($\mathbf{Cs}_t$ matrice de changement de groupe), se déplacer dans la pêcherie selon des coefficients de migration ($\mathbf{Mig}_t$ matrice de migration et $\mathbf{EMig}_t$ matrice d'émigration), entrer dans la pêcherie ($\mathbf{Nimmig}_t$ vecteur d'immigration) et se recruter ($\mathbf{R}_t$ vecteur de recrutement).

$$\forall z,\ \mathbf{n}_{t+\epsilon,\cdot,z} \quad = \quad \mathbf{Cs}_{t,z}\,\mathbf{n}_{t,\cdot,z} \tag{8.1}$$

$$\forall s,\ \mathbf{n}_{t+2\epsilon,s,\cdot} \quad = \quad (\mathbf{Mig}_t + \mathbf{EMig}_t)\mathbf{n}_{t+\epsilon,s,\cdot} \tag{8.2}$$

$$\mathbf{N}_{t+3\epsilon} \quad = \quad \mathbf{N}_{t+2\epsilon} + \mathbf{R}_t + \mathbf{Nimmig}_t \tag{8.3}$$

La flexibilité du modèle permet aussi bien de *i)* de saisir les valeurs des coefficients de chacune des matrices à partir de la connaissance issue de la littérature, ou résultant de l'application d'une méthode d'estimation à un jeu d'obervations (Mahévas *et al.* [125], Drouineau *et al.* [46]), ou *ii)* d'expliciter un processus fonctionnel via une fonction à partir de laquelle le modèle calculera dynamiquement les coefficients de ces matrices. La pêche et la mortalité naturelle impactent la population jusqu'à la fin du pas de temps t, selon un modèle de décroissance exponentielle. Il en résulte un taux de survie spatialisé par groupe exprimé au travers d'une matrice diagonale par blocs

$$\mathbf{Sr}_t = \begin{pmatrix} \mathbf{sr}_{t,s_1} & 0 & \cdots & 0 \\ 0 & \ddots & \ddots & \vdots \\ \vdots & \ddots & \ddots & 0 \\ 0 & \cdots & 0 & \mathbf{sr}_{t,s_{max}} \end{pmatrix}$$

$$\mathbf{sr}_{t,s} = \begin{pmatrix} \exp(-F_{t,s,z_1} - M_{t,s,z_1}) & 0 & \cdots & 0 \\ 0 & \ddots & \ddots & \vdots \\ \vdots & \ddots & \ddots & 0 \\ 0 & \cdots & 0 & \exp(-F_{t,s,z_n} - M_{t,s,z_n}) \end{pmatrix}$$

$F_{t,s,z}$ et $M_{t,s,z}$ exprimés en mois$^{-1}$ désignent respectivement les taux instantanés de mortalité par pêche et de mortalité naturelle pour le groupe dans la zone entre $t$ et $t+1$. L'abondance de la population à $t+1$ par zone et par groupe est donnée par l'équation suivante :

$$\mathbf{N}_{t+1} = \mathbf{Sr}_t \mathbf{N}_{t+\epsilon}$$

A chaque pas de temps $t$, la mortalité par pêche subie par la population $pop$, $F_{t,pop,s,z}$, est calculée conditionnellement à la distribution spatiale du temps de pêche, dynamiquement alloué en fonction des disponibilités biologiques, des contraintes réglementaires, du contexte économique, des stratégies et tactiques de pêche (Tableau 8.1).

$$F_{t,pop,s,z} = \sum_{f \in \mathcal{F}} \sum_{m \in \mathcal{M}} p_f c_{m,pop} sel_{pop,s,engin_m} a_{pop,s} E_{f,m,z} \qquad (8.4)$$

L'originalité du couplage dynamique de flottille et dynamique de population réside principalement dans la relation explicite entre l'effort de pêche et la mortalité par pêche qui permet d'intégrer outre les variabilités spatiales et temporelles, les spécificités techniques et stratégiques des activités de pêche relativement aux caractéristiques biologiques des espèces (Mahévas et Pelletier [124]). Dans une pêcherie, la diversité des engins génère une hétérogénéité des mesures de pression de pêche. Pour calculer une mortalité par pêche globale sur une population, le modèle standardise la pression de pêche (effort de pêche) exercée par ces différents engins

| Notations | Définition |
| --- | --- |
| $F$ | Mortalité par pêche |
| $pop$ | Population capturée |
| $s$ | Elément de structuration de la population, par exemple le groupe d'âge ou de longueur |
| $z$ | Localisation géographique |
| $m$ | Métier : type d'opération de pêche caractérisée par un *engin*, un groupe d'espèces cibles et une *zone* |
| $f$ | Flottille : groupe de navires ayant des caractéristiques techniques et économiques identiques |
| $p_f$ | Efficacité de pêche d'une *flottille* (facteur de standardisation de l'effort de pêche selon les caractéristiques techniques des navires et de l'accroissement du savoir faire à l'échelle de la flottille) |
| $c_{m,pop}$ | Intensité de ciblage de la population par les navires pratiquant un *métier* (facteur de standardisation de l'effort de pêche selon l'attractivité de la population à l'échelle du *métier*) |
| $sel_{pop,s,engin_m}$ | Sélectivité de l'engin de pêche utilisé par le métier pour le groupe de cette population |
| $a_{pop,s}$ | Accessibilité d'un groupe d'une population (probabilité qu'un individu présent soit capturé par une unité d'effort standardisé) |
| $E_{f,m,z}$ | Effort de pêche brut du métier sur la zone (le plus souvent égal au temps de pêche) |

Tableau 8.1 – Définition des variables et paramètres de la relation effort-mortalité par pêche.

sur une même population (équation 8.4). Cette pression se caractérise nominalement par un temps de pêche et effectivement par un effort de pêche résultat de la combinaison du temps de pêche, des caractéristiques techniques et des spécificités de la mise en œuvre de la tactique de pêche. Les pêcheries se caractérisent aussi par des interactions techniques entre les flottilles qui ciblent plus ou moins les populations présentes. La mortalité par pêche totale engendrée sur une population prend explicitement en compte la pression directe liée à une activité ciblée sur cette population et la pression indirecte liée à une activité ciblant uniquement ou majoritairement une autre population présente sur la même zone. Cette version du modèle a été appliquée ou est en cours d'application à plusieurs pêcheries européennes en Atlantique Nord-Est (merlu-langoustine-golfe de Gascogne, Drouineau *et al.* [47] ; anchois-golfe de Gascogne, Lehuta *et al.* [112] ; morue-mer du Nord, Kraus *et al.* [105] ; Manche, Marchal *et al.* [130]), en Méditerrannée (Sar-bouches de Bonifacio, Rocklin [166] ; sar de Banuyls, Hussein *et al.* [78, 79]), en Nouvelle-Calédonie (Preuss [155]), en Nouvelle-Zélande (Marchal *et al.* [129]), en Australie (pêcherie côtière de Tasmanie) et dans le golfe du St-Laurent au Canada (Archambault [1]).

Le modèle ISIS-Fish comporte aussi un sous-modèle économique pour explorer la viabilité économique des pêcheries (Pelletier *et al.* [153]). Ce sous-modèle considère des variables économiques forçantes et endogènes. La prise en compte des coûts variables (proportionnels à l'effort de pêche comme les coûts de carburants et de débarquement), ainsi que les coûts fixes (à l'échelle de l'année, par exemple les coûts administratifs et d'assurance), permettent de calculer des revenus nets dégagés par l'équipage et l'armateur du bateau. Enfin, outre le calcul d'indicateurs économiques, la description de la dimension économique de la dynamique de pêcherie permet de décrire le comportement d'allocation de l'effort de pêche en relation avec une attractivité économique de l'activité de pêche. Un pêcheur pourra ainsi choisir les populations à cibler en fonction des bénéfices espérés et sa zone de pêche en fonction des coûts de carburant que cela génère. Les contraintes de gestion se traduisent par des modifications des caractéristiques des engins (sélectivité), des métiers (zones de pêches) et/ou des stratégies de pêche. Ce modèle permet donc d'évaluer les conséquences biologiques et économiques d'une grande gamme de mesures de gestion.

L'objectif de la suite de cette section est d'illustrer l'utilisation de la grille de lecture proposée à la section 7.1 et de montrer concrètement comment réaliser une analyse de sensibilité d'un modèle complexe dont le temps de simulation est non négligeable. Plus de détails concernant la première étape de cette étude peuvent être trouvés dans Lehuta *et al.* [112].

## 8.3 Analyse de sensibilité d'ISIS-Fish

### 8.3.1 La pêcherie d'anchois du golfe de Gascogne

La pêcherie d'anchois du golfe de Gascogne est une pêcherie franco-espagnole qui est constituée de flottilles françaises de chalutiers et de senneurs et d'une flottille espagnole de senneurs (Lehuta [111]). Les bateaux français capturent de l'anchois pour un tiers en début d'année et deux tiers au second semestre. Jusqu'en 2005, cette activité de pêche était régulée par une limitation des captures totales partagée entre les deux pays dont les niveaux variaient entre 15 000 tonnes et 33 000 tonnes sur la période

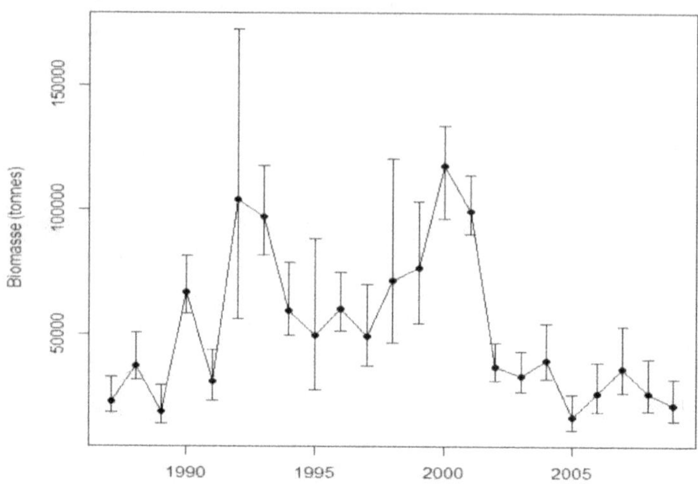

FIGURE 8.3 – Evolution de la biomasse estimée par [27] en milliers de tonnes d'anchois de 1987 à 2008 avec un intervalle de confiance à 95%.

2000−2005. Suite à un effondrement de la population en 2002 (Figure 8.3), la pêche à l'anchois a été interdite à partir de l'été 2005 puis réouverte en 2010 en réponse à un signal positif de l'état de la population. Le fort attrait économique de l'exploitation de l'anchois pour ces flottilles motive l'exploration de stratégies de gestion alternatives qui pourraient permettre de maintenir la réouverture de la pêcherie. En particulier, la mise en évidence de périodes de concentrations de matures et juvéniles près des côtes (Petitgas et Vaz [154], Vaz *et al.* [207]) a suscité une attente particulière des décideurs sur des analyses d'impact de mise en place de fermeture spatiale et saisonnière (Aires Marines Protégées, AMP) en complément des limitations de captures. Pour faire le choix d'une réglementation de pêche les décideurs attendent de connaître les conséquences d'une réglementation alternative sur les populations marines et les flottilles de pêche les capturant. La dynamique de cette pêcherie a été largement étudiée (Uriarte *et al.* [205], Lehuta [111]) et sa paramétrisation dans le modèle ISIS-Fish est décrite dans l'article de Lehuta *et al.* [112].

Il est largement reconnu que la dimension spatiale des processus d'une pêcherie est au cœur des enjeux de la gestion des pêcheries par le biais des AMP. La compréhension et l'évaluation des conséquences des aires marines protégées sur les pêcheries passent donc par l'utilisation d'outils de modélisation explicitement spatialisés (Guénette *et al.* [66], Pelletier et Mahévas [152]). Un dénominateur commun de ce type d'approche est la complexité et l'incertitude tant sur les paramètres des modèles que sur les liens fonctionnels entre les variables des modèles. Pour évaluer l'impact de mesures dites « alternatives » aux mesures traditionnelles de limitation des captures dans la pêcherie pélagique du golfe de Gascogne, une application du modèle ISIS-Fish a été développée. Le modèle a été calibré et validé en utilisant des plans d'expériences selon la démarche présentée au chapitre 7. Pour identifier les processus clés du déterminisme d'impact d'une AMP et les sources d'incertitude qui pourraient remettre en question la fiabilité des diagnostics, une analyse de sensibilité globale suivie d'une analyse d'incertitude ont été mises en œuvre dans cette étude.

L'analyse de sensibilité de ce modèle a permis d'identifier les paramètres du modèle fortement influents sur l'ensemble des sorties, permettant ainsi d'émettre un avis sur l'état de la pêcherie. Contrairement aux analyses présentées dans les chapitres précédents, l'analyse de sensibilité réalisée pour ce modèle porte sur plusieurs variables de sorties conjointement. Le choix de la méthode reste identique, seul le modèle statistique permettant le calcul des indices de sensibilité est différent. Sur la base de cet exercice, des recommandations en matière de gestion de la pêcherie ont pu être établies en évaluant la robustesse de la mise en place d'une aire marine protégée, au comportement de pêche. Cette étape repose sur une analyse des enveloppes de variations des sorties du modèle lorsque l'on considère l'incertitude des paramètres fortement influents identifiés par l'analyse de sensibilité.

## 8.3.2  Identification des paramètres sensibles

Les paramètres du modèle ont été classés en deux catégories : les paramètres dont les estimations sont jugées fiables par les experts du domaine et ceux dont les estimations sont plus douteuses. L'analyse de sensibilité n'a porté que sur cette deuxième catégorie de paramètres, constituée de 162 paramètres. Pour chaque paramètre, une gamme de variation de 20% autour de la valeur de référence (fixée lors de la phase de validation du modèle) a été envisagée et l'analyse a été réalisée en considérant uniquement la valeur minimale et la valeur maximale de ce domaine. Il s'agit par conséquent d'une analyse de sensibilité sur des facteurs à 2 modalités. Un plan complet, c'est à dire l'ensemble des combinaisons possibles des différentes valeurs de chaque facteur, reviendrait à simuler $2^{162} \sim 10^{48}$

simulations avec le modèle. Le temps d'une simulation étant d'environ 10 minutes, une telle analyse occuperait un ordinateur personnel classique pendant plus de $10^{44}$ années! Considérons la grille de la figure 7.1, le niveau de complexité de l'analyse se situe dans la partie supérieure. Il est alors recommandé de mettre en œuvre la technique du criblage par groupe (Kleijnen [96]). La connaissance *a priori* du système et des explorations numériques préliminaires paramètre par paramètre du modèle en analysant le sens de variation des variables pour chaque paramètre, ont permis de partitionner l'ensemble des paramètres incertains en 10 groupes. Cette méthode repose sur l'hypothèse que les paramètres d'un même groupe n'interagissent pas sur les sorties du modèles. Cette hypothèse doit absolument être vérifiée pour chacun des groupes de paramètres avant de mettre en œuvre l'analyse de sensibilité sur les 10 groupes. Cette étape est généralement très critique puisque l'on connaît très mal les interactions. La vérification repose donc principalement sur des analyses indépendantes groupe par groupe des interactions.

A ces 10 facteurs (groupes de paramètres sans interaction) se rajoutent deux facteurs caractérisant chacun une famille de mesures de gestion : un facteur de limitation des captures (TAC) et un facteur de restriction spatiale et saisonnière de l'accès (AMP). L'intégration de ces 2 facteurs est indispensable pour évaluer la robustesse des diagnostics d'impact des mesures sur la pêcherie à l'incertitude des paramètres du modèle. Dans cette étude, la volonté était de quantifer, conjointement la sensibilité de plusieurs critères d'évaluation d'une mesure de gestion aux paramètres d'entrée. Les variables de sorties choisies sont la biomasse d'anchois et les captures annuelles. Les effets à court et moyen termes sur ces variables sont estimés en analysant ces métriques après 5 et 8 ans de simulation.

La configuration de l'analyse de sensibilité est la suivante :
- 12 facteurs $G_1, \ldots, G_{12}$ (10 étant des groupes de paramètres) à 2 modalités (discrets),
- temps de simulation d'environ 10 minutes,
- un objectif de précision important, puisque l'on cherche à connaître exactement la sensibilité des paramètres et de leurs interactions d'ordre 1 sur la biomasse d'anchois, ainsi que sur les captures de cette population au bout de 5 ans (respectivement $B_5$, $C_5$) et 8 ans (respectivement $B_8$, $C_8$) de simulation.

La grille de choix de méthode d'analyse de sensibilité (Figure 7.1) nous oriente vers un plan factoriel fractionnaire de résolution V correspondant à $2^{12-4} = 256$ simulations. Il a donc été choisi de mettre en place une analyse statistique conjointe des variables sorties du modèle (ici les biomasses et captures d'anchois aux deux échelles de temps 5 ans et 8 ans d'application de la mesure $B_5$, $C_5$, $B_8$, $C_8$) en utilisant un modèle de régression multivariée (*a contrario* d'une analyse de variance classique variable par variable).

La méthode statistique choisie est la régression partielle des moindres carrés (PLS, Tenenhaus [203]). Cette méthode n'a pas d'écriture analytique explicite. Les coefficients de régression sont le résultat d'une procédure itérative pour rechercher :
- les combinaisons linéaires entre les variables de sortie ($B_5$, $C_5$, $B_8$, $C_8$),
- les corrélations linéaires entre les paramètres ($G_1, \ldots, G_{12}$),
- la projection des combinaisons linéaires des variables sur les paramètres qui minimisent les moindres carrés.

L'avantage principal de cette régression est qu'elle permet d'appréhender la corrélation entre les variables de sortie et entre les paramètres. Dans le cas d'un plan factoriel fractionnaire, les paramètres sont supposés indépendants, mais il serait possible d'envisager un plan d'expérience plus sophistiqué qui pourrait intégrer des corrélations entre paramètres (Gauchi *et al.* [61]). Les indices de sensibilité des 4 variables aux différents facteurs et interactions d'ordre 1 entre les facteurs sont alors calculés à partir des coefficients applelés VIP (Variable Importance in the Projection) estimés par la PLS (Lehuta *et al.* [112]).

Le pouvoir explicatif du modèle PLS ajusté varie de 81% à 99% selon la variable de sortie en considérant les deux premiers axes et a permis de calculer les VIP pour chaque paramètre et interaction. Seuls les indices significatifs ont été représentés pour établir les conclusions de l'analyse de sensibilité (Figure 8.4, Lehuta *et al.* [112]).

La figure 8.4 met en évidence :
- de fortes interactions incluant les paramètres du groupe *mortalité naturelle des jeunes stades* (noté *Jmortalité* et abrégé *Jmo* pour les interactions), du groupe *croissance* (noté *growth* et abrégé *gro* pour les interactions) et du groupe *fécondité* (noté *fecondité* et abrégé *fec* pour les interactions) ;
- de fortes interactions entre les paramètres biologiques et le TAC, démontrant que la robustesse de l'évaluation des conséquences du TAC est fortement reliée aux incertitudes sur les paramètres biologiques ;
- une absence de sensibilité des variables de sortie aux restrictions spatiales et saionnières (AMP).

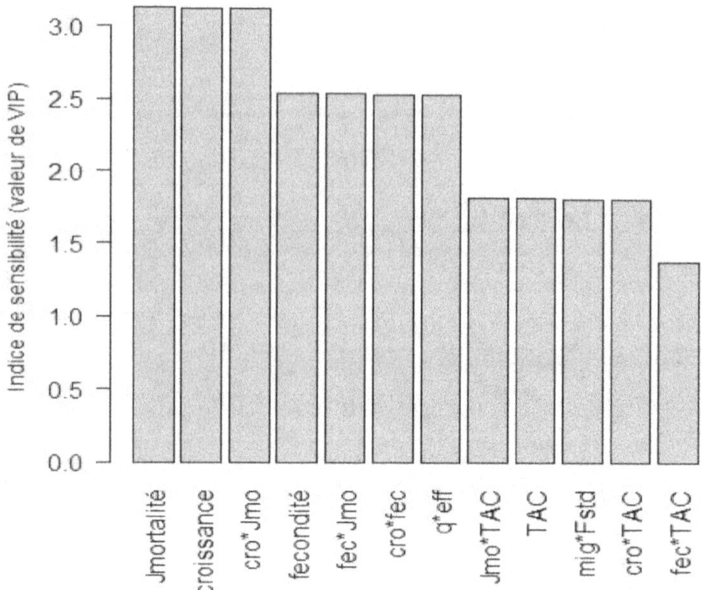



FIGURE 8.4 – Indices de sensibilité (VIP calculés à partir du modèle PLS) des facteurs $jmo$ (mortalité des juvéniles), $gro$ (bornes des classe de longueur), $mig$ (coeffcents de migration), $SF$ (facteurs de standardisation), $fec$ (taux de fécondité), $q$ accessibilité, $eff$ effort, TAC (niveau de captures annuelles autorisées). Le symbole $*$ désigne l'interaction.

### 8.3.3   Robustesse d'une régulation spatiale de la pêche

De cette analyse, il ressort qu'un diagnostic d'impact sur la pêcherie d'une régulation de la pêche par une limitation des captures (TAC) sera fortement sensible à l'incertitude des trois facteurs biologiques *mortalité naturelle des jeunes stades, croissance et fécondité*. Par contre les restrictions spatiales et saisonnières s'avèrent avoir peu d'effet sur les variables de sortie du modèle. Néanmoins, les AMP étant fortement plébiscitées pour la gestion des pêcheries et plus particulièrement pour cette pêcherie pélagique, nous avons exploré plus finement l'impact de deux configurations différentes d'AMP (zone et saison, voir Figure 8.5).

La première AMP vise à protéger la concentration de la biomasse de géniteurs d'anchois entre les mois d'avril et de juillet à l'embouchure de la Gironde lorsqu'ils se rassemblent pour la reproduction (boîte gris foncée Figure 8.5a).

La seconde AMP évaluée se positionne sur les côtes girondine et landaise entre août et décembre pour protéger les juvéniles d'anchois arrivant dans cette pêcherie (boîte gris foncée Figure 8.5b).

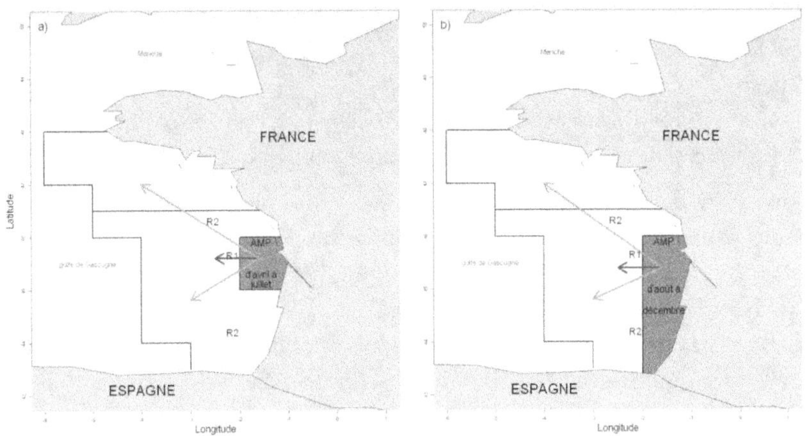

FIGURE 8.5 – Réactions simulées des pêcheurs à la mise en place d'une aire marine protégée saisonnière dans le golfe de Gascogne. Deux AMP sont considérées : à gauche, une AMP sur la zone de reproduction (devant l'embouchure de la Gironde) pendant la saison de reproduction (avril-juillet) ; à droite, une AMP sur la zone d'apparition des juvéniles dans la pêcherie (à la côte le long de la côte des Landes) pendant la saison d'août à décembre. Deux types de réactions ont été évaluées : ré-allocation de l'effort de pêche autour de l'AMP (R1) ou réallocation sur l'ensemble de la zone de pêche restante(R2).

Ces fermetures représentent une contrainte pour les pêcheurs qui vont devoir modifier l'allocation spatiale de leur effort. Il a été montré que la manière dont cet effort est réalloué peut avoir un effet critique sur la performance des AMP (Holland [76], Smith et Wilen [191], Murawski *et al.* [143]). D'après les résultats de l'analyse de sensibilité, les paramètres incertains à maîtriser sont la mortalité naturelle des juvéniles, la fécondité et la croissance. Nous y avons donc ajouté la réaction des pêcheurs conditionnellement à l'AMP. La gamme de variation de 20% (Drouineau *et al.* [47]) autour de la valeur de référence de la croissance ([0.8 $growth$, 1.2 $growth$]) étant largement supérieure à la gamme d'incertitude sur ce facteur, nous avons considéré que la mortalité des juvéniles et la fécondité étaient les principaux facteurs les plus sensibles sur les sorties du modèles (captures et biomasses). Cette fois les valeurs extrêmes de l'intervalle de définition (et la valeur de référence) ont été incluses dans l'analyse.

Chaque paramètre de l'analyse (*mortalité naturelle des jeunes stades* et *fécondité*) pouvait donc prendre 3 valeurs : $x \in \{x_{ref} * 0.8, x_{ref}, 1.2x_{ref}\}$.

Pour le facteur *réaction des pêcheurs*, deux réactions différentes des pêcheurs ont été testées :

- R1 : une réallocation de l'effort de pêche autour de la zone fermée à la pêche (Figure 8.5),
- R2 : une réallocation de l'effort de pêche sur l'ensemble de la zone de pêche restant ouverte après fermeture de la zone (Figure 8.5).

Dans cette deuxième phase, nous avons réalisé une analyse d'incertitude pour évaluer la robustesse du diagnostic d'impact des AMP compte tenu de l'incertitude sur les paramètres biologiques sensibles identifiés lors de l'analyse de sensibilité menée ci-dessus, mais également l'incertitude sur la réaction des pêcheurs à ces mesures. L'objectif de cette étude est d'identifier les configurations d'AMP dont le pronostic d'effet positif sur la population et sur les captures n'est pas remis question malgré les incertitudes sur le système. L'effet des AMP pouvant être long à apparaître, on réalise des simulations sur 8 ans.

Les deux variables de sortie identifiées pour construire le pronostic sont :

- le rapport de la biomasse d'anchois en fin de simulation avec la mesure de gestion divisée par la biomasse d'anchois en fin de simulation sans AMP (Figure 8.6a) *i.e.* $RB_{AMP} = \frac{B_{8,AMP}}{B_8}$ ;
- le rapport des captures d'anchois la dernière année de simulation avec la mesure de gestion divisée par les captures d'anchois en dernière année de simulation de simulation sans AMP (Figure 8.6b) *i.e.* $RC_{AMP} = \frac{C_{8,AMP}}{C_8}$.

Un rapport supérieur à 1 ($RB_{AMP} > 1$ ou $RC_{AMP} > 1$) informe d'un effet positif de la mesure AMP comparativement à une situation sans restriction d'accès à la zone de pêche.

La configuration pour évaluer l'incertitude est donc la suivante :

- 3 facteurs (groupes de paramètres) à 3 modalités (discrets),
- temps de simulation d'environ 10 minutes,
- un objectif de précision important, puisque l'on cherche à connaître exactement l'enveloppe d'incertitude du diagnostic réalisé sur la base d'une évaluation relative de la biomasse d'anchois et des captures d'anchois à une situation d'absence d'AMP après 8 ans de simulation.

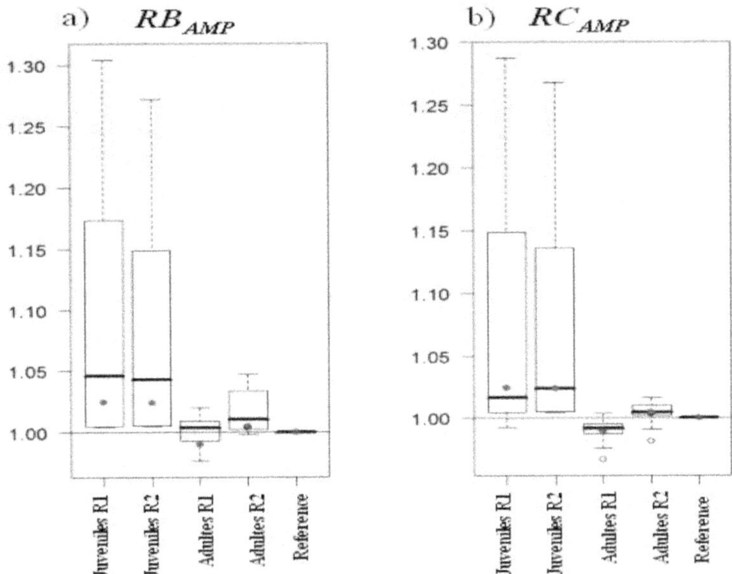


FIGURE 8.6 – Diagnostic d'impact des deux aires marines protégées envisagées pour restaurer la pêcherie pélagique d'anchois du golfe de Gascogne. A gauche, le rapport biomasse $RB_{AMP}$ simulée en 2008 selon l'AMP (*Juveniles, Adultes*) et la réaction des pêcheurs (R1, R2). A droite, rapport captures $RC_{AMP}$ simulées en 2008 selon l'AMP (*Juveniles, Adultes*) et la réaction des pêcheurs (R1, R2). Pour chaque combinaison mesure-réaction) en abscisse, une incertitude de 20% sur la mortalité naturelle et la fécondité a été prise en compte. Le point correspond à la simulation avec les valeurs de référence de fécondité et de mortalité naturelle. La barre est la médiane sur l'ensemble des simulations.

Le nombre de facteurs et de modalités des facteurs étant réduits, un plan complet a pu être réalisé.

L'objectif de cette étude est d'identifier les configurations d'AMP dont le pronostic d'effet positif sur la population et sur les captures n'est pas remis en question malgré les différentes incertitudes sur le système. Cette étude prédit que *i)* protéger les juvéniles augmente la biomasse et les captures d'anchois quelle que soit la réaction des pêcheurs (Figure 8.6); *ii)* protéger les matures entraîne une diminution de la biomasse et des captures lorsque les pêcheurs réallouent leur effort de pêche autour de l'aire marine protégée alors que biomasse et captures augmentent s'ils reportent leur effort sur toute la partie accessible de la pêcherie (Figure 8.6).

La conclusion est que la mise en place d'une AMP devant l'embouchure de la Gironde d'avril à juillet est plus risquée qu'une AMP le long des Landes d'août à décembre, au regard des incertitudes tant sur la biologie de l'anchois que sur la réaction des pêcheurs.

## 8.4   Conclusion

Mettre en œuvre une analyse de sensibilité avec un modèle complexe suppose dans un premier temps de bien appréhender les contraintes liées au niveau de complexité du modèle. Il s'agit des temps ou des coûts d'exécution du modèle, du nombre de paramètres et des propriétés mathématiques du modèle. Si les deux premières caractéristiques sont assez faciles à connaître, la troisième est généralement plus difficile à appréhender. Le pragmatisme du modélisateur l'oriente rapidement dans une approche itérative qui, au travers d'une exploration progressive de plus en plus fine de l'espace des paramètres, lui apporte des éléments de réponse. Ces éléments de réponse doivent l'aider ensuite à sélectionner la méthode la plus pertinente.

Souvent, le modélisateur ne se retrouve pas dans une configuration classique de mise en œuvre d'analyse de sensibilité. À nouveau, il doit limiter ses exigences pour se replacer dans une configuration classique ou adapter les méthodes classiques pour les rendre compatibles avec ses contraintes et les rendre applicables à sa question et à son modèle. Le regroupement de facteurs est une alternative à cette inflation des paramètres mais il y a aussi le choix du nombre de modalités explorées dans son domaine de définition.

Par ailleurs, les méthodes classiques étudiées dans les chapitres précédents s'intéressent à calculer des indices de sensibilité des paramètres uniquement pour une variable de sortie. Il est usuel qu'une décision ou un avis porte sur plusieurs critères. Si les critères sont évalués à partir des modèles il est alors indispensable de calculer des indices de sensibilité sur plusieurs variables conjointement. En général la démarche de construction du plan d'expérience est la même dans une approche mono-variée et multi-variée. La méthode de calcul des indices changent. Une méthode possible est la régression multivariée. Nous avons illustré ici l'utilisation de la régression partielle des moindres carrés (PLS) qui présente l'avantage de pouvoir traiter conjointement des corrélations entre les variables d'entrée de l'analyse de sensibilité et les corrélations entre les variables de sortie.

Finalement, la recette de la mise en œuvre d'une analyse de sensibilité pour un modèle complexe pourrait se résumer à une bonne dose de pragmatisme pour adapter les méthodes classiques à des configurations originales et une bonne dose de rigueur pour s'assurer de l'adéquation de l'adaptation et vérifier les hypothèses de base. Cette illustration montre aussi que l'on peut exploiter les plans d'expériences (ici non optimisés puisque le plan apliqué est un plan complet) pour construire des enveloppes de variation des variables de sortie au regard des incertitudes sur les paramètres sensibles du modèle. La première étape est donc l'identification des paramètres les plus sensibles du modèle. La seconde consiste à explorer le domaine d'incertitude des paramètres sensibles du modèle pour dégager une enveloppe de variation des critères d'évaluation selon les différentes décisions possibles. On s'est placé ici dans un cadre déterministe. On aurait pu envisager une exploration probabiliste du domaine d'incertitude en utilisant des plans d'expériences basés sur les techniques de Monte Carlo.

## Remerciements

Nous remercions Nicolas Bousquet pour sa lecture attentive de ce chapitre.

# Chapitre 9

# La boîte à outils Mexico, un environnement générique pour piloter l'exploration numérique de modèles

*Hervé Richard, Hervé Monod, Juhui Wang, Jean Couteau, Nicolas Dumoulin, Benjamin Poussin, Jean-Christophe Soulié et Éric Ramat*

## 9.1  Introduction

L'exploration numérique de modèles, sous ses différentes formes (analyse de sensibilité, analyse d'incertitudes, expérimentation numérique, optimisation, etc.), fait maintenant partie intégrante des méthodes que doit maîtriser un modélisateur. De nombreux ouvrages lui sont consacrés (Santner *et al.* [183] ; Fang *et al.* [53] ; Saltelli *et al.* [176] ; de Rocquigny *et al.* [36]). De même, des logiciels sont disponibles pour mettre en œuvre les principales méthodes. On peut citer :

- STELLA (Richmond [165]), chef de file historique des outils de modélisation à base d'équations différentielles ordinaires (EDO),
- Model Maker (Sanders *et al.* [182]), un clone de Stella, aujourd'hui souvent jugé meilleur que son aîné,
- Vensim (Eberlein et Peterson [49]), qui propose un petit module d'optimisation et un module d'analyse de sensibilité élémentaire,

- Matlab/Simulink, le module de simulation par EDO de Matlab [1],
- Simlab, logiciel d'analyses de sensibilité globales, développé par le Joint European Research Center d'Ispra (équipe d'A. Saltelli) [2],
- Open TURNS [148], logiciel libre (codé en Python et C++) de traitement des incertitudes dans les codes de calcul, développé par EDF, EADS et PhiMeca.

Néanmoins, face à une offre en méthodes de plus en plus riche et en constante évolution, il est difficile pour le non-spécialiste de s'y retrouver, même pour des méthodes relativement simples. Un des premiers écueils identifiés est la diversité des langages utilisés pour mettre en œuvre les différentes étapes de l'exploration numérique d'un modèle. Cette connaissance technique que le scientifique doit maîtriser est une barrière coûteuse en terme d'investissement. Il y a donc un besoin fort de développement d'un environnement intégrateur qui simplifie la mise à disposition des méthodes dont le modélisateur biologiste a besoin en apportant plus de cohérence et de généricité entre les diverses étapes de l'analyse.

C'est en partant de ce constat que les membres du réseau Mexico ont entamé en 2007 le projet de développer une boîte à outils (Boîte à Outils Mexico - BaO Mexico) pour l'exploration numérique de modèles. Le cœur de la boîte à outils Mexico est basé sur la mise à disposition d'un formalisme des données global et non ambigu ainsi que des outils génériques pour réaliser les analyses souhaitées sur les modèles. Cette boîte à outils Mexico doit répondre à une double utilisation :

- pouvoir être intégrée dans une plateforme de modélisation afin d'offrir à celle-ci les fonctionnalités permettant l'exploration par la simulation des modèles qu'elle génère,
- permettre à un utilisateur du logiciel de statistique **R** d'enchaîner selon une même logique cohérente les différentes phases de l'exploration des modèles, que ce soit dans un mode interactif (pour la phase de mise au point) ou en calcul par lot (*batch*).

Dans ce chapitre, nous rappelons l'historique, l'organisation et les objectifs du projet de boîte à outils Mexico. Nous présentons ensuite l'architecture globale de la BaO Mexico, les liens entre ses différentes composantes et les principaux choix techniques effectués du point de vue informatique. Bien qu'encore en développement, le projet fait l'objet d'implémentations partielles dans plusieurs plateformes de modélisation.

---

1. MathWorks, http ://www.mathworks.fr/
2. free development framework for Sensitivity and Uncertainty Analysis, http ://simlab.jrc.ec.europa.eu/

Nous les présentons dans la dernière partie du chapitre, avant une rapide conclusion sur les perspectives.

## 9.2 Description du projet de boîte à outils du réseau Mexico (BaO Mexico)

### Objectifs

Les objectifs de la boîte à outils Mexico sont les suivants :

– offrir, sous une forme homogène et cohérente, une large sélection de méthodes permettant l'exploration numérique de modèles. Cette panoplie doit être adaptée à la diversité des modèles développés dans les domaines de la biologie, de l'agroécologie, de l'halieutique et de l'environnement ;
– fournir un ensemble de fonctionnalités pour utiliser les différentes méthodes d'exploration des modèles (telles que celles de l'analyse de sensibilité) à partir de $\mathbf{R}$[3]. C'est l'objet du package mtk présenté dans le chapitre suivant ;
– permettre une intégration de nouvelles méthodes par un statisticien ou autre mathématicien appliqué expert en méthodes d'exploration numérique aussi simple que possible ;
– être capable de dialoguer avec des plateformes de modélisation, grâce à des formats d'échange d'information ou des requêtes standardisés.

### Historique et organisation

Le réseau Mexico est né en 2006 sous l'impulsion de Vincent Ginot[4], en rassemblant une communauté d'informaticiens modélisateurs et de statisticiens de différents instituts de recherche et universités (Inra, Cemagref - devenu Irstea depuis 2011 -, Ifremer, Université du Littoral Côte d'Opale, société Code Lutin travaillant avec l'Ifremer). Cette initiative faisait suite à des réflexions mettant en évidence l'importance de la modélisation à l'Inra (Goffinet [65]) et à de premières collaborations entre modélisateurs de systèmes multi-agents et statisticiens (Ginot *et al.* [62] ; Ginot et Monod

---

3. $\mathbf{R}$ est à la fois un environnement et un langage dédié au calcul statistique.

4. Vincent Ginot était un ingénieur du Génie rural des eaux et des forêts basé à l'unité BioSP de l'Inra d'Avignon qui avait développé une plateforme de modélisation et de simulation mutli-agents dont l'originalité était d'offrir aux biologistes la possibilité de construire des modèles simplement en manipulant des composants graphiques (voir le site de mobidyc). Vincent à trouvé la mort dans un accident de montagne début 2007.

[63, 64]). La plupart des équipes avaient déjà des échanges informels autour de la problématique d'exploration numérique des modèles, il s'agissait donc de donner un cadre à ces échanges et d'identifier les questions communes à ce groupe qui pourraient gagner à être mutualisées. Le travail de développement sous **R** a été pris exclusivement en charge par les membres du réseau faisant parti du département de mathématiques et informatique appliquées de l'Inra.

## 9.3  Architecture et principaux choix techniques

### 9.3.1  Principe général

La mise en œuvre des méthodes d'exploration numérique présentées dans cet ouvrage nécessite l'intégration de plusieurs composants logiciels. Pour l'utilisateur qui veut explorer son modèle, l'idéal est d'avoir une solution toute intégrée. Cependant, la pratique montre que souvent des technologies différentes doivent être utilisées pour répondre à chaque besoin spécifique de la chaîne logicielle d'exploration.

Dans la suite du document nous faisons le postulat que le programme modélisant le système biologique étudié (que nous appellerons par la suite modèle) est déjà conçu. Bien souvent, les modèles sont implémentés au sein d'une plateforme de simulation offrant les outils spécifiques au paradigme de modélisation choisi, tandis que les méthodes d'exploration numérique sont souvent liées à d'autres logiciels. Nous considérons qu'il faut offrir des moyens d'intégrer ces outils hétérogènes pour permettre à l'utilisateur de mettre en œuvre facilement ces méthodes.

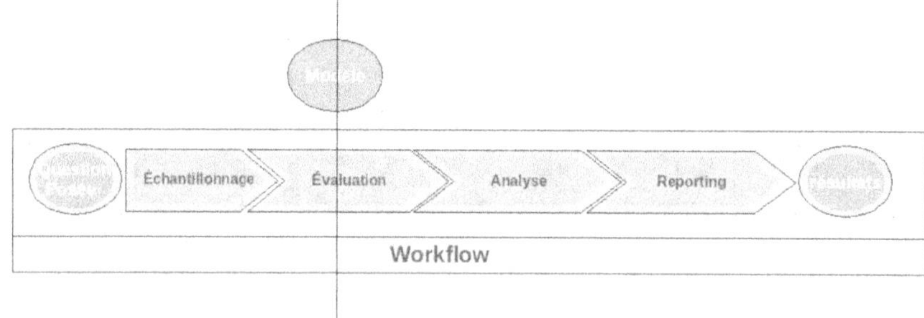


FIGURE 9.1 – Flux des processus pour l'exploration d'un modèle (workflow).

On appelle workflow l'ensemble des étapes ou processus à mettre en œuvre pour la réalisation d'une exploration du modèle. La figure 9.1 illustre cet enchaînement de processus oú :

- **P1** est le processus *d'échantillonnage* qui consiste à produire une série de scénarios, c'est-à-dire un jeu de valeurs des facteurs et paramètres du modèle dont on étudie l'influence, selon la méthode de planification spécifiée. La méthode de planification est généralement conditionnée par la méthode d'analyse des résultats qu'on souhaite utiliser, elle-même conditionnée par la question posée.
- **P2** est le processus *d'évaluation* qui consiste à exécuter une simulation du modèle pour chaque scénario déterminé précédemment.
- **P3** est le processus *d'analyse* qui consiste à mettre en œuvre la méthode d'analyse souhaitée sur les résultats de l'évaluation.
- **P4** est la phase de *reporting* qui consiste à réaliser une synthèse des résultats de l'analyse (graphes, résumés statistiques, etc.).

Le résultat final sera obtenu à partir de l'interprétation de ces données et graphes. Afin de permettre l'interopérabilité entre ces processus et de faciliter l'intégration de nouveaux outils ou plateformes, nous avons choisi d'utiliser le langage XML comme format d'échange. Pour garantir une description non ambiguë des données nous avons formalisé des schémas XML (XML Schema Definition). Les schémas XML assurent la robustesse du traitement des données, ce qui simplifie les phases de validation de données lues et traitées par les programmes dans les différents processus : un document XML valide et bien formé décrivant des données selon un schéma XML garantit en effet une description de celles-ci conforme aux standards retenus. Nous avons défini trois schémas XML :

- *baom-experimental-design.xsd* pour spécifier l'ensemble du protocole expérimental comme les facteurs et leurs domaines de variation, les méthodes utilisées dans chaque processus (en particulier pour la construction du plan d'expérience et l'analyse des simulations) ainsi que leurs paramètres de réglage ;
- *baom-input-design.xsd* pour transmettre une série de scénarios de simulations (le plan d'expérience précis qui a été généré) avec les valeurs effectives des facteurs d'entrée pour chaque simulation ;
- *baom-output-data.xsd* pour transmettre les données de sorties des simulations.

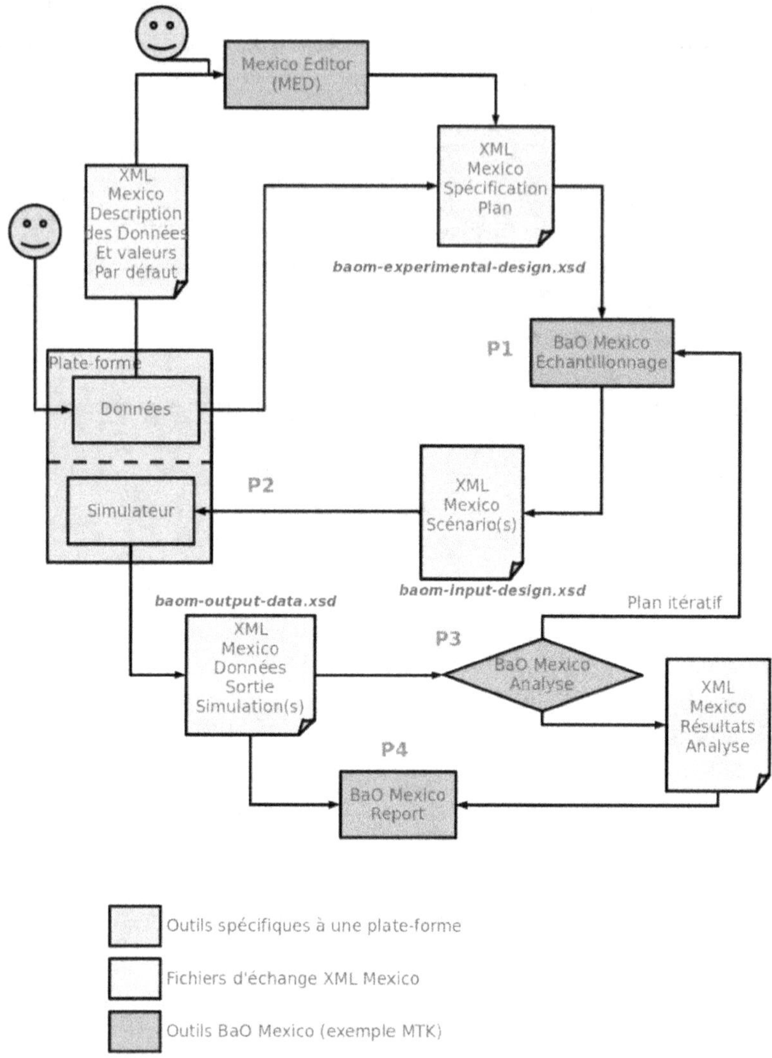


FIGURE 9.2 – Détails des processus au sein du workflow.

## 9.3.2 Schéma du circuit d'information et de calcul

La figure 9.2 représente le détail du workflow. Les outils logiciels de la boîte à outils, associés aux formats d'échanges XML standardisés, offrent à un utilisateur ou à la plateforme de simulation une interface unifiée pour utiliser tout un ensemble de méthodes d'exploration numérique. L'initialisation du workflow consiste en la spécification d'un plan d'expérience dans le document XML *Mexico Spécification Plan* (conforme au schéma *baom-experimental-design.xsd*). Comme nous le verrons plus loin, ce document contient l'ensemble des informations nécessaires pour calculer le plan d'expérience, conduire les simulations, puis analyser les résultats et en produire la synthèse. Il peut être produit de différentes manières :

- soit par une plateforme de modélisation et/ou de simulation, à condition qu'elle puisse produire un document conforme au schéma *baom-experimental-design.xsd* (cf. le *smiley* symbolisant l'entrée des données de la plateforme sur la figure 9.2) ;
- soit par l'utilisation d'un éditeur indépendant ; cet éditeur indépendant pouvant être générique, l'utilisateur devra écrire du XML directement en prenant soin de respecter la grammaire Mexico ;
- soit par l'utilisation de Mexico EDitor (MED), éditeur graphique spécifiquement adapté à la création de documents de type XML *Mexico Spécification Plan* ; il guide directement l'utilisateur sans que celui-ci ait besoin de maîtriser le langage XML (cf. le bloc *Mexico Editor* sur la figure 9.2).

Le premier processus du workflow (P1) construit un plan d'expérience à partir des spécifications du document XML *Mexico Spécification Plan*. Cette phase est généralement réalisée avec une des méthodes disponibles sous **R**. Le jeu de scénarios que constitue ce plan d'expérience est sauvegardé dans un fichier XML (conforme au schéma *baom-input-design.xsd*). Ce fichier est repris par le programme de calcul des sorties du modèle, appliqué aux valeurs des facteurs décrits dans les scénarios (P2). Ce programme peut être soit le module simulateur d'une plateforme, soit un programme logiciel externe, soit une fonction **R**. Le résultat des simulations est conservé dans un fichier XML (conforme au schéma *baom-output-design.xsd*). Ces données sont analysées par les méthodes proposées par la boîte à outils Mexico (P3). Le résultat de cette analyse est stocké dans un fichier XML (XML *Mexico Résultats Analyse*). Lorsque le protocole le prévoit, il est intéressant que le résultat de l'analyse puisse conduire à une nouvelle phase d'échantillonnage et relancer un cycle d'exploration. Le dernier processus (P4) produit les premiers éléments de rapport sous forme de résumés statistiques et graphiques des données de sortie de simulations ainsi que celles d'analyse. La figure 9.2 met en évidence les deux axes sur lesquels le groupe Mexico a fortement investi :

- la structuration des données dans un langage formel non ambigu (en gris le plus clair) ;
- les modules logiciels qui composent la boîte à outils Mexico (en gris le plus foncé).

Le paragraphe suivant détaille les arguments qui ont orienté notre choix des langages et outils pour développer ces deux axes.

### 9.3.3  Choix techniques

XML (Extensible Markup Language) a vu le jour en novembre 1996. Il descend du SGML (Standard Generalized Markup language) apparu en 1969 chez IBM dans le but de normaliser les langages descriptifs - dit à balises - utilisés dans la création de documents afin de les rendre échangeables et révisables. XML est donc le fruit d'un processus de maturation qui a duré près de 30 ans et dont la problématique consistait à trouver la meilleure méthode pour décrire sans ambiguïté le contenu de documents textuels.

Simple et portable, XML peut décrire très strictement des documents de toute complexité. Sa grande flexibilité permet de décrire et de hiérarchiser ses propres balises selon son contexte, elle permet également d'emboîter plusieurs schémas de grammaires : il est possible de spécifier dans un schéma un nouvel élément XML composé d'éléments eux-mêmes décrits dans un autre schéma.

Les recherches réalisées en amont de la création de la grammaire Mexico nous ont montré que bon nombre d'équipes ont décliné des grammaires pour décrire leur propre domaine d'étude. Plutôt que d'essayer d'adapter ces grammaires nous avons préféré en construire une nouvelle avec notre terminologie bien adaptée.

### Le logiciel de calcul statistique R

R est un logiciel gratuit qui offre à la fois un environnement et un langage pour les calculs statistiques. Il est très largement utilisé dans le monde de la recherche et sa conception modulaire permet facilement aux équipes qui ont mis au point de nouvelles méthodes de les partager avec la communauté scientifique sous forme de paquetages (le terme "package" est employé tout au long de cet ouvrage) rapidement installables par les utilisateurs.

Au sein de notre communauté de recherche, R est massivement utilisé pour mettre en œuvre les méthodes d'analyses et d'interprétations des résultats. C'est donc tout naturellement que nous avons choisi de privilégier une approche R'user, c'est-à-dire orientée par les pratiques des utilisateurs et non par celles des développeurs de code. Ce choix nous permet également ment de faire l'économie de développement d'interfaces : les utilisateurs manipulent bon nombre de nos outils comme il le font habituellement sous **R**. Le second avantage réside dans le fait que, même si les processus sont déclenchés par des programmes **R**, il est tout à fait possible d'exécuter des méthodes écrites dans d'autres langages : **R** offre une forte interopérabilité avec les principaux langages qui mettent en œuvre les algorithmes numériques et/ou statistiques (C, Fortran, Python, ...).

Dans l'élaboration de la BaO Mexico, nous nous sommes fortement appuyés sur l'organisation modulaire de **R**, qui agrège les différentes briques logicielles. Cette approche permet de ne pas avoir à recoder les composants déjà existants dans **R** (c'est par exemple le cas avec le package sensitivity que nous intégrons directement). Elle a toutefois des limites : chaque contributeur de package reste maître de la construction de son code. Si celle-ci évolue lors de la réalisation d'une nouvelle version et si ce package est lui-même utilisé dans une nouvelle brique logicielle cela demandera au concepteur de cette dernière d'intégrer les modifications dans son propre code.

## 9.4  Spécification du protocole expérimental

### Les trois composantes

Comme indiqué plus haut, les trois premiers processus du workflow mettent en œuvre l'exploration du modèle. Ils sont exécutés à partir d'une spécification précise de la méthode d'exploration que le chercheur souhaite utiliser. Cette description, formalisée en XML, s'appuie sur trois composantes :

- la liste des facteurs d'entrée à étudier et leurs domaines de variation ou d'incertitude,
- le code informatique à mettre en œuvre pour les simulations,
- la méthode d'exploration retenue pour l'échantillonnage et l'analyse des résultats.

La description et l'organisation des informations nécessaires à ces trois composantes conditionnent l'ensemble de la boîte à outils Mexico. En effet comme nous le verrons plus loin, la description et la structuration des facteurs ainsi que celle du workflow ont servi de base pour la conception des classes du package **R** Mexico Tools Kit (mtk) et également pour la réalisation de l'éditeur MED.

## Représentation d'un facteur dans la BaO Mexico

Un facteur est décrit par :

- un nombre restreint d'attributs essentiels (nom, identifiant, unité dans laquelle la valeur est exprimée) ;
- un domaine décrivant l'ensemble des valeurs potentielles du facteur ;
- un ensemble optionnel de caractéristiques spécifiques au facteur (désigné sous le terme de *feature*).

La figure 9.3 illustre la représentation du facteur TI du modèle WWDM.

```
▼ e mxd:factor
    ⓐ id                              TI
    ⓐ mxd:name                        TI
    ▼ e mxd:domain
        ⓐ nominalValue                900
        ⓐ distributionName            unif
        ⓐ mxd:valueType               xs:float
        ▼ e mxd:distributionParameter
            ⓐ mxd:name                min
            ⓐ mxd:value               700
            ⓐ mxd:valueType           xs:float
        ▼ e mxd:distributionParameter
            ⓐ mxd:name                max
            ⓐ mxd:value               1100
            ⓐ mxd:valueType           xs:float
```

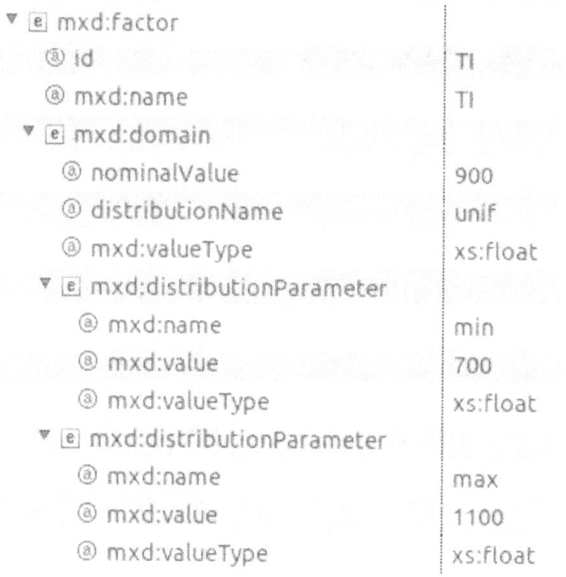

FIGURE 9.3 – Détail du facteur TI du modèle WWDM.

Le domaine est décrit sous la forme d'une distribution de probabilité sur un intervalle continu, ou par une liste de niveaux pondérés dans le cas d'un facteur catégoriel. Les *feature* sont fournis sous la forme d'une liste, dont les éléments permettent de préciser des caractéristiques supplémentaires des facteurs nécessaires pour certaines méthodes. Par exemple :

- le nombre de niveaux pour les facteurs continus quand on utilise certains plans factoriels ;
- un booléen pour identifier les facteurs discrets, pour certaines méthodes permettant de manipuler un mélange de facteurs discrets et de facteurs continus ;

– un nombre ou une chaîne de caractères pour identifier des groupes de facteurs, par exemple pour regrouper certains indices de sensibilité par groupe de facteurs ou pour introduire des corrélations entre facteurs ;
– une chaîne de caractère pour distinguer variables de décision, paramètre incertain, et variable d'entrée du modèle code ;
– etc.

## Le schéma XML

Les figures 9.4 et 9.5 représentent les deux branches principales de l'arbre décrivant le schéma XML *baom-experimental-design.xsd* qui décrit la grammaire XML selon laquelle doivent être spécifiés d'une part les facteurs (décrits plus haut), et d'autre part les méthodes à mettre en œuvre.

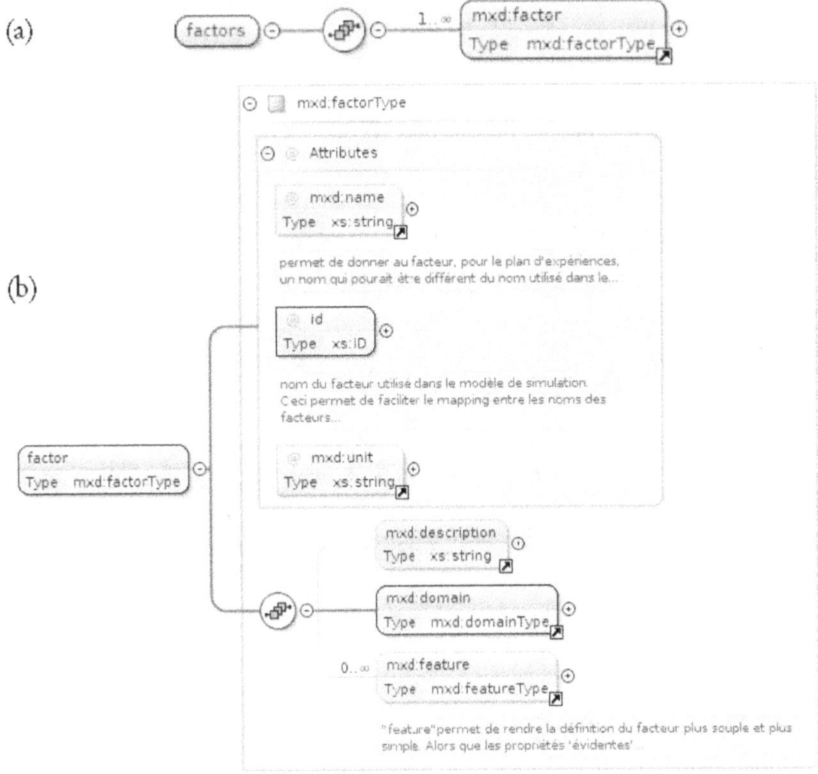


FIGURE 9.4 – Description des facteurs : vue graphique du schéma XML *baom-experimental-design.xsd* représentant (a) l'ensemble des facteurs, (b) un facteur détaillé.

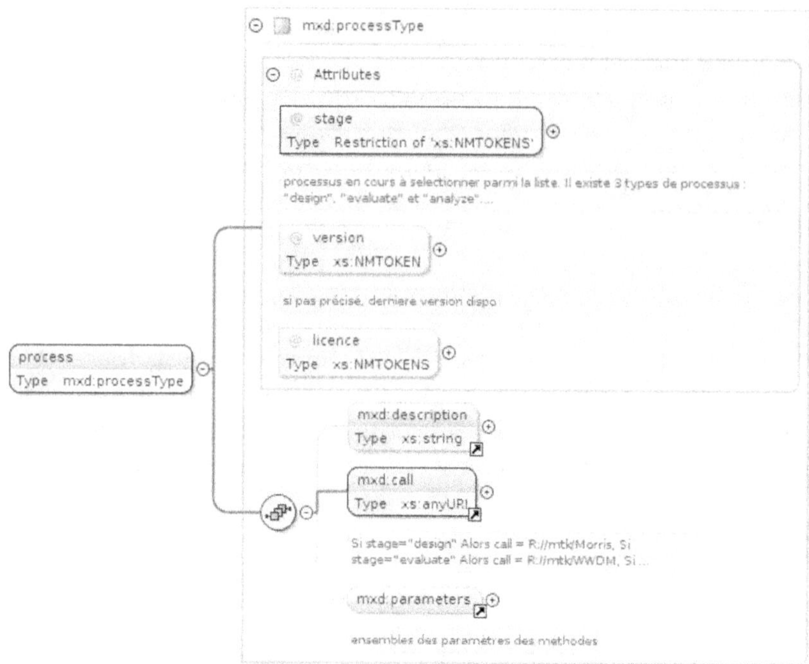

FIGURE 9.5 – Description des processus composant le workflow : vue graphique du schéma XML *baom-experimental-design.xsd*.

Outre quelques métadonnées (version, licence, etc.), un processus est caractérisé par son nom et son état (*design*, *evaluate* ou *analyze*, voir par exemple le chapitre 10 suivant). Il est composé d'une séquence d'éléments comprenant :

– une description optionnelle plus détaillée du processus (texte) ;
– un appel à la méthode concernée. Selon le processus du workflow, il s'agit de la méthode d'échantillonnage, du programme de modélisation ou de la méthode d'analyse. Cet appel est construit selon la syntaxe normalisée des URI (Uniform Resource Identifier : Generic Syntax). Pour résumer, on peut dire que la syntaxe de l'URI décrit formellement l'appel de la méthode de la bibliothèque du logiciel à mettre en œuvre ;
– un ensemble éventuel de paramètres nécessaires à l'exécution des différentes méthodes.

On perçoit facilement que l'ensemble des schémas XML qui décrivent les éléments ainsi que leur structuration jouent un rôle primordial dans la boîte à outils Mexico.

Pour cela, ces schémas XML :

– permettent de décrire des analyses d'exploration des modèles dans un formalisme non ambigu, ce qui a l'avantage de valider facilement et à moindre coût les spécifications de l'analyse ;
– offrent aux chercheurs une plus grande traçabilité de leur travaux. En particulier ils permettent de reprendre une étude antérieure pour la modifier ou simplement se replonger dans le travail réalisé il y a quelque temps ;
– facilitent les échanges entre les équipes par la sérialisation sous forme de fichier texte de toutes les étapes des analyses réalisées.

## 9.5  BaO Mexico : outils et mise en œuvre

Lors de la décision de développer et de mettre à disposition une boîte à outils, le groupe Mexico s'est fixé comme challenge de rendre celle-ci utilisable quelque soit le mode d'approche de l'utilisateur final. En effet, celui-ci peut piloter les outils soit à partir d'une plateforme, soit à partir d'un programme dans un langage courant, soit dans un environnement de calcul comme **R** (d'autres environnements de ce type sont tout à fait envisageables même si pour l'instant il n'existe aucun développement).

Quelle que soit l'approche, la seule nécessité de la part de l'utilisateur est d'avoir à disposition un module qui exporte et importe les informations XML décrites ci-dessus. Dans le cadre d'une plateforme, l'investissement est rapidement rentable car ce module supplémentaire permet de pérenniser ce type d'approche, il garantit l'accès à toutes les méthodes d'exploration des modèles que la BaO Mexico intègrera.

Dans le cadre du groupe Mexico, deux équipes, qui développaient des plateformes aux finalités différentes, ont participé dès l'origine au projet de boîte à outils Mexico. Il s'agit de l'équipe de Code Lutin développant la plateforme ISIS-Fish pour l'Ifremer, et l'équipe du projet RECORD-VLE initié par une collaboration Inra/Ulco. Ces deux projets sont détaillés ci-dessous.

### 9.5.1  Le package mtk pour l'utilisateur de R

Le groupe Mexico s'est fixé comme objectif de mettre à disposition des utilisateurs de **R** un ensemble d'outils, sous forme de bibliothèque de fonctions (ou package) **R**.

Ce choix est pleinement justifié par les raisons suivantes :

- la communauté de chercheurs ciblée utilise de manière prépondérante ce logiciel ;
- il existe déjà sous **R** différentes bibliothèques offrant des méthodes d'exploration des modèles comme sensitivity, multisensi, DiceDesign, DiceKriging pour les méthodes d'analyse de sensibilité, planor pour les plans d'expérience complexes ;
- ce langage, assez simple à maîtriser dans ses principes de base, permet l'écriture de nouvelles méthodes qui pourront enrichir la BaO Mexico.

Pour garantir le succès de notre boîte à outils, le développement du package mtk doit obligatoirement répondre à un double usage :

- un usage interactif classique pour un utilisateur **R**. qui construit par essai-erreur ses objets **R** pour lesquels il exécute les différentes méthodes et fonctions **R** disponibles dans son environnement. L'utilisateur possède la pleine maîtrise de ses objets et des traitements qu'il leur applique interactivement et qu'il voit évoluer pas à pas ;
- un usage en traitement par lot car, une fois la phase de mise au point terminée, l'utilisateur souhaite pouvoir exécuter à l'aide de commandes succinctes l'ensemble des étapes de construction et de traitement des objets **R** de son analyse en cours.

Les autres critères importants que doit respecter le package mtk sont la flexibilité et l'interopérabilité. Ils sont un gage de pérennité de l'outil.

- **Flexibilité** : mtk doit pouvoir intégrer facilement les nouvelles méthodes d'exploration des modèles complexes. Aussi l'originalité du développement de mtk consiste à concevoir un module pour permettre aux chercheurs d'intégrer ces nouvelles méthodes dans la chaîne du workflow Mexico.
- **Interopérabilité** : les méthodes d'exploration des modèles ne doivent pas se limiter à celles disponibles sous **R**. Le package mtk s'appuie sur les fonctionnalités de **R** qui permettent d'exécuter des appels à des programmes externes (écrits en langage C ou Fortran par exemple).

L'approfondissement des concepts mis en œuvre dans mtk ainsi que son usage sont développés dans le chapitre 10 de cet ouvrage.


### 9.5.2   MED, un éditeur XML dédié

MED (Mexico EDitor) simplifie la saisie des spécifications pour construire un plan d'expérience. Cet éditeur permet de spécifier les méthodes mises en œuvre pour les analyses des simulations.

Le schéma suivant (Figure 9.6) décrit l'architecture de MED. À partir de MED un utilisateur définit les spécifications des facteurs du plan d'expérience mis en œuvre soit en chargeant un fichier txt (dont la structure correspond à une logique définie par ailleurs), soit en décrivant ceux-ci via une GUI. Il définit ensuite également les processus mis en œuvre dans le workflow et sauvegarde de manière transparente toute cette information dans un fichier XML (conforme à la la grammaire *baom-experimental-design.xsd*).

Ce document XML sera repris par les outils du package mtk de **R** pour la réalisation des analyses.

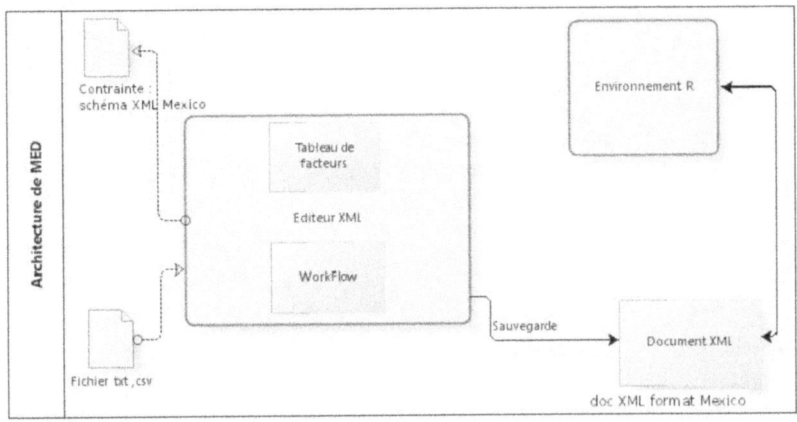


FIGURE 9.6 – Principe de fonctionnement de l'éditeur MED.

### 9.5.3 Plateformes de modélisation intégrant la BaO Mexico

#### RECORD-VLE

**VLE qu'est-ce que c'est ?** La plateforme VLE *(Virtual Laboratory Environment)* (Quesnel [159] et Ramat [163]) est une plateforme de multi-modélisation et de simulation de systèmes dynamiques basée sur le formalisme à événements discrets DEVS (Discrete Event System Specification). Le modélisateur thématicien (biologistes, agronomes, physiciens, etc.) possède un choix vaste de formalismes (équations aux différences, équations différentielles, automates cellulaires, automates à états finis – statechart, par exemple -, décision, Réseaux de Petri temporisés, etc.) qu'il peut utiliser au sein d'un même modèle. VLE est alors le garant de la compatibilité entre les formalismes. De plus, VLE repose sur une description hiérarchique du système ; l'approche préconise une démarche systémique de modélisation.

Du point de vue technique, l'environnement VLE propose un ensemble de bibliothèques, les VFL (VLE Foundation Libraries), sur lesquelles reposent un certain nombre de programmes dont un simulateur, une interface graphique de modélisation et de développement de modèles et des outils annexes pour analyser et visualiser les sorties des simulations. Les VFL sont suffisamment bien conçues pour permettre la construction de nouveaux simulateurs, modèles ou de nouveaux programmes de modélisation et d'analyse.

GVLE, l'environnement de développement intégré de VLE, propose un ensemble d'outils pour aider le modélisateur à débuter, construire, développer et analyser ses modèles. Il permet l'implémentation du comportement de modèles atomiques avec son éditeur de code source intégré, une gestion de la compilation des modèles, l'utilisation de greffons de modélisation pour la saisie simplifiée du comportement des modèles basés sur les extensions proposées par VLE, le développement de la structure des modèles, avec la définition des modèles couplés, des sous-modèles attachés, de leurs ports de connexions, l'édition des conditions expérimentales pour la définition de plans d'expérience ainsi que l'association entre les modèles et les outils pour les observer.

En septembre 2007, l'environnement VLE est choisi comme solution technique pour la modélisation et la simulation des agro-systèmes par la plateforme RECORD.

**RECORD.** Cette plateforme de modélisation et simulation informatique a été initiée par l'Inra pour l'aide à la conception et l'évaluation des agro-écosystèmes. Elle vise à offrir un cadre partagé facilitant le développement, le partage et la ré-utilisabilité des modèles développés en agronomie. Les agro-écosystèmes sont des systèmes complexes dont l'étude relève de plusieurs disciplines : agronomie, sciences du sol, épidémiologie, écologie, sciences de la gestion, mathématiques et informatiques, etc. En conséquence, leur simulation nécessite l'intégration de modèles hétérogènes : modèles de plante, modèles de sol, modèles de bio-agresseur, modèles de décision, modèles de climat, et ce à différents échelles temporelles et spatiales, selon différents formalismes mathématiques de modélisation (équations différentielles, équations aux différences, événements discrets, modèles spatiaux, modèles stochastiques, etc.). De la même manière, qu'elle apporte des réponses aux questions de l'élaboration et du couplage de ces modèles, la plateforme fournit un service quant à la question de leur exploration. RECORD ayant pour socle technique le logiciel VLE, le couplage avec **R** est par nature fonctionnel, et le choix a été fait d'utiliser ce logiciel pour l'exploration des modèles. Cependant, il était nécessaire d'aider les utilisateurs dans la prise en main de ces méthodes. Pour cela, nous avons choisi de promouvoir l'utilisation d'outils intégrés et portés par une communauté d'experts comme la BaO Mexico qui facilitent le travail d'exploration des modèles sous RECORD et permet de bénéficier de la dynamique du département MIA de l'Inra.

**Utilisation de mtk et VLE.**   VLE offre un mécanisme de couplage avec le langage **R** afin de manipuler la définition des plans d'expérience, de piloter l'exécution des simulations et de récupérer les sorties des simulations directement en **R**. Ce mécanisme existe aussi pour les langages Python et Java. En utilisant un framework Web python comme pylons, il est alors possible de développer des interfaces Web de manipulation des plans d'expérience reposant sur des modèles VLE.

Le package mtk a été développé sous le logiciel **R**. Or, VLE dispose d'un package **R** appelé RVLE permettant d'interagir avec VLE sous R. Ce package fournit la possibilité de lire les fichiers de description d'un modèle et de ses paramètres, d'affecter des conditions initiales aux modèles, de simuler les modèles avec ces conditions et de récupérer des résultats de simulations. Il répond tout à fait aux besoins de mtk. En effet, grâce à mtk, il est possible d'utiliser les méthodes d'exploration des modèles pour définir les plans d'expérience et, ensuite, d'initialiser et exécuter les simulations, avec ces plans, directement depuis **R**.

L'un des atouts de VLE est d'autoriser l'utilisation de systèmes multiprocesseurs (cluster ou processeur multi-coeurs) au niveau de l'exécution des plans d'expérience. Cette fonctionnalité est directement et de manière transparente, accessible avec RVLE et donc les analyses réalisables via le mtk sont parallélisables.

## ISIS-Fish

**La plateforme ISIS-Fish.** ISIS-Fish est une plateforme libre[5] de modélisation en Java qui permet d'évaluer les conséquences de scénarios de gestion sur la dynamique des pêcheries (cf. Chapitre 8). Elle a été conçue afin de couvrir tous les besoins du modélisateur tout en permettant des interactions avec d'autres logiciels.

ISIS-Fish permet de décrire sa pêcherie, de lancer une simulation et de visualiser les résultats sous différents formats (tabulaire, graphique ou spatialisé). Le modélisateur peut faire varier, avant de simuler, les différents paramètres de sa pêcherie, soit manuellement, soit programmatiquement, ce qui permet, par exemple, d'effectuer des analyses de sensibilité. Le modélisateur a également la possibilité de modifier le cœur du simulateur, directement depuis l'interface ISIS-Fish. Il peut ainsi étudier l'impact de modifications du modèle et adapter ce dernier aux caractéristiques spécifiques de son cas d'étude. Sans aller jusqu'à une modification complète du modèle, le modélisateur peut modifier certains comportements en ajoutant des règles de gestion utilisables durant une simulation.

ISIS-Fish intègre également des possibilités de dialogue avec **R** permettant ainsi au modélisateur d'utiliser des outils statistiques durant les simulations (évaluation de stock par exemple).

**ISIS-Fish, la boîte à outils Mexico et les évolutions.** Le développement d'ISIS-Fish a eu lieu avant le développement du réseau Mexico et plus particulièrement de la boîte à outils Mexico. Aussi, les différentes interactions avec la boîte à outils (voir l'exemple Figure 9.7) ont été ajoutées *a posteriori* afin d'offrir aux modélisateurs utilisant ISIS-Fish de nouvelles fonctionnalités d'analyse.

A l'heure actuelle, seule la génération des fichiers de description d'expérience (*ExpDesign.xsd*) est fonctionnelle. Les différentes analyses de sensibilité proposées dans ISIS-Fish s'appuient directement sur des outils externes sans l'unification proposée par la boîte à outils Mexico.

Les développements futurs de la plateforme ISIS-Fish visent à intégrer complètement le package **R** mtk afin de proposer de manière unifiée les différentes méthodes d'analyses de sensibilité ainsi que les fonctions de reporting de la boîte à outils Mexico.

---

5. Logiciel libre : à opposer à logiciel propriétaire, un logiciel libre garantit la liberté d'utilisation, d'étude, de redistribution et de modification du code source du logiciel. Ces libertés garantissent un accès permanent et partagé au logiciel sans dépendance.

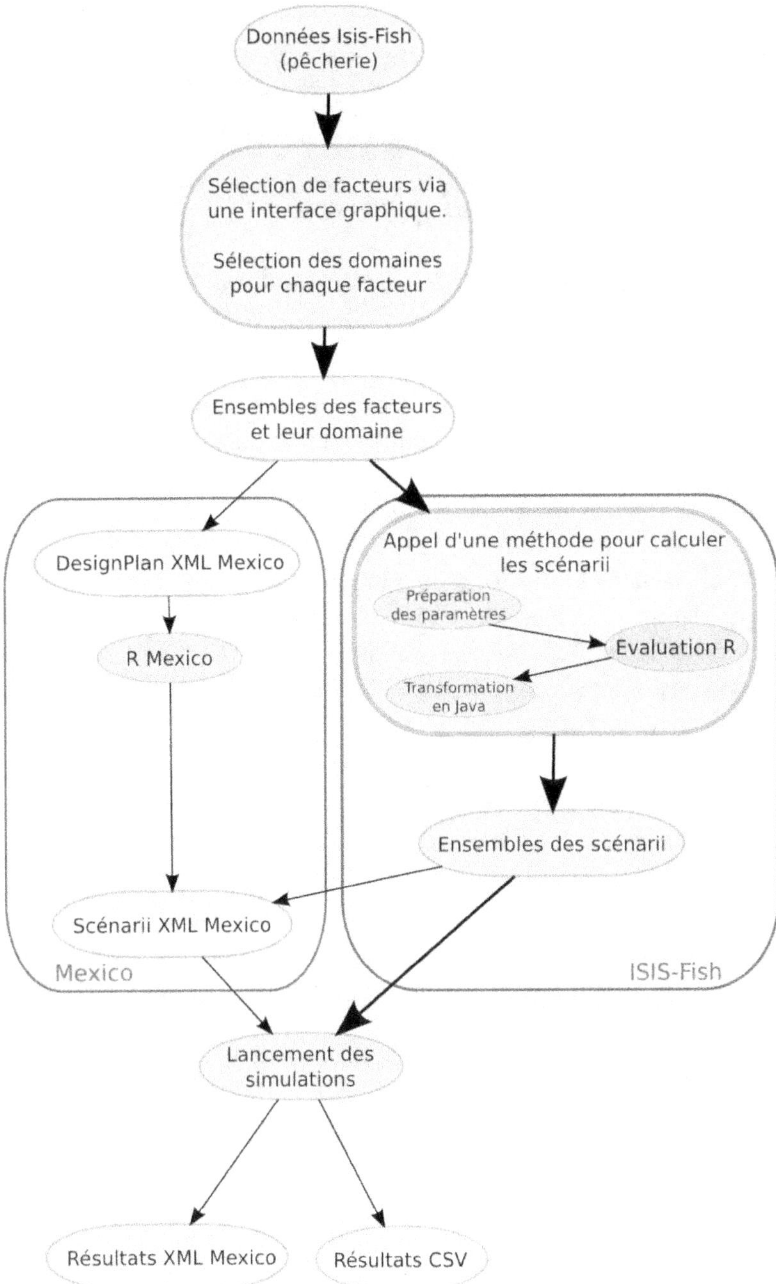


FIGURE 9.7 – Analyse de sensibilité via ISIS-Fish, interactions avec Mexico.

**Pour en savoir plus :**
- site : isis-fish.org,
- forge : forge.codelutin.com.

## 9.6   BaO Mexico : perspectives

Pour résumer on peut présenter la boîte à outils Mexico comme un ensemble de programmes simplifiant l'exploration de modèles complexes, elle est composée de :

- un ensemble de schémas XML définissant la grammaire selon laquelle décrire les différentes données qui sont manipulées ;
- un éditeur dédié à la description des spécifications du protocole à mettre en œuvre (spécification du plan, méthodes d'échantillonnage, d'analyse, d'interprétation, description de la mise en œuvre de ces méthodes) ;
- un package **R** regroupant les programmes qui manipulent les méthodes des différents processus et offrant à l'utilisateur la possibilité d'ajouter de nouvelles méthodes. Cette bibliothèque de classe, méthodes et fonctions **R** est baptisée Mexico Tools Kit (mtk), son concept et son usage font l'objet du chapitre 10.

La gestion de l'ensemble de cette BaO Mexico se fait à l'aide de la forge logicielle du département MIA de l'Inra. Cela permet notamment de versionner le code source et de centraliser les documents.

La présentation ci-dessus de l'ensemble des outils de la boîte à outils du réseau Mexico clôture la phase expérimentale du projet. Elle correspond à la validation des concepts que nous avons imaginés et pour lesquels les objectifs principaux restent la simplification de la mise en œuvre des analyses de modèles ainsi qu'une traçabilité des différentes études avec tous les avantages que cela procure (mutualisation des modèles, ré-utilisabilité des travaux antérieurs, etc.).

Nous rentrons maintenant dans une période consacrée principalement à assurer la robustesse et la qualité des outils : il reste encore de nombreux éléments à consolider, que ce soit dans les schémas XML ou dans les outils. Il s'agit de produire une version stable et robuste, testée et validée auprès des utilisateurs de la boîte à outils Mexico. En particulier notre attention portera sur :

- la validation de la mise en œuvre de l'intégration des nouvelles méthodes dans le package mtk. Le concept ayant été bien défini et validé auprès du groupe Mexico, il s'agit de s'assurer que cette fonctionnalité est utilisable par notre public visé. Cette démarche novatrice permettra à terme l'usage et le partage d'un ensemble important de méthodes pour l'exploration des modèles ;

– la validation des modules qui assureront la passerelle entre les plateformes telles que ISIS-Fish ou RECORD-VLE et la BaO Mexico. Cette étape est très dépendante de l'implémentation des outils car il s'agit de construire les appels directs aux objets et méthodes développés. Elle ne prendra sa réelle dimension qu'une fois l'étape précédente suffisamment consolidée.

En même temps que nous itérerons des cycles pour raffiner nos outils nous avons comme objectif d'assurer la diffusion de la BaO Mexico afin de former la communauté des chercheurs à son usage. Ces échanges permettrons également de faire progresser la qualité des différents outils.

Parce que nous avons la conviction que la notion d'encapsulation des méthodes pour avoir un usage cohérent de celles-ci au sein d'une même famille d'analyse est une bonne façon de simplifier et de rendre plus clair leur pratique, nous souhaitons extrapoler ce concept à l'ensemble des développements sous **R**. Forts des premiers retours nous nous attacherons à déployer ce concept au mieux.

En dernier lieu, face aux possibilités qu'offrent les nouvelles technologies de calcul (HPC pour High Performance Computing) pour la mise en œuvre de simulations extrêmement coûteuses en terme de temps de calcul, il nous semble important d'engager une réflexion pour identifier comment nous pourrions utiliser ces possibilités dans le cadre des outils de la BaO Mexico.

Le projet étant sous licence GPL, il est accessible à toute personne qui veut analyser en détail le code où qui souhaite participer à son développement.

Les informations se trouvent sur les deux sites Mexico :

– http ://www.reseau-mexico.fr,
 lieu d'échanges et d'informations avec des pages en accès réservé,

– https ://mulcyber.toulouse.inra.fr/projects/baomexico/,
 forge de la boîte à outils Mexico pour le dépot du code, le suivi de bug, la document d'utilisation.

# Chapitre 10

# Le package mtk, une bibliothèque R pour l'exploration numérique des modèles

*Juhui Wang, Hervé Richard, Robert Faivre et Hervé Monod*

## 10.1 Introduction

La modélisation numérique est utilisée de façon croissante à des fins de simulation ou de prévision. Dans ce contexte, tout un domaine de recherche s'est développé autour des outils informatiques permettant d'explorer le comportement des modèles et d'exploiter plus efficacement les données qu'ils produisent. A l'heure actuelle, plusieurs projets sont connus de la communauté de chercheurs travaillant dans ce domaine. L'un des plus anciens est le projet DAKOTA (Eldred *et al.* [51]). Développé sous forme d'une bibliothèque C++, il fournit une plateforme logicielle facilitant la mise en place des analyses itératives des modèles à des fins d'optimisation. Le projet SimLab (Saltelli *et al.* [175]), distribué sous forme d'un kit de composants extensible, permet de mener l'exploration des modèles avec des méthodes d'analyse de sensibilité et d'incertitude. Le projet **R**-sensitivity (Pujol *et al.* [157]), implémenté sous forme d'une collection de fonctions **R**, permet d'effectuer des analyses d'incertitude et de sensibilité avec les méthodes les plus courantes. Le projet OpenTURNS

(Open TURNS [148]) s'appuie sur la méthodologie globale de traitement des incertitudes développée par un ceratin nombre d'industriels français (CEA, EADS, EDF, ONERA, etc., cf. de Rocquigny *et al.* . [38]). Il permet de quantifier, propager et hiérarchiser les incertitudes contenues dans les modèles.

Tous ces logiciels sont des outils généraux et performants. Néanmoins ils manquent parfois d'universalité ou de généricité dans leur exploitation, en particulier quand il s'agit de les intégrer à des plateformes de modélisation existantes. Partant de ce constat, nous avons développé un package **R** consacré aux méthodes d'exploration de modèles par la simulation.

Dénommé mtk (Mexico ToolKit), ce package se veut être une interface universelle et standardisée entre les méthodes d'exploration numérique et les plateformes de simulation. Il a pour vocation, d'une part d'être intégré de façon transparente dans des plateformes de simulation, et d'autre part d'être utilisable directement et facilement sous **R**. Enfin, il est conçu pour être enrichi facilement par des contributions tierces portant sur de nouvelles méthodes développées ou non en **R**.

Le package mtk résulte de la collaboration entre des statisticiens spécialistes des méthodes d'exploration numérique et des informaticiens spécialistes de la programmation orientée-objet. Il en résulte une conception et une architecture d'ensemble originales pour un package **R** qui a pour objet de concilier l'interactivité d'un langage de script comme **R** et l'efficacité de programmation orientée-objet comme Java. Exploitant la technologie offerte par **R**, cette architecture repose sur une représentation homogène des facteurs d'entrée, caractérisés par des lois de distribution, et sur une décomposition de l'expérimentation numérique en étapes : *i)* choix des facteurs d'entrée et de leurs distributions d'incertitude ; *ii)* plan d'expérience ou d'échantillonnage (nous ne distinguerons pas les deux concepts) pour déterminer les combinaisons de niveaux des facteurs à simuler ; *iii)* simulation proprement dite pour obtenir les sorties du modèle ; *iv)* analyse des résultats de simulation ; *v)* restitution des résultats.

Dans ce chapitre, nous présentons dans la section suivante la prise en main de mtk du point de vue d'un utilisateur de **R** et à partir d'une plateforme de modélisation. Ensuite, nous abordons dans la section 10.3 le fil conducteur qui nous a guidés dans la conception et le choix de l'architecture du package. Dans la dernière partie, nous détaillons certaines fonctions et caractéristiques du package. Nous ne revenons pas sur le principe et le contenu des méthodes utilisées comme exemples, qui sont toutes présentées dans d'autres chapitres de l'ouvrage.

## 10.2   Prise en main rapide du package mtk

L'objectif de cette section est de montrer, à travers quelques exemples simples, l'utilisation du package mtk.

Le premier exemple concerne l'utilisation du package mtk sous **R**. Il s'agit d'un cas d'école sur le calcul des indices de sensibilité du modèle ISHIGAMI avec la méthode Morris (Saltelli *et al.* [175]). Le second concerne l'utilisation du package mtk à partir d'une plateforme en reprenant le même cas d'école. Dans ce dernier cas, les informations sur la formation des facteurs et l'enchaînement des processus sont transmises *via* un fichier XML généré par la plateforme.

### 10.2.1   Utilisation sous l'environnement R

L'installation du package mtk dans un répertoire privé, que l'on dénommera ici "/var/temp/mylib/", se fait à partir d'une copie locale du package "/var/temp/mtk.tar.gz" par l'instruction :

```
# Installation du package "mtk" dans un répertoire privé.
install.packages("/var/temp/mtk.tar.gz",
        lib ="/var/temp/mylib/",repos = NULL)
```

Lors d'une session de travail **R**, le package mtk est accessible par la fonction library de **R**.

```
# Chargement de mtk à partir du répertoire d'installation.
library(mtk, lib.loc="/var/temp/mylib/")
```

Pour rappel, le modèle ISHIGAMI est une fonction à trois facteurs d'entrée $x_1$, $x_2$, $x_3$ dont les valeurs appartiennent à l'intervalle $[-\pi, +\pi]$. L'incertitude sur ces valeurs est caractérisée par une loi de distribution uniforme sur cet intervalle, indépendamment pour les trois facteurs. La caractérisation de ces trois facteurs sous le package mtk se réalise par les instructions suivantes.

```
# Formation des facteurs via la fonction make.mtkFactor.
x1 <- make.mtkFactor(name="x1", distribName="unif",
        distribPara=list(min=-pi, max=pi))
x2 <- make.mtkFactor(name="x2", distribName="unif",
        distribPara=list(min=-pi, max=pi))
x3 <- make.mtkFactor(name="x3", distribName="unif",
        distribPara=list(min=-pi, max=pi))
factors <- mtkExpFactors(list(x1,x2,x3))
```

L'étape suivante consiste à définir les processus à mettre en œuvre et à former un workflow, c'est-à-dire la séquence des caractéristiques de l'expérience numérique.

Le plan d'expérience sera construit selon la méthode Morris, les données de simulation seront produites avec le modèle ISHIGAMI, et les indices de sensibilité seront calculés selon la méthode Morris. Notons que dans le package mtk, on utilise les terminologies répandues dans la communauté de Java telles que le mot service pour désigner ici un algorithme implémenté au moyen d'un langage de programmation et le mot native pour désigner un service implémenté localement, ce par rapport aux services accessibles *via* le Web.

```
# Formation du processus de génération des plans
# d'expérience avec la méthode «Morris»
exp1.designer <- mtkNativeDesigner("Morris",
            information=list(size=20))


# Formation du processus de simulation avec le modèle Ishigami
exp1.evaluator <- mtkNativeEvaluator("Ishigami")


# Formation du processus de calcul des indices de sensibilité
# avec la méthode «Morris»
exp1.analyser <- mtkNativeAnalyser("Morris",
            information=list(nboot=20))


# Formation du workflow.
exp1 <- mtkExpWorkflow(expFactors=factors,
    processesVector = c(design=exp1.designer,
        evaluate=exp1.evaluator,
            analyze=exp1.analyser))
```

Cette séquence de travail (workflow) est ensuite exécutée par la fonction run et un rapport est fourni.

```
# Lancement du workflow
run(exp1)
print(exp1)
```

Si l'on souhaite recalculer les indices de sensibilité avec une autre méthode sans vouloir regénérer les plans d'expérience ni refaire la simulation du modèle, il suffit de créer pour cela une nouvelle instance de la classe mtkNativeAnalyser et de la substituer à l'ancienne dans le workflow comme montré ci-dessous. Ceci ne relance ni la génération des plans d'expérience ni la simulation du modèle.

```
# Formation d'un processus de calcul des indices de sensibilité
# avec la méthode «Regression».
exp1.analyserReg <- mtkNativeAnalyser("Regression",
          information=list(nboot=20) )


# Remplacement du processus de calcul des indices de
# sensibilité dans le workflow.
setProcess(exp1, exp1.analyserReg, "analyze")


# Lancement du workflow.
run(exp1)
```

L'utilisateur peut aussi extraire les données générées par les processus et les manipuler en dehors du package mtk.

```
# Extraire les plans d'expérience ainsi que la simulation
# sous forme d'un data.frame
data <- extractData(exp1, name=c("design", "evaluate"))
```

## 10.2.2 Utilisation à partir d'une plateforme de modélisation

Pour l'utilisation à partir d'une plateforme, les étapes détaillées ci-dessus doivent être transparentes pour l'utilisateur et les données associées doivent être générées automatiquement par la plateforme. Du fait que l'interfaçage avec des plateformes a été prévu dès la conception de mtk, cette automatisation est simple à réaliser et repose essentiellement sur le respect du format XML de la BaO Mexico pour décrire les différentes composantes de l'expérience numérique à réaliser (voir le chapitre 9).

Il faut d'abord créer un fichier XML satisfaisant les normes de la BaO Mexico définies dans le chapitre 9 et ensuite construire un workflow pour préparer et lancer les processus impliqués.

```
# Créer un workflow avec le fichier "/var/temp/WWDM.xml".
expe <- mtkExpWorkflow(xmlFilePath="/var/temp/WWDM.xml")
```

Ensuite, on lance le workflow et on demande un rapport sur les résultats obtenus.

```
# Lancement du workflow afin de mettre en place la procédure
# complête d'analyse de sensibilité specifiée dans
# le fichier "WWDM.xml".
run(expe)

# Rapport sur les résultats obtenus.
print(expe)
```

Le script peut être aussi succinct que cela car la fonction mtkExpWorkflow effectue la traduction des informations contenues dans le fichier XML (*parsing*), puis crée et ordonne l'ensemble des processus à exécuter pour réaliser l'expérience demandée. Il reste seulement à lancer l'exécution par la méthode run.

Ces quelques exemples bien que simples montrent clairement les avantages du package mtk : l'efficacité calculatoire, une syntaxe unique pour tous les types d'analyse et une intégration transparente avec des plateformes existantes.

## 10.3   Conception et architecture

Le package mtk repose sur une architecture orientée-objet à trois composants : la gestion des facteurs, la gestion du workflow et la gestion des accès aux ressources externes. Chaque composant assure une partie des services et gère l'échange de données et de services avec les autres composants *via* des interfaces communes. Ainsi, un composant ne connaît ses partenaires qu'à travers ces interfaces. Ceci permet de favoriser un développement plus efficace du projet lorsque plusieurs équipes y participent, et par la même occasion, facilitera la maintenance évolutive et corrective du package.

**Les différents composants du package mtk.**   La figure 10.1 montre l'architecture générale du package mtk. Le composant "Facteurs" est dédié à la gestion des facteurs et il assure la représentation informatique des connaissances et de l'incertitude que nous avons sur les facteurs : leurs noms, leurs natures (quantitatives ou qualitatives), les lois de distribution associées, et les relations qu'ils pourraient avoir avec d'autres facteurs telles que, par exemple, les liens spatio-temporels, les corrélations, etc.

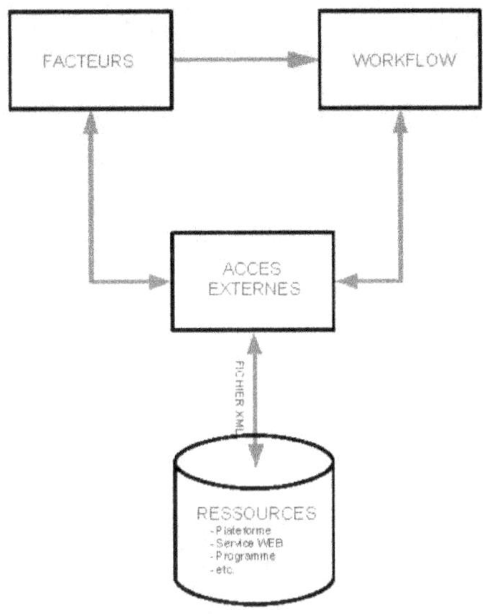



FIGURE 10.1 – Architecture générale du package mtk.

Le composant "Workflow" coordonne l'enchaînement des différents processus qui interviennent dans la procédure de l'exploration numérique. Dans la version actuelle du package mtk, trois types de processus sont pris en charge : les générateurs des plans d'expérience, les gestionnaires de la simulation des modèles et les gestionnaires des méthodes de calcul des indices de sensibilité. Le rôle du workflow est d'assurer le bon enchaînement de ces processus. Avant d'appeler un processus à participer à un enchaînement, le workflow vérifie que toutes les conditions préalables sont remplies et que les données nécessaires à l'enchaînement sont disponibles.

Le package mtk dispose également d'un module d'accès aux ressources externes [1]. S'appuyant sur des standards ouverts tels que XML, URI (Uniform Resource Identifier), les services Web, etc., ce module permettra aux

---

1. Dans la version actuelle de ce module, seul le composant concernant la communication avec les plateformes de simulation *via* des fichiers XML a été implémenté.

éléments du package mtk de communiquer avec des ressources externes telles que, par exemple, des plateformes de simulation, des programmes indépendants qui réalisent des plans d'expérience optimisés, des services Web qui fournissent des données ou des méthodes d'exploration numérique des modèles, etc.

Une fois l'implémentation de ce module terminé, la package mtk sera capable de prendre en charge la notion de virtualisation du calcul : certaines tâches réalisées au sein d'un processus pourraient ne pas avoir des implémentations physiques dans le package mtk. Elles peuvent être implémentées ailleurs pourvu qu'on puisse les localiser au moyen d'un URI (Uniform Resource Identifier). Par exemple, dans une analyse de sensibilité, le package mtk peut faire appel à un générateur de plans d'expérience s'exécutant sur un cluster à distance, et récupérer ensuite les plans d'expérience générés et les communiquer à une plateforme de simulation indépendante, puis analyser les données ainsi obtenues au moyen d'une méthode d'analyse de sensibilité publiée *via* un service Web.

**Une approche de conception orientée-objet.**   Les statistiques sont des méthodes et outils fondés sur la manipulation et l'interprétation des données. Il n'est donc pas surprenant que les statisticiens mettent les données et les méthodes d'analyse au centre de leur raisonnement. Quand ils réalisent des programmes sous **R**, ils le font le plus souvent selon un paradigme de programmation fondé sur la séparation entre données et traitements. Ceci pose de nombreuses difficultés structurelles dès lors qu'on considère le développement de logiciel comme un projet d'ingénierie. Par exemple, il empêche de décomposer le logiciel en des modules relativement indépendants et par conséquent pose de nombreuses difficultés dans l'organisation du travail de développement : on ne peut pas faire intervenir plusieurs équipes de développement, on ne peut pas faire évoluer ou modifier le logiciel sans remettre en cause l'ensemble du projet car la modification des éléments individuels implique la révision totale du projet.

Dans le cadre du projet mtk, nous avons choisi une autre stratégie de conception : l'approche orientée-objet.

Basée sur l'abstraction du monde réel, une approche de conception orientée-objet ne porte pas seulement sur ce que fait le logiciel mais surtout sur ce qu'il devrait être. Ceci a été mis en œuvre en exploitant la technologie S4 offerte par **R**.

Nous avons utilisé ces notions de façon intensive et défini de nombreuses classes propres au package mtk. La structure du package repose sur des éléments indépendants qui communiquent *via* des interfaces. Par conséquent, l'évolution ou la modification du package impactent surtout l'interaction entre les éléments sans pour autant remettre en cause la structure fondamentale des classes. Par exemple, dans le cadre de la génération des plans d'expérience, on ne cherche plus à manipuler les plans d'expérience en tant que données isolées, mais on les considère comme un processus. Celui-ci est responsable à la fois de la génération, de la représentation et de la mise en rapport des résultats avec d'autres processus.

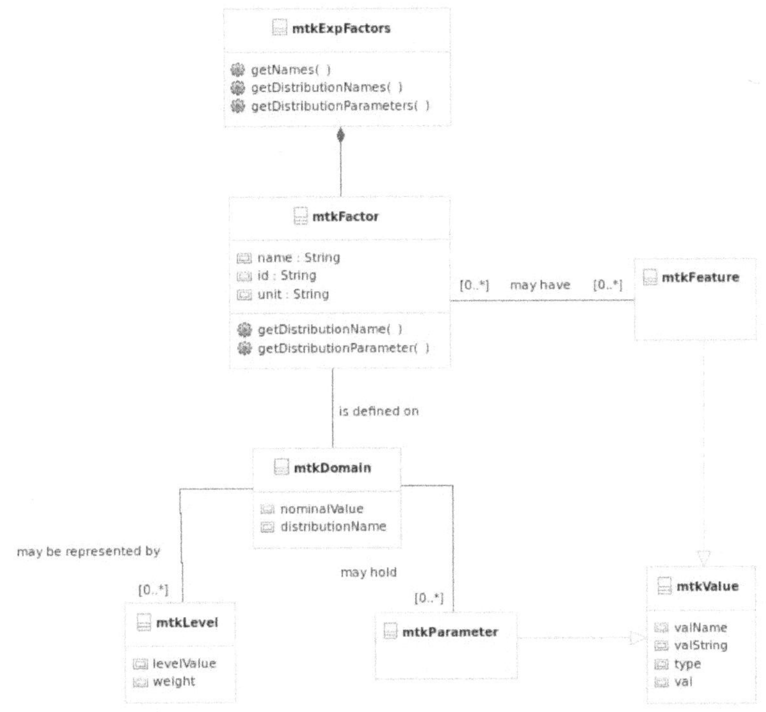



FIGURE 10.2 – Organisation des classes pour la gestion des facteurs.

**L'organisation des classes dans le package mtk.**  Les figures 10.2, 10.3 et 10.4 montrent l'organisation des classes pour la partie concernant respectivement "la gestion des facteurs", "la gestion du workflow" et "la gestion des processus". L'ensemble forme le diagramme des classes élaboré selon le langage UML (Unified Modeling Language, Booch *et al.* [9]). Ici, nous les avons présentés séparément pour une question de lisibilité. Notons aussi que, pour la partie de la gestion des processus, seule la partie

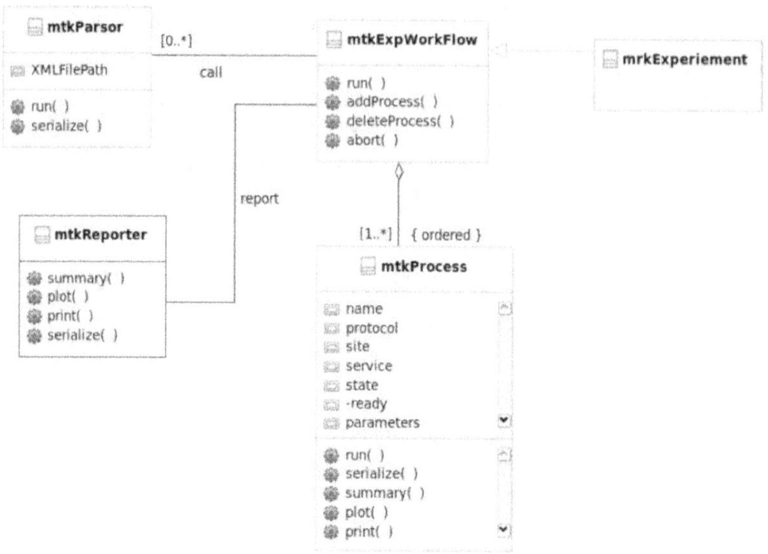


FIGURE 10.3 – Organisation des classes pour la gestion du workflow.

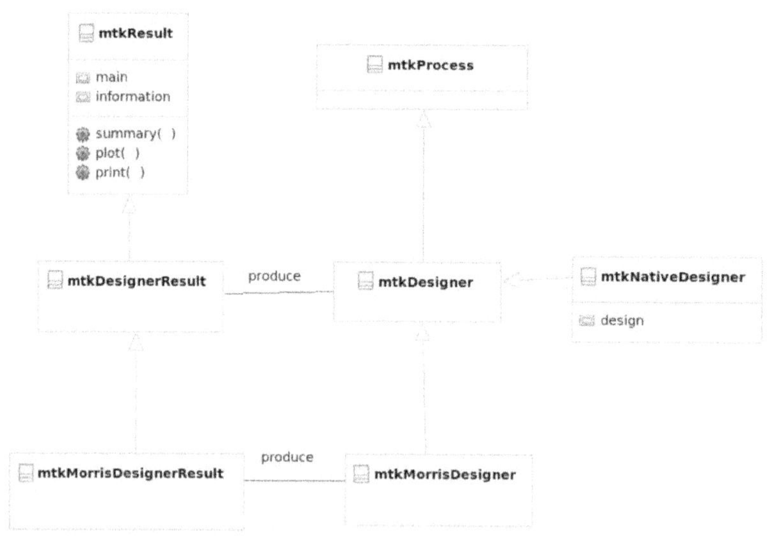


FIGURE 10.4 – Organisation des classes pour la gestion des générateurs des plans d'expérience.

concernant la génération des plans d'expérience est présentée et les parties concernant la gestion de la simulation des modèles ainsi que la gestion des méthodes de calcul des indices de sensibilité sont omises en raison de leur similitude.

**L'anatomie d'une classe du package mtk.** Du point de vue de la conception, ce paradigme orienté-objet met les notions de classes et de méthodes au centre du raisonnement. Prenons l'exemple de la gestion des processus, qui est au cœur du package mtk. Les différentes façons de gérer les processus sont conceptualisées selon une structure unique implémentée au moyen de la classe mtkProcess. Comme des agents autonomes, les objets de la classe mtkProcess disposent à la fois des données et des fonctions. Cette classe possède huit attributs qui lui permettent de stocker les données et de gérer l'évolution de son état interne.

**Les attributs.** L'attribut name permet de différencier le type de traitement que le processus réalise. Les attributs protocol, site et service permettent de définir l'implémentation informatique du processus qui peut être sur un site local ou distant, au moyen d'une fonction **R** ou d'un programme indépendant, etc. Cette façon d'abstraire les processus nous permet de gérer de la même façon tous les processus et méthodes, et d'intégrer de façon transparente les ressources existantes qui peuvent être locales ou à distance. Par exemple, le cas où on déclare name ="design", protocol="R", site="mtk", service="Fast", cela signifie que le processus en question est un générateur de plans d'expérience, que la méthode d'échantionnage utilisée est la méthode Fast (Pujol *et al.* [157]), et que cette méthode a été implémentée au moyen d'une classe **R** au sein du package mtk.

Ensuite, l'attribut parameters représente l'ensemble des paramètres que le processus utilise pour accomplir sa mission. Les attributs ready et state sont des indicateurs internes qui permettent de renseigner l'état du processus : le premier informe si toutes les données nécessaires à l'exécution du processus sont disponibles et le second indique si les résultats attendus sont déjà produits par le processus. Celui-ci est utilisé pour optimiser la réutilisation des données produites par les processus. En effet, l'exécution de certains processus peut être très coûteuse à la fois en temps et en puissance de calcul. On a besoin donc d'optimiser au mieux leur exécution. Le dernier attribut result permet de stocker les résultats produits par le processus.

**Les méthodes.** Hormis les accesseurs qui permettent de modifier ou lire les valeurs des attributs, on trouve la méthode run qui permet de lancer le processus, la méthode serialize qui permet d'exporter l'état du processus sous forme d'un fichier XML afin que celui-ci puisse être exploité par des ressources externes. Les méthodes summary, print, plot et report sont des méthodes de reporting permettant de présenter les résultats produits par le processus.

## 10.4   Fonctions et caractéristiques

### 10.4.1   Gestion des facteurs

La structure de la classe mtkFactor est une réplique exacte de la structure définie dans le schéma *inputDesign.xsd* (voir Chapitre 9). Elle comporte cinq attributs :
- name est le nom du facteur utilisé dans le workflow ;
- id est le nom du facteur utilisé dans le modèle de simulation ;
- domain décrit le domaine d'incertitude du facteur comme une loi de probabilité ;
- featureList est une liste ouverte de caractéristiques supplémentaires du facteur ;
- unit est une éventuelle unité de mesure des valeurs du facteur.

Les attributs name, id, unit sont de simples chaînes de caractères. Par contre les attributs domain et featureList doivent être des objets de la classe mtk-Domain et mtkFeature respectivement. Un feature est un triplet permettant d'associer une valeur à un nom. Son implication dans le package mtk est primordiale tant pour l'extensibilité du package que pour les méthodes implémentées. En effet, les facteurs utilisés dans une analyse de sensibilité peuvent avoir des formes de présentation et des domaines de définition divers et variés. Les facteurs peuvent être reliés par des contraintes spatio-temporelles. Ils peuvent aussi être hiérarchisés ou corrélés. L'introduction de feature permet de formaliser les facteurs sous une représentation unique et ainsi de maîtriser leur hétérogénéité : une liste coordonnée de feature peut être utilisée pour caractériser la localisation spatio-temporelle d'un facteur, un ou plusieurs feature appliqués sur un ensemble de facteurs permettent de clarifier les relations qui existent entre les facteurs.

```
setClass(Class="mtkFactor",
    representation=representation(
        name="character",
        id="character",
        unit="character",
        domain="mtkDomain",
        featureList="list" ),
    prototype = prototype(name="exName",id="0001",
                 unit="unit",domain=NULL)
)
```

Le package mtk dispose des fonctions permettant de créer les facteurs de trois façons : *i)* interactivement au sein d'une session **R** ; *ii)* à partir d'un fichier XML respectant le schéma *inputDesign.xsd* ; *iii)* à partir d'un fichier ayant comme extension .csv.

La création interactive des facteurs au sein d'une session **R** a été abordée dans le paragraphe 10.2.1. La création à partir d'un fichier XML a été présentée en 10.2.2 et la structure du fichier XML est quant à elle décrite dans le chapitre 9. La lecture du fichier .csv est prise en charge par la méthode mtkReadFactors de la classe mtkExpFactors. Nous renvoyons les lecteurs au manuel du package pour l'utilisation de cette méthode.

## 10.4.2   Gestion des processus et du workflow

Le package mtk dans sa version actuelle gère quatre types de processus : le parseur de fichier XML, le gestionnaire des plans d'expérience, le gestionnaire de la simulation des modèles, et le gestionnaire de la mise en place des méthodes de calcul des indices de sensibilité. La construction des processus au sein du package mtk est uniformisée, leur invocation et contrôle standardisés, et ce grâce à l'organisation des processus en «workflow». Ce dernier assure l'initialisation et le contrôle d'exécution des processus ainsi que la présentation des résultats obtenus.

**Le parseur de fichier XML.**   Le parseur de fichiers XML fait partie du composant «Accès externes». Son implémentation informatique a été réalisée *via* la classe mtkParsor. Les objets de cette classe sont utilisés pour s'affranchir de l'hétérogénéité des données et des services échangés entre le package mtk et les ressources externes. En effet, une des principales difficultés rencontrées lors de la construction du package mtk est la diversité des données et services que l'on doit gérer. Les données et les services peuvent être locaux ou à distance, peuvent être réalisés en **R** ou d'autres langages de programmation, et peuvent avoir des formats différents et des structures différentes. Au lieu de regarder les données et services en tant que tels, nous avons choisi de nous focaliser sur les structures de données et de services que le package mtk échange avec les éléments externes. Nous les formalisons selon les standards XML. Ainsi, quatre schémas XML ont été construits et présentés dans le chapitre 9. Chaque schéma correspond à une structure type de données et de services que le package mtk a besoin de produire ou de consommer. La gestion de l'hétérogénéité d'accès aux données et aux services externes se simplifie, et se réduit à la manipulation des fichiers XML. Du point de vue de la programmation, celle-ci se traduit par le développement d'une classe **R** qui permet de conceptualiser les différents types de parseurs des fichiers XML pouvant être utilisés dans le package mtk. Dans la version actuelle du package, seuls les fichiers respectant le schéma *expDesign.xsd* sont pris en charge. A terme, ce composant doit pouvoir traiter tous les types de schéma définis dans la cadre du projet BaO-Mexico (voir Chapitre 9) ainsi que la sérialisation des processus vers des fichiers XML afin que des plateformes externes puissent incorporer de façon transparente nos processus dans leur propre chaîne de traitement.

L'utilisation de la classe mtkParsor est très simple. Il suffit de préciser l'endroit où se trouve le fichier XML et vers quel élément l'information extraite sera dirigée (en l'occurrence le workflow). La construction d'un parseur se fait au moyen de la fonction suivante qui a pour argument le nom du fichier XML à traiter :

```
# Créer un parseur du fichier "/var/temp/WWDM.xml".
parsor <- mtkParsor("/var/temp/WWDM.xml")
```

Cette classe dispose de deux méthodes : setXMLFilePath et run. La première permet de spécifier le fichier XML à parser et la deuxième permet de lancer le parseur. L'exemple ci-dessous montre comment utiliser les informations extraites par un parseur pour créer un workflow.

```
# Création d'un workflow vide.
exp2 <- mtkExpWorkflow( )

# Création d'un parseur à partir du fichier "WWDM.xml"
parsor <- mtkParsor("/var/temp/WWDM.xml")

# Lancement du parseur, extraction des informations contenues
#  dans le fichier "WWDM.xml",
#  et affectation des données extraites au workflow.
run(parsor, exp2)
```

**Le générateur des plans d'expérience**   La gestion de la génération des plans d'expérience fait partie du composant "Workflow". Quatre types de scénarios peuvent être rencontrés : *i)* les plans d'expérience sont générés au moyen d'un algorithme implémenté au sein du package mtk ; *ii)* les plans d'expérience sont générés au moyen d'une fonction **R** hors du contrôle du package mtk ; *iii)* les plans d'expérience sont générés au moyen d'un service disponible à travers le Web. Dans ce cas, on a besoin de communiquer avec celui-ci afin de récupérer les plans d'expérience générés ; *iv)* les plans d'expérience existent déjà sous forme d'un data.frame et on a juste besoin de les importer dans le package. Selon la localisation géographique de leur implémentation, on peut aussi regrouper ces scénarios en deux grandes catégories : implémentation locale ou implémentation à distance.

Si le générateur est implémenté sur un site distant, on parle de l'intégration des ressources existantes qui n'est pas complètement implémentée dans la version actuelle du package. Dans cette partie, on traite le cas où le générateur a été implémenté localement soit dans le package mtk soit sous forme de fonction **R**. La classe mtkNativeDesigner est l'objet informatique proposé dont le constructeur porte sur le prototype suivant :

```
mtkNativeDesigner = function(designer=NULL, X=NULL,
                             information=NULL)
```

L'argument designer peut prendre une des trois valeurs suivantes : une chaîne de caractères, une fonction **R**, ou la valeur NULL. Si l'argument designer prend comme valeur une chaîne de caractères, cette chaîne de caractères doit correspondre au nom d'une méthode de génération de plans d'expérience implémentée dans le package mtk . Dans ce cas, l'argument information contient la liste de paramètres nécessaires à la génération des plans d'expérience comme montré dans l'exemple ci-dessous :

```
designer <- mtkNativeDesigner("Basicsaltar04",
                information=list(size=20) )
```

Si l'argument designer prend comme valeur une fonction **R**, cette fonction doit correspondre à l'implémentation d'une méthode de génération de plans d'expérience. Dans ce cas, l'utilisateur doit fixer l'appel de la fonction tout en assurant le bon formatage des paramètres utilisés. Par exemple, la fonction mc04 est une implémentation de la méthode Monte Carlo (Saltelli *et al.* [180]) dont la définition est la suivante :

```
mc04 <- function(factors, distribNames,
          distribParameters, size, ...)
```

Le code ci-dessous permet de montrer comment appeler cette fonction à partir du package mtk :

```
factors <- c(x1, x2, x3)
distribution <- rep('unif', 3)
parameters <- rep(list(min=-pi,max=pi),3)
designer <- mtkNativeDesigner(mc04(factors, distribution,
        parameters, size=20))
```

Si l'argument designer prend la valeur NULL, la génération des plans d'expérience est hors du contrôle du package mtk . On a simplement besoin de les importer *via* l'argument X qui est un data.frame contenant les plans d'expérience existants.

```
designer <- mtkNativeDesigner(X=existingDesign)
```

Notant que la classe mtkNativeDesigner est une classe dérivée de la classe mtkProcess, elle dispose à ce titre de toutes les méthodes de la classe mtkProcess présentées dans la section 10.3.

Pour le cas où le générateur de plans d'expérience est implémenté sur des sites distants, on propose l'utilisation de la classe mtkDesigner dont le constructeur a comme prototype la définition suivante :

```
mtkDesigner <- function(protocol="", site="", service="",
        parameters=NULL, ready=TRUE, state=FALSE, result=NULL)
```

Les arguments protocol, site et service permettent de définir la méthode d'invocation URI (Uniform Resource Identifier) du service. Par exemple, si un générateur de plans d'expérience est implémenté au moyen d'un programme indépendant hébergé sur la machine locale et qui peut être lancé *via* la commande /usr/bin/bmc avec comme argument size=20, on peut utiliser le code ci-dessous :

```
designer <- mtkDesigner(protocol="system",site="local",
        service="/usr/bin/bmc",
        parameters=make.mtkParameterList(list(size=20)))
```

Notons que l'argument parameters prend comme valeur un vecteur d'objets de la classe mtkParameter. Il faut donc, avant de construire le générateur, appeler la fonction make.mtkParameterList pour convertir la liste de paramètres en un vecteur d'objets de la classe mtkParameter.

**Le gestionnaire de la simulation des modèles.** De la même façon que le générateur de plans d'expérience, tous les aspects liés à la simulation des modèles sont gérés par les classes mtkNativeEvaluator et mtkEvaluator, et ce de façon uniformisée. Les modèles peuvent être implémentés localement ou à distance, peuvent être écrits en **R** ou en un autre langage de programmation. Si le modèle est implémenté localement, on propose la classe mtkNativeEvaluator dont le constructeur a comme prototype la définition suivante :

```
mtkNativeEvaluator <- function(model = NULL, Y = NULL,
                                  information = NULL)
```

L'utilisation de cette classe est similaire à celle de la classe mtkNativeDesigner. Par exemple, si l'on veut simuler le modèle ISHIGAMI implémenté au moyen d'une classe du package mtk, on utilise le constructeur de la classe mtkNativeEvaluator avec comme l'argument le nom du modèle :

```
evaluator <-  mtkNativeEvaluator(model="Ishigami")
```

Si l'on veut importer les données de simulation disponibles sous forme d'un data.frame, on utilise le constructeur avec le paramètre Y qui contient les données de la simulation existantes :

```
evaluator <-  mtkNativeEvaluator(Y=dataSimulated)
```

Si le modèle est implémenté au moyen d'un service distant, on fait appel à la classe mtkEvaluator dont le constructeur est défini comme ci-dessous :

```
mtkEvaluator <- function(protocol="", site="", service="",
    parameters=NULL,ready=TRUE, state=FALSE, result=NULL)
```

**Le gestionnaire des méthodes de calcul des indices de sensibilité.** Le fonctionnement du générateur de plans d'expérience et du gestionnaire de la simulation des modèles exposé ci-dessus s'applique parfaitement au gestionnaire des méthodes de calcul des indices de sensibilité. De la même façon, les méthodes peuvent être implémentées localement ou à distance, peuvent être écrites en **R** ou en un langage de programmation propriétaire. Tout ce dont on a besoin est de pouvoir y accéder selon le standard URI. Si la méthode de calcul des indices de sensibilité est implémentée localement, on propose la classe mtkNativeAnalyser dont le constructeur a comme prototype la présentation suivante :

```
mtkNativeAnalyser <- function(analyser = NULL, Y = NULL,
                                  information = NULL)
```

Si la méthode de calcul des indices de sensibilité est implémentée au moyen d'un service distant, on fait appel à la classe mtkAnalyser dont le constructeur est défini comme ci-dessous :

```
mtkAnalyser <- function(protocol="", site="", service="",
        parameters=NULL,ready=TRUE, state=FALSE, result=NULL)
```

L'utilisation de cette classe est identique à celle concernant les classes mtkDesigner et mtkEvaluator présentées précédemment.

**Le workflow.**   Le workflow est un processus conteneur qui permet d'enchaîner et d'exécuter les processus énoncés plus haut. Avant d'appeler un processus, il s'assure que celui-ci est prêt à être exécuté et que les données dont il a besoin sont disponibles. Après l'exécution d'un processus, il gère la sauvegarde des résultats ainsi que leur réutilisation. En effet, certains processus peuvent nécessiter un temps d'exécution très long pour produire des résultats. Ceci est surtout vrai pour la simulation de certains modèles qui prend parfois des jours voire des semaines sur un cluster. Il faut éviter de relancer un tel processus si aucune donnée nouvelle n'a été produite même si le workflow doit être relancé afin d'intégrer de nouveaux éléments. Par exemple, une expérience a été planifiée avec la méthode Monte Carlo et analysée avec une méthode de régression multiple, et on souhaite analyser les mêmes simulations avec une autre méthode de métamodélisation (voir Chapitre 5). Dans ce cas, on doit pouvoir réutiliser les plans d'expérience ainsi que les données de la simulation déjà obtenus. Le gestionnaire du workflow implémenté dans le package mtk gère ce type de contraintes et optimise la réutilisation des ressources. Un exemple illustrant une telle démarche a été présenté dans la section 10.2 ; un autre l'est également dans le chapitre 11.

La gestion de workflow a été implémentée *via* la classe mtkExpWorkflow. Le workflow peut être piloté de deux manières : le pilotage automatique et le pilotage interactif. Le pilotage automatique consiste à lancer le workflow à partir d'un fichier XML dans lequel l'ensemble des éléments nécessaires à l'exécution du workflow est spécifié. Les fichiers XML peuvent être créés manuellement par les utilisateurs ou le plus souvent générés par des plateformes externes. Cette dernière possibilité permet de piloter le workflow à partir d'une plateforme externe et offre ainsi aux modélisateurs un moyen de faire des études d'exploration numérique de leurs modèles sans avoir besoin de sortir de celle-ci. Une fois le fichier XML formé, l'extraction d'information et la création du workflow sont assurées par des mécanismes internes du package mtk (voir les paragraphes 10.2.2 et 10.4.2).

Le pilotage interactif consiste à créer les processus et le workflow de façon interactive sans passer par le fichier XML. C'est le mode opératoire le plus répandu dans la communauté des utilisateurs **R**. Des exemples sont présentés dans le paragraphe 10.2.1 de ce chapitre ainsi que dans le chapitre 11 suivant.

### 10.4.3   Extensions

Le package mtk a été conçu pour faciliter sa propre extension. Il est livré avec trois outils permettent à des programmeurs tiers d'écrire des modules additionnels pour étendre les fonctionnalités du package mtk :

- mtk.designerAddons,
- mtk.evaluatorAddons,
- mtk.analyserAddons.

L'outil mtk.designerAddons est une fonction qui permet aux utilisateurs de développer de nouveaux générateurs de plans d'expérience sous forme de fonction **R** et de les transformer en des classes compatibles avec le package mtk. Pour que cette procédure soit automatisable, les entrées et les sorties de cette fonction doivent respecter certains formats comme montré ci-dessous :

```
designer <- function(factors,distribNames,distribParameters,...)
```

L'argument factors prend comme valeur un nombre ou une liste de noms permettant d'énumérer les facteurs à étudier.

Les arguments distribNames et distribParameters sont des listes dont les éléments permettent de spécifier les lois de distribution qui encadrent les domaines d'incertitude des facteurs.

Côté sortie, la fonction du générateur de plans d'expérience doit produire comme résultat une liste nommée qui est composée de deux éléments : main et information. L'élément main est une structure de données de type data.frame contenant le plan d'expérience généré et l'élément information est une liste dont les éléments sont facultatifs. Ils permettent de fournir des informations supplémentaires sur le plan d'expérience obtenu ainsi que sur la méthode utilisée pour la production de celui-ci.

Si les fonctions summary, print et plot définies dans le package mtk ne sont pas suffisamment précises pour reporter les plans d'expérience générés, les développeurs de la nouvelle méthode peuvent les remplacer avec de nouveaux codes.

L'exemple ci-dessous montre comment utiliser cette fonction pour convertir un nouveau générateur de plans d'expérience écrit en **R** en des classes utilisables directement à partir du package mtk. L'ensemble des codes nécessaires à la réalisation de ce nouveau générateur, nommé Monte Carlo, et de ses fonctions spécifiques est mis dans le fichier BMCDesigner.R. La fonction pour générer les plans d'expérience est la fonction basicMC et la fonction plot a été reprogrammée *via* la fonction plot.basicMC pour mieux prendre en compte les spécificités des plans générés.

```
mtk.designerAddons(where="BMCDesigner.R", authors="H. Monod,
    INRA-MIA-Jouy, 78352, Jouy en Josas, France",
    name="MonteCarlo", main="basicMC",
    plot="plot.basicMC")
```

L'outil mtk.designerAddons génère un fichier nommé mtkMonteCarloDesigner.R qui contient deux classes mtkMonteCarloDesigner et mtkMonteCarloDesignerResult : la première gère la méthode de génération des plans et la deuxième gère les résultats produits par ce générateur des plans.

Les outils mtk.evaluatorAddons et mtk.analyserAddons fonctionnent de la même façon.

```
mtk.evaluatorAddons(where="WWDM.R", authors="H. Monod,
    INRA-MIA-Jouy, 78352, Jouy en Josas, France", name="WWDM",
    main="simule.wwdm", summary="summary.wwdm")
```

```
mtk.analyserAddons(where="plmm.R", authors="R. Faivre,
    INRA-UR 875, 31320 Toulouse, France", name="PLMM",
    main="plmm", plot="plot.plmm", summary="summary.plmm")
```

Ils s'appliquent respectivement sur des nouveaux modèles de simulation et sur des nouvelles méthodes de calcul d'indices de sensibilité développés par des tiers. Les codes ci-dessus montrent un exemple d'utilisation de la fonction mtk.evaluatorAddons et un autre de la fonction mtk.analyserAddons. Ces posssibilités d'extension seront présentées plus en détail dans le chapitre suivant.

## 10.5 Conclusion

Nous avons présenté le package mtk comme un élément de la boîte à outils Mexico : une bibliothèque **R** pour l'exploration des modèles numériques. S'appuyant sur des logiciels existants (planor développé par Monod *et al.* [137], **R**-sensitivity développé par Pujol *et al.* [157], etc.), ce package se veut être une interface générique entre les méthodes d'analyse de sensibilité et les utilisateurs de ces méthodes. Guidé par le principe orienté-objet, il a été conçu pour être à la fois générique et généralisable au sens que les méthodes existantes sont incorporées et que des nouvelles méthodes développées par des tiers peuvent être intégrées facilement. Reposant sur des standards reconnus et ouverts (XML, URL, etc.), ce package intègre la notion de calcul distribué au sein de son architecture de base et peut fonctionner avec une large variété de ressources existantes : des plateformes de simulation, des programmes indépendants, des services Web, etc.

Quant au développement futur, il porte à la fois sur les aspects liés à l'interopérabilité du package mtk avec des plateformes de simulation complexes comme ISIS-Fish (Mahévas et Pelletier [124]), sur les aspects liés au reportage des résultats produits par les processus et à l'exportation des processus au moyen de la sérialisation. A terme, on doit pouvoir générer, selon les besoins, différents rapports de synthèse des données produites par les processus et exporter les processus du workflow afin que des plateformes d'analyse externes comme SimExplorer (Dumoulin *et al.* [48]) puissent les intégrer de façon transparente.

# Chapitre 11

# Exploration numérique d'un modèle agronomique avec le package mtk

*Robert Faivre, David Makowski, Juhui Wang, Hervé Richard et Hervé Monod*

## 11.1  Objectif

L'objectif de ce chapitre est d'illustrer l'utilisation du package mtk présenté dans le chapitre 10 pour analyser un modèle agronomique d'aide à la décision.

Le vulpin est une plante adventice du blé considérée comme une mauvaise herbe. Le modèle qui sert de fil conducteur à notre illustration simule l'effet d'une population de cette plante sur le rendement d'une culture de blé en fonction de différentes pratiques agricoles (travail du sol, désherbage chimique, type de culture). Il est présenté en détail dans Munier-Jolain *et al.* [142]. L'implémentation que nous considérons ici simule, à un pas de temps annuel, cinq variables décrivant l'état du système :

– $S$, le nombre de graines de vulpin/m$^2$ dans la parcelle cultivée,
– $d$, la densité de plantes de vulpin à émergence i.e. en début de saison (plantes/m$^2$),
– SSBa (Surface Seed Bank), le nombre de graines de vulpin/m$^2$ dans les horizons de surface du sol, après travail du sol,

– DSBa (Deep Seed Bank), le nombre de graines de vulpin/m$^2$ en profondeur dans le sol, après travail du sol,
– $Y$, le rendement en blé (tonnes par hectare) dans la parcelle.

Ces variables d'état sont simulées en fonction de variables d'entrée décrivant les pratiques agricoles et en fonction de paramètres décrivant l'effet de ces pratiques sur ces cinq variables. Nous considérons ici que les variables d'entrée sont connues mais que les valeurs des paramètres sont incertaines.

Dans ce chapitre, nous montrons l'utilisation du package mtk pour *i)* analyser l'effet de l'incertitude des paramètres du modèle sur la variable $Y$ de rendement en blé et *ii)* analyser la sensibilité de $Y$ aux différents paramètres incertains. Nous menons ces analyses pour deux options distinctes de traitement herbicide, correspondant à deux séries distinctes de variables d'entrée.

## 11.2 Le modèle

### 11.2.1 Variables d'entrée et paramètres du modèle

Le modèle utilise trois types de facteur d'entrée :

– les valeurs initiales des quatre variables d'état caractérisant la population de vulpin à $t = 0$ ($S$, $d$, SSBa, DSBa),
– les 16 paramètres du modèle (quantités supposées fixes dans le temps) présentés table 11.1,
– les techniques culturales appliquées chaque année (travail du sol, désherbage, type de culture).

Dans cette étude, les valeurs initiales des quatre variables d'état caractérisant la population de vulpin ont été fixées à $S(0) = 68\,000$, $d(0) = 400$, SSBa$(0) = 3\,350$ et DSBa$(0) = 280$.

Les valeurs des paramètres sont considérées incertaines. Leurs significations et leurs valeurs nominales sont présentées table 11.1. La gamme d'incertitude de ces paramètres a été définie par des bornes supérieures et inférieures égales à $\pm 10\%$ des valeurs nominales.

Les techniques culturales appliquées chaque année sont décrites par trois variables binaires :
– Soil = 1 si labour, Soil = 0 si travail du sol superficiel,
– Herb = 1 si un traitement herbicide est appliqué, Herb = 0 sinon,
– Crop = 1 si la culture est du blé d'hiver, Crop = 0 sinon.

| Paramètre | Définition | Valeur nominale |
|---|---|---|
| mu | Taux de déclin annuel | 0.84 |
| $v$ | Proportion de graines viables | 0.6 |
| phi | Perte de graines fraiches | 0.55 |
| beta.1 | Proportion de SSB enfouie (labour) | 0.95 |
| beta.0 | Proportion de SSB enfouie (travail du sol superficiel) | 0.2 |
| chsi.1 | Proportion de DSB remontée en surface (labour) | 0.3 |
| chsi.0 | Proportion de DSB remontée en surface (trav. superfi.) | 0.05 |
| delta.new | Taux de germination (graines fraiches) | 0.15 |
| delta.old | Taux de germination (graines anciennes) | 0.3 |
| mh | Efficacité de l'herbicide | 0.98 |
| mc | Taux de mortalité due au froid | 0 |
| Smax.1 | Nombre de graines par plante (culture d'hiver) | 445 |
| Smax.0 | Nombre de graines par plante (culture de printemps) | 296 |
| Ymax | Rendement potentiel (t/ha) | 8 |
| Rmax | Paramètre pour calculer la perte de rendement | 0.002 |
| Gamma | Paramètre pour calculer la perte de rendement | 0.005 |

Tableau 11.1 – Valeurs nominales des paramètres du modèle de développement du vulpin (Munier-Jolain *et al.* [142]). SSB : nombre de graines/m$^2$ dans les horizons superficiels du sol ; DSB : nombre de graines/m$^2$ en profondeur dans le sol.

Dans notre application, la culture est toujours du blé d'hiver (Crop = 1 systématiquement) et le labour est réalisé une année sur deux (labour l'année 1, travail superficiel l'année 2, etc.). Deux scénarios de traitement herbicide sont définis :

**Cas 1 :** traitement systématique chaque année,

**Cas 2 :** traitement systématique sauf l'année 3.

## 11.2.2  Code de base du modèle

Le code **R** du modèle est présenté ci-dessous. Ce code contient deux fonctions **R**. La fonction Weed calcule les valeurs des variables d'état l'année $t$ en fonction de celles l'année $t - 1$. Ses arguments comprennent les valeurs des variables d'état l'année $t - 1$, les trois décisions (Soil, Crop et Herb) ainsi que le vecteur de valeurs des 16 paramètres.

```
Weed <- function(d.im1, S.im1, SSBa.im1, DSBa.im1, Soil, Crop,
         Herb, param)
{
mu = param[1]; v = param[2]; phi = param[3]; beta.1 = param[4]
beta.0 =  param[5]; chsi.1 = param[6]; chsi.0 = param[7]
delta.new = param[8]; delta.old = param[9]; mh = param[10]
mc = param[11]; Smax.1 = param[12]; Smax.0 = param[13]
Ymax = param[14]; rmax = param[15]; gamma = param[16]

beta = beta.1*Soil+beta.0*(1-Soil)
chsi = chsi.1*Soil+chsi.0*(1-Soil)
Smax = Smax.1*Crop+Smax.0*(1-Crop)
alpha = Smax/160000

SSBb.i = (1-mu)*(SSBa.im1-d.im1)+v*(1-phi)*S.im1
DSBb.i = (1-mu)*DSBa.im1

SSBa.i = (1-beta)*SSBb.i+chsi*DSBb.i
DSBa.i = (1-chsi)*DSBb.i+beta*SSBb.i

d.i = delta.new*v*(1-phi)*(1-beta)*S.im1 +
    delta.old*(SSBa.i-S.im1*v*(1-phi)*(1-beta))
D.i = (1-mh*Herb)*(1-mc)*d.i
S.i = Smax*D.i/(1+alpha*D.i)
Yield.i = max(0, Ymax*(1 - (rmax*D.i/(1+gamma*D.i))))

return(c(d.i, S.i, SSBa.i, DSBa.i, Yield.i))
}
```

Exploration numérique d'un modèle agronomique avec le package mtk

La fonction `weed.model` initialise les variables d'état en interne et exécute le modèle sur plusieurs années. Ses arguments sont le vecteur de paramètres et la liste des trois vecteurs de décisions, chaque type de décision étant maintenant décrit par un vecteur de longueur égale au nombre d'années simulées. La sortie est un vecteur donnant le rendement en blé obtenu chaque année.

```
## Fonction weed.model
weed.model <- function(param, weed.deci)
{
d.0 = 400; S.0 = 68000; SSBa.0 = 3350; DSBa.0 = 280
d.im1 = d.0; S.im1 = S.0; SSBa.im1 = SSBa.0; DSBa.im1 = DSBa.0

NumY = length(weed.deci$Soil)

pred.d = rep(NA,NumY)
pred.S = rep(NA,NumY)
pred.SSB = rep(NA,NumY)
pred.DSB = rep(NA,NumY)
pred.Yield = rep(NA,NumY)

Soil.vec = weed.deci$Soil
Crop.vec = weed.deci$Crop
Herb.vec = weed.deci$Herb

for (i in 1:NumY) {
  Soil = Soil.vec[i]
  Crop = Crop.vec[i]
  Herb = Herb.vec[i]
  Z = Weed(d.im1,S.im1,SSBa.im1,DSBa.im1,Soil,Crop,Herb,param)
  pred.d[i] = Z[1]
  pred.S[i] = Z[2]
  pred.SSB[i] = Z[3]
  pred.DSB[i] = Z[4]
  pred.Yield[i] = Z[5]
  d.im1 = Z[1]
  S.im1 = Z[2]
  SSBa.im1 = Z[3]
  DSBa.im1 = Z[4]
  }

return(pred.Yield)
}
```

Pour montrer le fonctionnement de ces deux fonctions, prenons les valeurs de référence mentionnées plus haut pour les entrées et les valeurs nominales pour les paramètres. On obtient pour des simulations effectuées sur 4 années :

```
> fNominal  <-  c(mu= 0.84, v= 0.6, phi= 0.55, beta.1= 0.95,
    beta.0= 0.2, chsi.1= 0.3, chsi.0= 0.05, delta.new= 0.15,
    delta.old= 0.3, mh= 0.98, mc= 0, Smax.1= 445, Smax.0= 296,
    Ymax= 8, rmax= 0.002, gamma= 0.005)
> sortie1 <- Weed(400, 68000, 3350, 280, Soil= 0, Crop= 1,
    Herb= 1, param= fNominal)
> round(sortie1, 2)
[1]   2317.15 18268.05 15067.84  3808.96      7.40
>
> deci.4ans <- list(Soil = c(1,0,1,0), Herb = c(0,1,0,1),
                    Crop = (1,1,1,1))
> sortie2 <- weed.model(fNominal, deci.4ans)
> round( sortie2, 2)
[1] 6.63 7.56 6.78 7.62
```

Le dernier résultat est le vecteur des rendements obtenus chacune des quatre années de simulation.

Une troisième fonction (WEED.simule), dont les entrées et les sorties sont compatibles avec le package mtk, permet de simuler le comportement du modèle pour un ensemble de valeurs de paramètres. Dans cette fonction, le premier argument $X$ est une matrice à $N$ lignes et $K$ colonnes, avec $N$ le nombre de simulations à effectuer et $K$ le nombre de paramètres étudiés ($K = 16$ dans notre application). Chaque ligne de $X$ contient un jeu complet de paramètres.

```
WEED.simule<-function(X, decision, outvar = 1:10, ...)
{
  weed.deci  =  weed.decision[[decision]]
  Y =  apply(X,1,function(w) weed.model(w, weed.deci)[outvar])
  if(length(outvar)>1) Y  =  t(Y)
  Y =  as.data.frame(Y)
  output  =  list(main=Y, information =
                  list(decision = decision, outvar = outvar))
  return(output)
}
```

### 11.2.3  Comportement aux valeurs nominales

La figure 11.1 présente les rendements simulés par le modèle pour dix ans de monoculture de blé et un labour une année sur deux, pour les deux cas de traitement herbicide : traitement systématique chaque année et traitement systématique toutes les années sauf l'année 3.

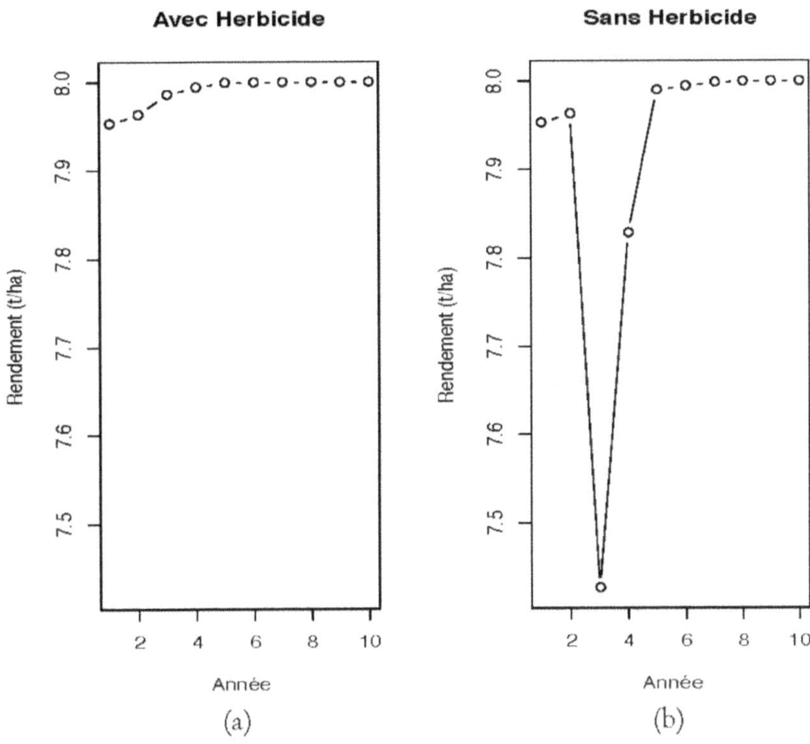


FIGURE 11.1 – Rendements simulés pendant 10 ans pour deux cas de traitement herbicide : application systématique d'un traitement (a) et application systématique d'un traitement sauf l'année 3 (b). Les paramètres ont été fixés à leurs valeurs nominales (Table 11.1).

Ces simulations ont été obtenues en fixant les paramètres à leur valeur nominale (Table 11.1) comme cela est montré dans le script ci-dessous où sont définis le vecteur des valeurs des paramètres par défaut (fNominal) ainsi que la structure weed.decision explicitant les deux options de traitement herbicide. Les résultats montrent que la non application d'herbicide l'année 3 induit une perte de rendement aux cours des années 3 et 4. Cette perte de rendement est cependant susceptible de varier en fonction des valeurs des paramètres utilisées. Les analyses d'incertitude et de sensibilité décrites ci-dessous vont nous permettre de faire le lien entre les pertes de rendement simulées et les incertitudes sur les valeurs des paramètres.

```
weed.decision  =  list(Cas1 = data.frame(Soil= rep(c(1,0),5),
  Crop=rep(1,10), Herb=c(1,1,1,1,1,1,1,1,1,1)),
                       Cas2 = data.frame(Soil= rep(c(1,0),5),
  Crop=rep(1,10), Herb=c(1,1,0,1,1,1,1,1,1,1)))

y.cas1 = weed.model(fNominal, weed.decision[[1]])
y.cas2 = weed.model(fNominal, weed.decision[[2]])

par(mfrow=c(1,2))
plot(1:10, y.cas1,type="b", ylim=range(y.cas1,y.cas2),
 xlab="Année", ylab="Rendement (t/ha)", main="Avec Herbicide")
plot(1:10, y.cas2,type="b", ylim=range(y.cas1,y.cas2),
 xlab="Année", ylab="Rendement (t/ha)", main="Sans Herbicide")
```

# 11.3  Analyse d'incertitude

La réalisation d'une expérience numérique avec le package mtk se décompose en plusieurs étapes successives :
- déclaration des domaines de variation des paramètres à étudier (les facteurs d'entrée de l'expérience) ;
- échantillonnage, c'est-à-dire sélection des jeux de valeurs des paramètres à utiliser en entrée des simulations ;
- simulations, c'est-à-dire le calcul des sorties par le modèle étudié ;
- analyse et restitution des résultats.

## 11.3.1  Description des paramètres incertains sous mtk

La description des domaines de variation des facteurs à échantillonner se fait sous la forme de lois de probabilité, au travers des arguments de la fonction make.mtkFactor. Les 16 paramètres incertains étant considérés comme des variables aléatoires distribuées selon des lois uniformes dont les bornes sont fixées à ±10% des valeurs nominales, la structure weedFactors est générée par :

```
fMin = 0.9*fNominal ; fMax = 1.1*fNominal ; fMax[11] = 1

weedFactors  =  mtkExpFactors()
```

```
for(i in c(1:16)) {
 facteur.i = names(fNominal)[i]
 weedFactors[facteur.i] = make.mtkFactor(name = facteur.i,
            nominal = fNominal[i], distribName = "unif",
            distribPara = list(min=fMin[i],max=fMax[i]))
 }
```

## 11.3.2   Echantillonnage

La procédure d'échantillonnage est définie par deux fonctions du package mtk. La fonction `mtkNativeDesigner` est utilisée pour définir le type d'échantillonnage. Il est stocké dans l'objet `MCprocess` de classe processus ; ici un échantillon de taille 1 000 doit être généré par tirage de Monte Carlo. La fonction `mtkExpWorkflow` associe ensuite la procédure d'échantillonnage déclarée dans `MCprocess` aux 16 paramètres incertains définis par l'objet `weedFactors` créé précédemment. L'objet `exp1` contient maintenant toute l'information pour générer l'échantillon de jeux de paramètres à utiliser dans les simulations.

L'échantillonnage devient effectif par la fonction `run` ; les résultats sont stockés dans les objets `exp1` et `exp2` qui seront utilisés pour simuler avec le même échantillon les deux options de traitements herbicides. Noter l'utilisation de la fonction `set.seed` gérant les amorces du générateur de nombres aléatoires vous permettant de reproduire exactement les mêmes expériences numériques que nous.

```
MCprocess  <-  mtkNativeDesigner("BasicMonteCarlo",
                    information = list(size=1000))
exp1  <-  mtkExpWorkflow(expFactors = weedFactors,
                processesVector = c(design=MCprocess))
set.seed(2)
run(exp1)
exp2  <-  exp1
```

A cette étape, les objets exp1 et exp2 contiennent toutes les informations relatives aux traitements effectués ainsi que les valeurs des paramètres échantillonnés et les valeurs simulées par notre modèle.

## 11.3.3   Introduction du simulateur sous mtk

Pour piloter les simulations à partir de mtk, les trois fonctions codant le modèle présentées dans la section 11.2.2 sont regroupées dans un même fichier (WeedModel.R). Puis le simulateur est intégré au package mtk grâce à la fonction mtk.evaluatorAddons. Cette fonction prend comme premier argument le fichier WeedModel.R et crée la classe WEEDEvaluator. Elle définit automatiquement cette nouvelle classe dans un fichier extérieur qui doit être chargé pour terminer l'adaptation du code du modèle au package mtk.

```
mtk.evaluatorAddons(where="WeedModel.R", name= "WEED",
    main= "WEED.simule", authors= "D.Makowski (2012)",
    summary= NULL, plot= NULL, print= NULL)
source("mtkWEEDEvaluator.R")
```

Les deux processus de simulation correspondant aux deux options de traitement herbicide définies préalablement dans weed.decision se définissent de la façon suivante :

```
weed.cas1 <- mtkNativeEvaluator("WEED", information =
    list(decision=1))
weed.cas2 <- mtkNativeEvaluator("WEED", information =
    list(decision=2))
```

Les simulations sont ensuite réalisées avec le modèle pour les deux pratiques culturales par les fonctions setProcess et run.

```
setProcess(exp1, p=weed.cas1, name="evaluate")
run(exp1)
setProcess(exp2, p=weed.cas2, name="evaluate")
run(exp2)
```

## 11.3.4   Résultats

Les rendements simulés (10 ans × 1 000 simulations) sont archivés dans deux matrices `Yield.mat.1` et `Yield.mat.2`, puis les distributions de rendement et de pertes de rendement (Rendement avec herbicide - Rendement sans herbicide) sont présentées graphiquement (Figure 11.2) sous forme d'histogrammes. Les résultats montrent que la perte moyenne est de 0.6 t/ha, que la perte médiane est de 0.57 t/ha et que les $1^{er}$ et $3^{e}$ quartiles sont respectivement égaux à 0.35 et 0.81 t/ha. Les résultats de l'analyse d'incertitude montrent ainsi que la perte de rendement due à la non-application de l'herbicide a une chance sur deux d'être supérieure à 0.57 t/ha, a une chance sur quatre d'être inférieure à 0.35 t/ha et a une chance sur quatre de dépasser 0.81 t/ha. La perte de rendement simulée par le modèle est donc modérée, même en tenant compte de l'incertitude dans les valeurs des paramètres et de l'état initial.

```
y.cas1  <-  extractData(exp1,name="evaluate")[, 3]
y.cas2  <-  extractData(exp2,name="evaluate")[, 3]
```

```
par(mfrow=c(2,2))
hist(y.cas1, main="", xlab="Rendement avec herbicide (t/ha)")
hist(y.cas2, main="", xlab="Rendement sans herbicide (t/ha)")
hist(y.cas1-y.cas2, main="",xlab="Perte de rendement (t/ha)")
hist(100*(y.cas1-y.cas2)/y.cas1, main="", xlab=
    "Perte de rendement relative (%)")
```

Noter d'un point de vue technique que **exp1** et **exp2** sont des objets complexes, appartenant à la classe S4 appelée ExpWorkFlow et contenant l'ensemble des informations relatives aux deux expériences numériques. La fonction utilitaire **extractData** du package mtk permet d'accéder directement à l'information qui nous intéresse dans ces objets. La syntaxe à utiliser sinon serait, par exemple pour **exp1** :

```
Yield.cas1  <-  exp1@processesVector$evaluate@result@main
```

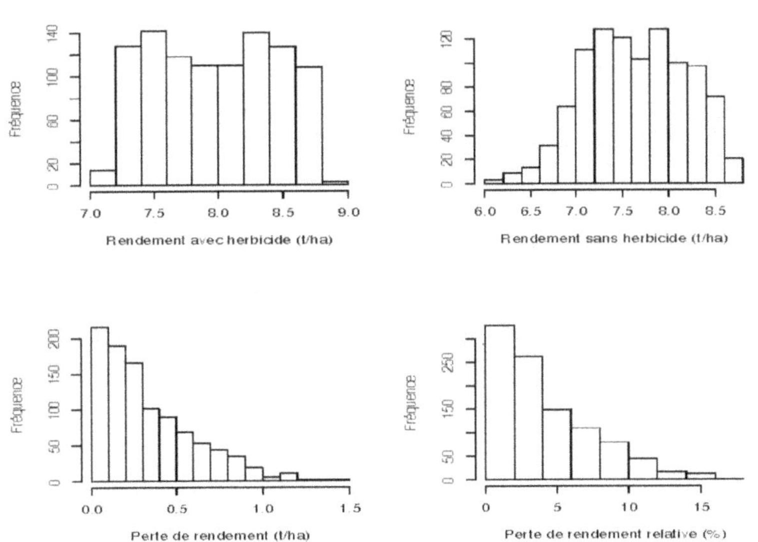

FIGURE 11.2 – Rendements simulés avec et sans herbicide, et pertes de rendement induites par la non application d'herbicide l'année 3.

# 11.4   Analyse de sensibilité

L'analyse d'incertitude décrite ci-dessus permet d'étudier l'incertitude sur
les pertes de rendement simulées par le modèle, mais elle ne permet pas
d'identifier les paramètres les plus influents. Nous montrons ici comment
le package mtk peut être utilisé pour calculer des indices de sensibilité pour
chaque paramètre incertain et hiérarchiser ces paramètres selon l'importance de leurs effets sur le rendement l'année 3, avec et sans application
d'herbicide. La méthode d'analyse de sensibilité utilisée ici par mtk est la
méthode de Morris (voir Chapitre 4). Cette procédure de Morris est issue
de la fonction morris du package sensitivity (Pujol *et al.* [157]) qui est déjà
intégrée au package mtk (voir Chapitre 10). D'autres méthodes (Sobol,
Fast, etc.) peuvent être appliquées selon la même logique.

## 11.4.1   Echantillonnage et simulation

Les fonctions mtkNativeDesigner et mtkNativeAnalyser sont utilisées
pour définir les processus d'échantillonnage et d'analyse par la méthode de
Morris et pour préciser ses réglages (dimension de la grille, taille des sauts,
nombre de répétitions). Comme pour l'analyse d'incertitude, la fonction
mtkNativeEvaluator permet de définir le modèle sous une forme compa-
tible avec mtk. Cette fois-ci, on se restreint à la sortie rendement de l'année 3. Les fonctions mtkExpWorkflow et run sont ensuite utilisées pour
simuler le rendement à partir de l'échantillon de valeurs de paramètres
générées selon la procédure de Morris.

```
Morris.D <- mtkNativeDesigner("Morris", information =
   list(r=500, type ="oat", levels=4, grid.jump=2, scale=TRUE))

Morris.A <- mtkNativeAnalyser("Morris")

weed.cas1 <- mtkNativeEvaluator("WEED", information =
   list(decision=1,outvar=3))
weed.cas2 <- mtkNativeEvaluator("WEED", information =
   list(decision=2,outvar=3))

exp3 <- mtkExpWorkflow(expFactors=weedFactors,
           processesVector = c(design=Morris.D,
                                 evaluate=weed.cas1,
                                 analyze=Morris.A))
set.seed(2)
run(exp3)
```

```
exp4 <- mtkExpWorkflow(expFactors=weedFactors,
            processesVector = c(design=Morris.D,
                                evaluate=weed.cas2,
                                analyze=Morris.A))

set.seed(2) # afin d'utiliser le même germe aléatoire
run(exp4)
```

## 11.4.2  Résultats

Une représentation graphique des indices de Morris est obtenue à l'aide des instructions suivantes :

```
par(mfrow=c(1,2))
plot(extractData(exp3, name="analyze"), xlim=c(-0.1,1.5))
title("Avec herbicide")
plot(extractData(exp4, name="analyze"), xlim=c(-0.1,1.5))
title("Sans herbicide")
```

Les résultats (Figure 11.3) montrent que la plupart des paramètres ont un effet faible sur le rendement, que ce soit avec ou sans application d'herbicide. La plupart des paramètres sont en effet caractérisés par des indices $\mu^\star$ et $\sigma$ proches de 0 (inférieurs à 0.2 pour la grande majorité d'entre eux). Lorsque l'herbicide est appliqué chaque année, le seul paramètre ayant une réelle influence sur le rendement de l'année 3 est Ymax (rendement potentiel du blé) ; ce paramètre est en effet caractérisé par une valeur de $\mu^\star$ très proche de 1 ce qui montre que presque toute la variabilité du rendement est expliquée par ce paramètre. Ce résultat est logique car, lorsqu'un herbicide est appliqué, presque toutes les plantes de vulpin sont détruites. Le rendement est quasiment égal, dans ce cas, à sa valeur potentielle Ymax et les paramètres régissant la population de vulpin n'ont pas d'influence sur le rendement.

Le résultat est un peu différent lorsqu'aucun herbicide n'est appliqué l'année 3. La valeur de $\mu^\star$ obtenue pour Ymax est un peu diminuée et celles obtenues pour mu, mh, et beta.1 sont augmentées. Les valeurs de $\sigma$ pour mh et beta.1 sont également fortement augmentées lorsque l'herbicide n'est pas appliqué. Ces résultats montrent que le paramètre Ymax n'est plus le seul paramètre influent lorsque l'herbicide n'est pas appliqué l'année 3 ; les paramètres mh, beta.1 et mu ont également un effet sur le rendement dans ce cas. Les fortes valeurs de $\sigma$ obtenues pour mh et beta.1 montrent par ailleurs que ces deux paramètres agissent sur le rendement soit de manière non-linéaire, soit en interaction avec d'autres paramètres. L'influence de ces paramètres s'explique par leur effet sur la population de mauvaises herbes l'année 3. Le paramètre mh détermine le pourcentage de mauvaises herbes détruites par l'herbicide (taux de mortalité). Plus ce paramètre est élevé, plus les applications d'herbicide au cours des deux premières années détruisent les mauvaises herbes et moins la perte de rendement est importante l'année 3. Le paramètre mu correspond au taux de déclin naturel annuel de la population de vulpin. Plus ce paramètre est élevé, moins la population de mauvaises herbes est importante et plus le rendement est élevé. Le paramètre beta.1 détermine la proportion de graines enfouies par le labour. Ces graines ne germineront pas l'année suivante et devront attendre un autre labour avant de remonter en surface. Ce paramètre influence aussi la population de mauvaises herbes l'année 3 et donc le rendement.

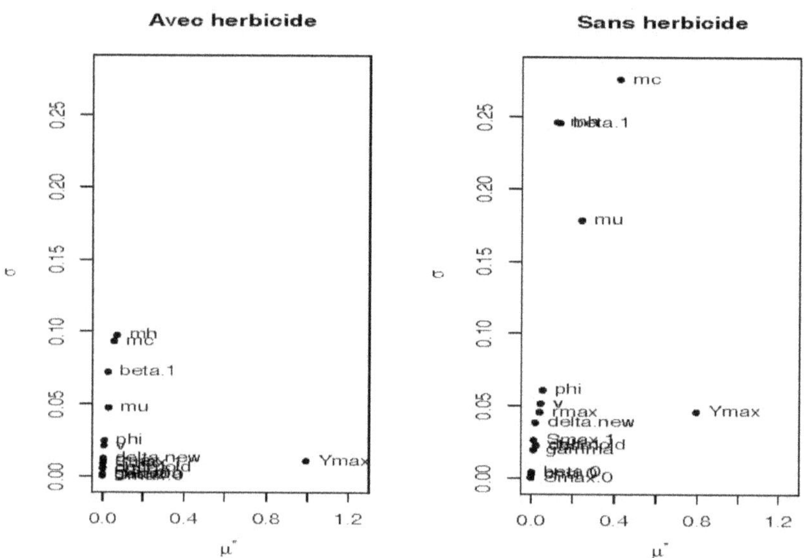


FIGURE 11.3 – Indices de Morris obtenus pour les 16 paramètres incertains du modèle WEED, avec et sans application d'herbicide. Abscisses : moyenne des valeurs absolues des effets élémentaires ; ordonnées : écart-type des effets élémentaires.

Les informations issues de l'analyse par la méthode de Morris sont accessibles par l'utilitaire `extractData` vu précédemment. Elles peuvent également l'être par la fonction `getProcess` qui conserve les propriétés des

classes mtk générées ; les méthodes `summary`, `plot` de la méthode Morris
sont accessibles avec cet objet directement.

```
print(getProcess(exp4, name="analyze"))
```

```
--------------------------------------------------------------------
 HERE IS INFORMATION ABOUT THE PROCESS "analyze":
--------------------------------------------------------------------


TYPE :  analyze
METHOD :  Morris

Used Parameters :

Sensitivity Analyses Results :

Call:
morris(factors = structure(c("mu", "v", "phi", "beta.1",
"beta.0", "chsi.1", "chsi.0", "delta.new", "delta.old",
"mh", "mc", "Smax.1", "Smax.0", "Ymax", "rmax", "gamma"),
.Names = c("mu", "v", "phi", "beta.1", "beta.0", "chsi.1",
"chsi.0", "delta.new", "delta.old", "mh", "mc", "Smax.1",
"Smax.0", "Ymax", "rmax", "gamma")), r = structure(500,
.Names = "r"),      design = structure(list(type = "oat",
levels = structure(4, .Names = "levels"), grid.jump =
structure(2, .Names = "grid.jump")), .Names = c("type",
"levels", "grid.jump")))

Model runs: 8500
                  mu        mu.star        sigma
mu         0.242281211 0.242312403 0.177956509
v         -0.045942358 0.045942358 0.051445177
phi        0.054928956 0.054928956 0.060641012
beta.1     0.104425944 0.135546380 0.245283089
beta.0     0.001593305 0.001904595 0.003781804
chsi.1    -0.023106522 0.023106522 0.022062683
chsi.0     0.001138137 0.001598455 0.002234834
delta.new -0.019688872 0.019953453 0.037920461
delta.old -0.023298152 0.023575081 0.022558836
mh         0.111308485 0.121629656 0.245875029
mc         0.423473624 0.423473624 0.275423681
Smax.1    -0.013300215 0.013747891 0.025853279
Smax.0     0.000000000 0.000000000 0.000000000
Ymax       0.796298994 0.796298994 0.045797188
rmax      -0.041010392 0.041010392 0.045445718
gamma      0.010682111 0.010682111 0.019173492
```

## 11.5   Exploration du modèle

Comme nous l'avons vu dans le chapitre 6, les méthodes d'exploration de
modèle sont trop diverses pour être toutes intégrées à mtk. Pour contourner cette difficulté, il est possible d'intégrer dans mtk de nouvelles méthodes génériques. Cette option sera illustrée dans le paragraphe suivant
avec l'intégration d'une méthode d'échantillonnage par hypercube latin,
puis dans le paragraphe 11.5.2 avec l'intégration d'une méthode de métamodélisation. Mais le principe de base de l'utilisation de mtk sous **R** est
aussi de procéder aux deux premières phases du processus expérimental
(planification et simulation) avec mtk, puis de récupérer les valeurs du plan
d'expérience et de la réponse du modèle pour leur appliquer des méthodes
disponibles sous **R** mais pas sous mtk. Cette option sera développée dans
le paragraphe 11.5.3 avec d'autres méthodes de métamodélisation.

### 11.5.1   Intégration d'une fonction de génération de plan
### d'expérience

Un certain nombre de fonctions de génération de plan d'expérience sont
déjà disponibles avec mtk comme l'échantillonnage de Monte Carlo ou
celles spécifiques aux méthodes de Sobol et FAST. La procédure pour intégrer sous mtk des fonctions existantes, écrites par soi-même ou déjà incluses dans des packages disponibles sur le CRAN, est relativement aisée.
Pour cela, il est nécessaire d'encapsuler l'appel à la fonction déjà existante
en respectant une et une seule consigne concernant le passage des arguments et les sorties.

La première étape consiste à écrire dans un fichier une fonction **R** qui
exécute la méthode souhaitée en respectant les formats d'entrées-sorties
compris par mtk. Ici, l'intégration dans mtk de la fonction randomLHS du
package lhs (Carnell [22]) nécessite l'écriture de la fonction encapsulante
RandomLHS ci-dessous, sauvegardée dans le fichier RandomLHS.R.

```
RandomLHS <- function(factors, distribNames,
    distribParameters, size = 10, preserveDraw = FALSE, ...)
{
## Les arguments de la fonction doivent être
## factors, distribNames, distribParameters
##  suivis des arguments spécifiques á la fonction encapsulée
  nbf <- length(factors)
  design = randomLHS( size, nbf, preserveDraw)
```

```
## Utilisation de distribparameters pour mettre les valeurs
## obtenues par randomLHS (valeurs comprises entre 0 et 1)
## dans tout l'intervalle
for (i in 1:nbf) {
  design[,i]  = distribParameters[[i]][[1]] + design[,i] *
  (distribParameters[[i]][[2]] - distribParameters[[i]][[1]])
 }
  colnames(design) <- factors
## OUTPUT
  information <- list(SamplingMethod="Random LHS")
## La sortie doit être une structure de type list
## list(main = ..., information = ...)
  resultat <- list(main = as.data.frame(design),
                   information = information)
}
```

Puis la fonction est intégrée dans la bibliothèque mtk par le biais de la fonction mtk.designerAddons. L'ensemble de l'expérience est ensuite décrite et sauvegardée dans les objets **R** exp5 et exp6.

```
mtk.designerAddons(where="RandomLHS.R",  name="RandLHS",
  authors="R. Carnell - R.Faivre (2012)", main= "RandomLHS",
  summary=NULL,plot=NULL, print=NULL)
## Le fichier mtkRandLHSDesigner.R est généré automatiquement
## par la fonction mtk.analyserAddons
source("mtkRandLHSDesigner.R")
MCprocess2 <- mtkNativeDesigner("RandLHS", information =
  list(size=1000))
exp5 <- mtkExpWorkflow(expFactors=weedFactors,
  processesVector = c(design=MCprocess2))
set.seed(2012)
run(exp5)
exp6 = exp5
setProcess(exp5, p = weed.cas1, name = "evaluate")
run(exp5)
setProcess(exp6, p = weed.cas2, name = "evaluate")
run(exp6)
```

L'exécution de l'expérience exp5 s'affiche ainsi :

```
> run(exp5)
  step 1: Sampled with  RandLHS  method

> setProcess(exp5, p = weed.cas1, name = "evaluate")
> run(exp5)
  step 1: Sampled with  RandLHS  method
  step 2: Simulated with  WEED  method
```

Une première visualisation des données peut dès à présent être effectuée (figure 11.4) en extrayant les données de l'expérience. On constate une relation assez marquée entre la réponse $Y$ et le paramètre Ymax, pas de relation apparente avec le paramètre beta.0, des relations à approfondir avec les deux autres paramètres.

```
par(mfrow=c(2,2))
data.exp6 <- cbind(extractData(exp6,name="design"),
  extractData(exp6,name="evaluate"))
for(i in c(1,5,10,14))
  plot(data.exp6[ , c(i,17)])
```

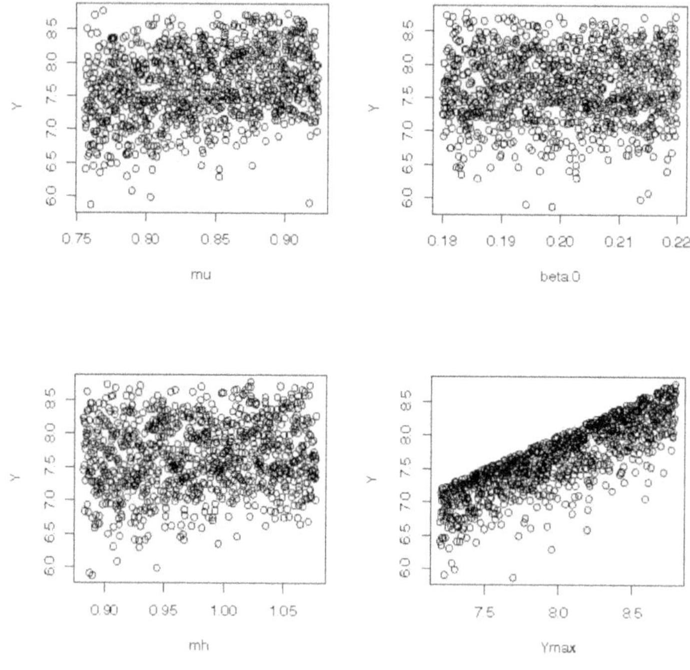

FIGURE 11.4 – Diagrammes de dispersion (scatterplots) entre 4 paramètres du modèle WEED et la variable de sortie $Y$ sur le plan d'expérience obtenu par la procédure `randomLHS`.

La corrélation positive entre le rendement et Ymax est due au fait que Ymax représente le rendement potentiel et que ce paramètre a un fort effet sur le rendement atteint. La figure 11.4 révèle également une corrélation légèrement positive entre le rendement et mu. Ce paramètre mu correspond au taux de déclin naturel de la population de mauvaises herbes. Plus ce taux de déclin est élevé, moins la population de mauvaises herbes est importante et plus le rendement de la culture est élevé.

## 11.5.2  Intégration d'une fonction de métamodélisation

La procédure d'intégration de fonctions d'analyse par la fonction du package mtk.analyserAddons se fait aussi simplement que pour la fonction randomLHS. Lorsqu'on dispose de fonctions spécifiques permettant de résumer l'analyse ainsi que des méthodes graphiques spécifiques, la seule contrainte à respecter concerne le format des arguments d'entrée de ces fonctions. La fonction d'encapsulation plmm et les adaptations des fonctions summary.plmm et plot.plmm sont très rapides à écrire.

```
## L'ensemble des fonctions se trouvent dans le fichier plmm.R
## La fonction principale (celle qui doit respecter les règles
## d'entrée et de sortie des informations) est  : plmm
## Le nom utilisé dans la description de l'expérience sous mtk
## est : PLMM
## Les fonctions summary.plmm et plot.plmm permettront de
## résumer l'analyse et une visualisation graphique.

plmm <- function(X,Y, degre.pol= 1, numY= 1, listeX=NULL, ...)
{
if(ncol(Y)>1) Y <- Y[,numY]
if(!is.null(listeX)) X <- X[ , listeX]
DATA <- cbind(X,Y)
resultats <- plmm.mtk(DATA,degpol= degre.pol)
## plmm.mtk est la fonction d'origine à encapsuler.
  information <- list(AnalyserMethod="PLMM", nomX = names(X),
    nomY=names(Y))
  resultat <- list(main=resultats, information=information)
}


summary.plmm <- function(result, lang="en") {
     result <- result$main
## l'adaptation de la fonction se fait par cette affectation
## les sorties obtenues par mtk sont gérées dans une liste
## (list(main = SORTIES, information = ...)
 ...
 }


## De même pour plot.plmm
```

```
mtk.analyserAddons(where="plmm.R", name="PLMM",
  authors="R. Faivre, INRA-MIA Toulouse", main="plmm",
  summary="summary.plmm", plot="plot.plmm")

source("mtkPLMMAnalyser.R")
```

La méthode d'analyse par `plmm` étant intégrée à `mtk`, on procède à l'analyse du modèle selon la syntaxe `mtk` : définition de l'analyse par `mtkNativeAnalyser` avec les options de la méthode fournies dans l'élément "information" puis exécution par `setProcess` suivie du run.

```
weed.plmm <- mtkNativeAnalyser("PLMM", information =
  list(degre.pol = 1, numY = 1,listeX=1:16))
setProcess(exp5, p = weed.plmm, name = "analyze")
run(exp5)

summary(exp5)
## résumé de tout le processus
# summary(getProcess(exp5,name="analyze"), lang="fr")
# résumé de la seule analyse
plot(getProcess(exp5,name="analyze"), lang="fr")
```

Sur le résumé de l'analyse comme sur sa visualisation (figure 11.5), on constate que quasiment seul le paramètre Ymax est influent ce qui est logique car le rendement obtenu quand on n'a pas eu d'effets négatifs dûs aux mauvaises herbes, est directement lié à son potentiel maximum (Ymax). On constate des effets faibles d'interactions entre les paramètres alors qu'*a priori*, aucun effet croisé n'est estimé dans un modèle polynomial multiple de degré 1 (c'est-à-dire un simple modèle linéaire additif). Le plan d'expérience n'étant pas orthogonal, certaines variations de la sortie du modèle peuvent cependant être expliquées simultanément par plusieurs facteurs d'entrée comme on l'observe dans le résumé de l'analyse et plus difficilement sur la figure 11.5. On constate ici une confusion d'effets.

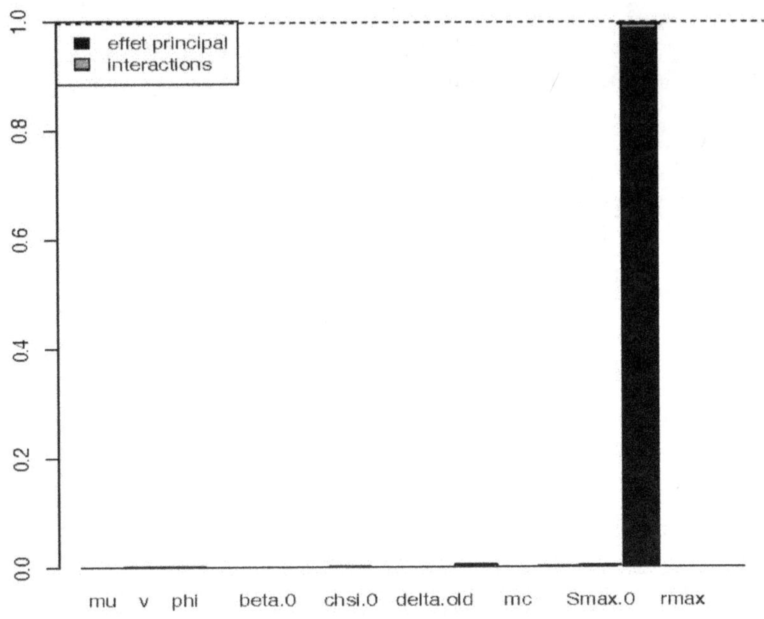

FIGURE 11.5 – Représentation des pouvoirs explicatifs de chacun des paramètres du modèle WEED prenant en compte la décision de traitement fongique systématique analysé par un modèle linéaire multiple de degré 1, sans effets croisés entre les paramètres.

```
> summary(exp5)
```

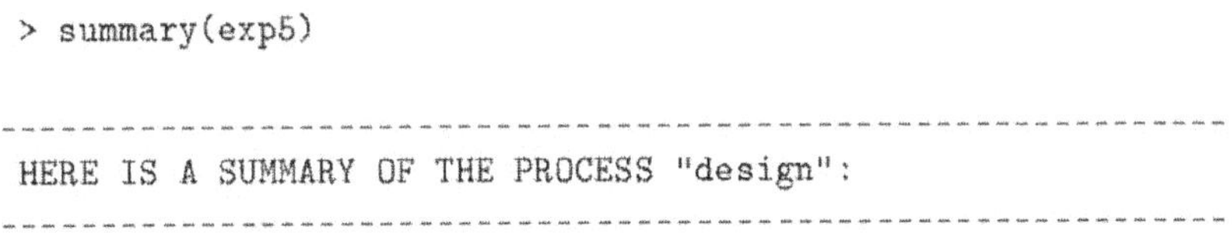

```
-------------------------------------------------------------------------
HERE IS A SUMMARY OF THE PROCESS "design":
-------------------------------------------------------------------------


TYPE :  design
METHOD :  RandLHS


USED PARAMETERS :
$SamplingMethod
[1] "Random LHS"
```

```
GENERATED EXPERIMENT DESIGN :

## Seules les valeurs échantillonnées des 4 derniers
## paramètres sont présentées ici

      Smax.0      Ymax         rmax          gamma
1 311.2990  7.296993  0.002068621  0.004797901
2 310.8429  8.596576  0.001831637  0.005025006
3 323.2710  7.826005  0.001979523  0.004666813
4 279.0236  7.669111  0.002148196  0.005189757
5 324.6370  8.114870  0.002035020  0.004824774


***********

         Smax.0       Ymax          rmax          gamma
996   302.7327  8.546650  0.001824286  0.005128931
997   303.2843  8.599007  0.001885965  0.005469188
998   275.1937  8.671455  0.002182038  0.005343263
999   268.7029  8.343985  0.001957048  0.005219882
1000  302.9156  7.879215  0.002103213  0.005311728


------------------------------------------------------------------------

  HERE IS A SUMMARY OF THE PROCESS "evaluate":
------------------------------------------------------------------------


TYPE :  evaluate
METHOD :  WEED

USED PARAMETERS :
$decision
decision
      1

$outvar
outvar
      3

SIMULATION RESULTS :

[1] 7.296887 8.541828 7.791857 7.663999 8.117500


*********

[1] 8.548399 8.603294 8.670655 8.320173 7.812653
```

```
------------------------------------------------------------------
HERE IS A SUMMARY OF THE PROCESS "analyze":
------------------------------------------------------------------


TYPE :  analyze
METHOD :  PLMM

Percentage of factor contributions
 Polynomial Linear MetaModel of degree 1

Y ~ polym(mu, v, phi, beta.1, beta.0, chsi.1, chsi.0,
 delta.new, delta.old, mh, mc, Smax.1, Smax.0, Ymax,
 rmax, gamma, degree = 1)

R-squared (percentage) of the complete metamodel: 99.65263

Initial  standard error of 0.46442 with 999 degrees of freedom

Residual standard error of 0.02760 with 983 degrees of freedom
```

|           | Alone         | Specific      | Total        | Interaction    |
|-----------|---------------|---------------|--------------|----------------|
| mu        | 8.343730e-03  | 8.343730e-03  | 0.009002118  | 0.0006583877   |
| v         | 3.911739e-02  | 2.123686e-03  | 0.039117393  | -0.0369937066  |
| phi       | 3.905390e-02  | 1.031039e-03  | 0.039053897  | -0.0380228580  |
| beta.1    | 1.286986e-02  | 1.088497e-02  | 0.012869865  | -0.0019848908  |
| beta.0    | 1.857631e-02  | 6.463455e-07  | 0.018576313  | -0.0185756664  |
| chsi.1    | 3.854653e-02  | 9.050555e-04  | 0.038546531  | -0.0376414759  |
| chsi.0    | 9.712335e-02  | 5.265588e-04  | 0.097123347  | -0.0965967880  |
| delta.new | 3.272407e-02  | 3.738487e-04  | 0.032724066  | -0.0323502172  |
| delta.old | 1.543392e-02  | 8.598940e-05  | 0.015433925  | -0.0153479353  |
| mh        | 4.698437e-01  | 3.035446e-01  | 0.469843670  | -0.1662990309  |
| mc        | 3.435287e-03  | 3.435287e-03  | 0.026123953  | 0.0226886652   |
| Smax.1    | 7.119989e-02  | 1.806095e-03  | 0.071199893  | -0.0693937973  |
| Smax.0    | 3.070194e-01  | 2.807563e-04  | 0.307019350  | -0.3067385937  |
| Ymax      | 9.929170e+01  | 9.845811e+01  | 99.291701049 | -0.8335862638  |
| rmax      | 9.448038e-03  | 4.811533e-04  | 0.009448038  | -0.0089668845  |
| gamma     | 2.871986e-04  | 2.871986e-04  | 0.001410715  | 0.0011235168   |

Notre analyse va se poursuivre sur le scénario 2, c'est-à-dire le scénario supprimant le traitement à la troisième année, et à l'évaluation du modèle à cette seule date 3. L'analyse sera conduite avec un modèle polynomial multiple de degré 2, puis de degré 3 sur un nombre restreint de facteurs d'entrée, choisis en fonction de leurs pouvoirs explicatifs potentiels estimés lors de l'analyse précédente. Le résumé de cette dernière analyse (table 11.2) ainsi que sa visualisation (figure 11.6) sont présentés.

```
# Restriction aux effets linéaires potentiellement influents
weed.plmm2 <- mtkNativeAnalyser("PLMM", information = list(
  degre.pol=2,numY=1,listeX=c(1,2,3,4,6,8,9,10,11,14,15,16)) )
## La mise à jour du process est effectuée par setProcess
setProcess(exp6, weed.plmm2, name = "analyze") ; run(exp6)
# Restriction aux effets quadratiques croisés potentiellement
## influents et Gestion de la mémoire car le nombre
## d'interactions explose vite
weed.plmm2 <- mtkNativeAnalyser("PLMM", information =
  list(degre.pol=3,numY=1,listeX=c(1,2,3,4,8,10,11,14)) )
setProcess(exp6, weed.plmm2, name = "analyze") ; run(exp6)
```

```
  TYPE :  analyze
METHOD :  PLMM

Pourcentage des contributions des facteurs
 MétaModèle Linéaire Polynomial de degré 3

Y ~ polym(mu, v, phi, beta.1, delta.new, mh, mc, Ymax, rmax,
  degree = 3)

 R^2 (pourcentage) du métamodèle complet : 99.523

Erreur standard initiale   de 0.527 avec 999 degrés de liberté

Erreur standard résiduelle de 0.041 avec 780 degrés de liberté

                 Seul Spécifique       Total  Interaction
mu          7.4319114  7.4319114  8.6352866   1.20337519
v           0.4001151  0.2074689  0.4001151  -0.19264623
phi         0.1320043  0.1320043  0.3172802   0.18527588
beta.1      0.4457260  0.4457260  2.2658960   1.82017000
delta.new   0.4521503  0.1182434  0.4521503  -0.33390698
mh          1.6630086  1.6630086  2.6407514   0.97774271
mc         13.4658191 13.4658191 14.9969732   1.53115406
Ymax       70.6733494 59.0791031 70.6733494 -11.59424636
rmax        0.2282745  0.2282745  0.2874221   0.05914754
```

Tableau 11.2 – Résumé de l'analyse par le modèle polynomial multiple de degré 3 du modèle WEED par la procédure plmm.

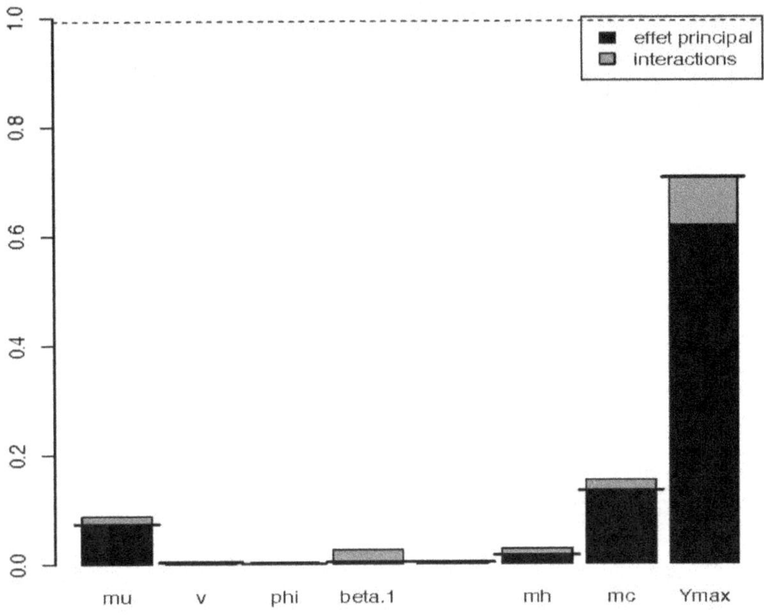


FIGURE 11.6 – Représentation des pouvoirs explicatifs de chacun des paramètres du modèle WEED prenant en compte la décision de traitements fongiques par un modèle linéaire multiple de degré 3.

## 11.5.3   Exploration par des méthodes existantes sous R

Dans la section précédente, nous avons exploré le modèle en intégrant une méthode à la libraire mtk. Nous allons brièvement montrer comment on peut poursuivre l'exploration de notre modèle en utilisant toute la panoplie disponible sous **R** de méthodes d'analyse statistique. Le principe en est très simple. Par la fonction `extractData`, on peut disposer de toutes les données (paramètres échantillonnés et évaluation du modèle sur ces valeurs) qu'on peut concaténer dans un seul `data.frame` : la plupart des fonctions d'estimation de modèles statistiques utilisent cette structure d'entrée comme entrée standard. Le résumé de l'analyse par le modèle gam (Table 11.3) ainsi que sa visualisation (Figure 11.7) sont présentés.

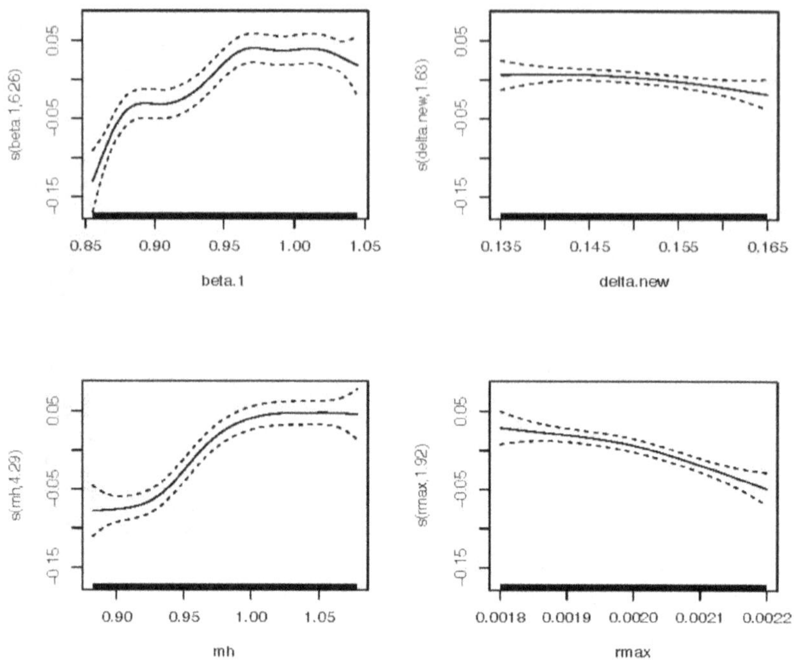

FIGURE 11.7 – Estimation des effets des paramètres à effets non linéaires du modèle WEED par la procédure **gam** du package **mgcv** (Wood, [215]).

```
plan.exp6 = extractData(exp6,name="design")
y.exp6 = extractData(exp6,name="evaluate")
DATA.SP = cbind(plan.exp6,y.exp6)

gam.sp = gam( Y ~ s(mu) + s(v) + s(phi) + s(beta.1) + s(mh) +
 s(delta.new) + s(mc) +  s(Ymax) + s(rmax) , data= DATA.SP)
gamL.sp = gam( Y ~ mu + v + phi + s(beta.1) + s(delta.new) +
 s(mh) + mc +  Ymax + s(rmax), data= DATA.SP)
summary(gamL.sp)
plot(gamL.sp, pages=TRUE)
lm.sp =  lm( Y ~ mu + v + phi + mc +  Ymax +
 polym(beta.1, delta.new, mh, rmax, degree=3),  data= DATA.SP)
summary(lm.sp)
```

La figure 11.7 montre que plus beta.1 est élevé, plus le rendement est important. Cela s'explique par le fait que beta.1 détermine la quantité de graines enfouies par le labour. Ces graines ne pourront pas germer et ne pourront pas avoir d'influence négative sur le rendement. Une valeur élevée de beta.1 limite ainsi l'effet négatif des mauvaises herbes sur le rendement. Le même type de relation est obtenu entre le rendement et mh. Cette relation s'explique par le fait que mh correspond à l'efficacité de l'herbicide. Une valeur élevée de mh conduit à une forte réduction de la population de mauvaises herbes au cours des années 1 et 2, à une faible perte de rendement, et donc à un rendement élevé. Le paramètre delta.new détermine le taux de germination des graines de vulpin. Un taux de germination élevé conduit à une population de mauvaises herbes importante, à une forte perte de rendement et donc à un rendement plus faible. Il est donc logique d'observer une relation négative entre rendement et delta.new.

On peut poursuivre avec toute autre méthode puisque les données du plan et des évaluations du modèle sur ce plan sont disponibles dans une structure standard de **R.**

```
Family: gaussian
Link function: identity

Formula:
Y ~ mu + v + phi + s(beta.1) + s(delta.new) + s(mh) + mc +
    Ymax + s(rmax)

Parametric coefficients:
            Estimate Std. Error t value Pr(>|t|)
(Intercept) -2.995504   0.143134 -20.928  < 2e-16 ***
mu           3.036884   0.083252  36.478  < 2e-16 ***
v           -0.608452   0.116996  -5.201 2.42e-07 ***
phi          0.694233   0.127753   5.434 6.95e-08 ***
mc           0.679167   0.014131  48.063  < 2e-16 ***
Ymax         0.968023   0.008735 110.819  < 2e-16 ***
---
Signif. codes:  0 '***' 0.001 '**' 0.01 '*' 0.05 '.' 0.1 ' ' 1

Approximate significance of smooth terms:
                edf Ref.df      F  p-value
s(beta.1)     6.264  7.417 15.198  < 2e-16 ***
s(delta.new)  1.631  2.023  2.097    0.123
s(mh)         4.289  5.280 30.049  < 2e-16 ***
s(rmax)       1.919  2.394 13.720 3.37e-07 ***
---
Signif. codes:  0 '***' 0.001 '**' 0.01 '*' 0.05 '.' 0.1 ' ' 1

R-sq.(adj) =  0.942   Deviance explained = 94.3%
GCV score = 0.016474  Scale est. = 0.016143  n = 1000
```

Tableau 11.3 – Résumé de l'analyse par le modèle additif généralisé du modèle WEED par la procédure gam du package mgcv (Wood, [215]).

# Bibliographie

# Bibliographie


[1] B. Archambault. Evaluation par le modèle ISIS-Fish de mesures de protection dans le sud du golfe du Saint-Laurent. Mémoire de master 2 Halieutique, Ifremer, AgroCampus, Rennes, 2010.

[2] B. Auder, A. de Crécy, B. Iooss, and M. Marquès. Screening and metamodeling of computer experiments with functional outputs. Application to thermal-hydraulic computations. *Reliability Engineering and System Safety*, 107 :122–131, 2012.

[3] L.R. Bauer and K.J. Hamby. Relative sensitivities of existing and novel model parameters in atmospheric tritium dose estimates. *Radiation Protection Dosimetry*, 37 :253–260, 1991.

[4] M.B. Beck and J. Chen. Assuring the quality of models designed for predictive tasks. In A. Saltelli, K. Chan, and E.M. Scott, editors, *Sensitivity analysis*. Wiley, 2000.

[5] Y. Ben-Haim. *Info-Gap decision theory : Decisions under severe uncertainty*. Academic Press, 2nd edition, 2006.

[6] B. Bettonvil and J.P.C. Kleijnen. Searching for important factors in simulation models with many factors : Sequential bifurcation. *European Journal of Operational Research*, 96 :180–194, 1996.

[7] C. Bishop. *Neural Networks for Pattern Recognition*. Oxford University Press, New York, USA. Oxford University Press, 1995.

[8] G. Blatman and B. Sudret. Adaptive sparse polynomial chaos expansion based on least angle regression. *Journal of Computational Physics*, 230 :2345–2367, 2011.

[9] G. Booch, J. Rumbaugh, and I. Jacobson, editors. *Le guide de l'utilisateur UML*. Eyrolles, 2000.

[10] G. Box, J. S. Hunter, and W. G. Hunter. *Statistics for experimenters : Design, innovation, and discovery*. Wiley Series in Probability and Statistics. Wiley, second edition, 2005.

[11] G.E. Box and N.R. Draper. *Empirical model building and response surfaces*. Wiley Series in Probability and Mathematical Statistics. Wiley, 1987.

[12] L. Breiman. Random forests. *Machine Learning*, 45 :5–32, 2001.

[13] S.T. Buckland, K.P. Burnham, and N.H. Augustin. Model selection : an integral part of inference. *Biometrics*, 53 :603–618, 1997.

[14] K. A. Bush. Orthogonal arrays of index unity. *Annals of Mathematical Statistics*, 23 :426–434, 1952.

[15] D.G. Cacuci. Sensitivity theory for nonlinear systems. I. Nonlinear functional analysis approach. *Journal of Mathematical Physics*, 22 :2794–2802, 1981.

[16] K. Campbell, M.D. McKay, and B.J. Williams. Sensitivity analysis when model ouputs are functions. *Reliability Engineering and System Safety*, 91 :1468–1472, 2006.

[17] F. Campolongo, J. Cariboni, and A. Saltelli. An effective screening design for sensitivity analysis of large models. *Environmental Modelling & Software*, 22 :1509–1518, 2007.

[18] F. Campolongo, A. Saltelli, T. Sorensen, and S. Tarantola. Hitchhiker's guide to sensitivity analysis. In A. Saltelli, K. Chan, and E.M. Scott, editors, *Sensitivity analysis*. Wiley, 2000.

[19] C. Cannamela. *Apport des méthodes probabilistes dans la simulation du comportement sous irradiation du combustible à particules*. Thèse de l'Université Denis Diderot, Paris VII, 2007.

[20] C. Cannamela, J. Garnier, and B. Iooss. Controlled stratification for quantile estimation. *Annals of Applied Statistics*, 2 :1554–1580, 2008.

[21] J. Cariboni, D. Gatelli, R. Liska, and A. Saltelli. The role of sensitivity analysis in ecological modelling. *Ecological Modelling*, 203 :167–172, 2007.

[22] R. Carnell. *The lhs package, Version 0.7*. CRAN, 2012. Published : Documentation d'un package R accessible sur le Web.

[23] W. Castaings. *Analyse de sensibilité et estimation de paramètres pour la modélisation hydrologique : potentiel et limitations des méthodes variationnelles*. Thèse de l'Université Joseph Fourier, Grenoble 1, 2007.

[24] K. Chan, S. Tarantola, A. Saltelli, and I.M. Sobol. Variance-based methods. In A. Saltelli, K. Chan, and E.M. Scott, editors, *Sensitivity analysis*. Wiley, 2000.

[25] G. Chastaing, F. Gamboa, and C. Prieur. Generalized Hoeffding-Sobol decomposition for dependent variables. aplication to sensitivity analysis. *Electronic Journal of Statistics*, 6 :2420–2448, 2012.

[26] C Chatfield. Model uncertainty, data mining, and statistical inference. *Journal of the Royal Statististical Society : Series A*, 158 :419–466, 1995.

[27] CIEM. Working group on anchovy and sardine. Technical Report CM2009/ACOM :13, Conseil International pour l'Exploration de la Mer, 2009.

[28] M. Claeys-Bruno, M. Dobrijevic, R. Cela, R. Phan-Tan-Luu, and M. Sergent. Supersaturated design : Construction, comparison and interpretation. In *VI Colloquium Chemiometricum Mediterraneum*, Saint Maximin La Sainte Baume, France, September 2007.

[29] K. L Cochrane. Complexity in fisheries and limitations in the increasing complexity of fisheries management. *ICES Journal of Marine Science*, 56(6) :917–926, 1999.

[30] H. Cukier, R.I. Levine, and K. Shuler. Nonlinear sensitivity analysis of multiparameter model systems. *Journal of Computational Physics*, 26 :1–42, 1978.

[31] R. I. Cukier, C.M. Fortuin, K. E. Shuler, A. G. Petschek, and J.H. Schaibly. Study of the sensitivity of coupled reaction systems to uncertainties in rate coefficients. *Journal of Chemical Physics*, 59 :3873–3878, 1973.

[32] R.I. Cukier, J.H. Schaibly, and K.E. Shuler. Study of the sensitivity of coupled reaction systems to uncertainties in rate coefficients. III. Analysis of the approximations. *Journal of Chemical Physics*, 63 :1140–1149, 1975.

[33] S. Da Veiga, F. Wahl, and F. Gamboa. Local polynomial estimation for sensitivity analysis on models with correlated inputs. *Technometrics*, 51(4) :452–463, 2009.

[34] G. Damblin, M. Couplet, and B. Iooss. Numerical studies of space filling designs : optimization algorithms and subprojection properties. *Journal of Simulation, in press*, 2012.

[35] H.A. David and H.N. Nagaraja. *Order statistics*. Wiley, New-York, third edition, 2003.

[36] E. De Rocquigny. La maîtrise des incertitudes dans un contexte industriel - 1ère partie : une approche méthodologique globale basée sur des exemples. *Journal de la Société Française de Statistique*, 147(3) :33–71, 2006.

[37] E. De Rocquigny. La maîtrise des incertitudes dans un contexte industriel. 2nde partie : revue des méthodes de modélisation statistique physique et numérique. *Journal de la Société Française de Statistique*, 147 :74–106, 2006.

[38] E. De Rocquigny, N. Devictor, and S. Tarantola, editors. *Uncertainty in industrial practice*. Wiley, 2008.

[39] A. Dean and S. Lewis, editors. *Screening - Methods for experimentation in industry, drug discovery and genetics*. Springer, 2006.

[40] N. Deporte, C. Ulrich, S. Mahévas, S. Demanèche, and F. Bastardie. Regional métier definition : a comparative investigation of statistical methods using a workflow applied to international otter trawl fisheries in the north sea. *ICES Journal of Marine Science*, 69(2) :331–342, 2012.

[41] J.J. Deroba and J.R. Bence. A review of harvest policies : Understanding relative performance of control rules. *Fisheries Research*, 94(3) :210–223, 2008.

[42] A. Dey and R. Mukerjee. *Fractional Factorial Plans*. Series in Probability and Statistics. Wiley, New York, 1999.

[43] D.J. Downing, R.H. Gardner, and F.O. Hoffman. An examination of response surface methodologies for uncertainty analysis in assessment models. *Technometrics*, 27(2) :151–163, 1985.

[44] D. Draper. Assessment and propagation of model uncertainty. *J.R. Statist. Soc. B.*, 57 :45–97, 1995.

[45] J.-J. Droesbeke, J. Fine, and G. Saporta, editors. *Plans d'expériences. Applications à l'entreprise*. Technip, Paris, 1997.

[46] H. Drouineau, S. Mahevas, M. Bertignac, and D. Duplisea. A length-structured spatially explicit model for estimating hake growth and migration rates. *ICES Journal of Marine Science*, 67(8) :1697–1709, 2010.

[47] H. Drouineau, S. Mahévas, D. Pelletier, and B. Beliaeff. Assessing the impact of different management options using ISIS-Fish : The French Merluccius merluccius Nephrops norvegicus mixed fishery of the Bay of Biscay. *Aquatic Living Resources*, 19(1) :15–29, 2006.

[48] N. Dumoulin, T. Faure, F. Chuffart, and G. Deffuant. The SimExplorer Project. Software, LISC, IRSTEA Clermont-Ferrand, 2010.

[49] R.L. Eberlein and D.W. Peterson. Understanding models with Vensim$^{TM}$. *European Journal of Operational Research*, 59 :216–219, 1992.

[50] EFSA. Scientific opinion of the panel on plant heath on a request from the european commission on guignardia citricarpa kiely. *The EFSA journal*, 925 :1–108, 2008.

[51] M.S. Eldred, D.E. Outka, W.J. Bohnhoff, W.R. Witkowski, V.J. Romero, E.R. Ponslet, and K.S. Chen. Optimization of complex mechanics simulations with object-oriented software design. *Computer Modeling and Simulation in Engineering*, 1(3) :323–352, 1996.

[52] S. Ennaifar, D. Makowski, J.M. Meynard, and P. Lucas. Evaluation of models to predict take-all incidence on winter wheat as a function of cropping practices, soil, and climate. *European journal of Plant Pathology*, 118 :127–143, 2007.

[53] K-T. Fang, R. Li, and A. Sudjianto. *Design and modeling for computer experiments*. Chapman & Hall/CRC, 2006.

[54] FAO. Code of conduct for responsible fisheries. ISBN 92-5-103834-5, FAO, Rome, 1995.

[55] H. Faure. Discrépance des suites associées à un système de numération. *Acta Arithmetica*, 41 :337–351, 1982.

[56] G.S. Fishman. *Monte Carlo : concepts, algorithms, and applications*. New York, Springer series in operations research. Springer, 1996.

[57] A. Forrester and A. Keane. Recent advances in surrogate-based optimization. *Progress in Aerospace Sciences*, 45 :50–79, 2009.

[58] J. Franco. *Planification d'expériences numériques en phase exploratoire pour la simulation des phénomènes complexes*. Thèse de l'Ecole Nationale Supérieure des Mines de Saint-Etienne, 2008.

[59] H.C. Frey and S.R. Patil. Identification and review of sensitivity analysis methods. *Risk Analysis*, 22 :553–578, 2002.

[60] E.A. Fulton, A.D.M Smith, and C. R Johnson. Effect of complexity on marine ecosystem models. *Marine Ecology Progress Series*, 253 :1–16, 2003.

[61] J. P. Gauchi, S Lehuta, and S Mahévas. Optimal sensitivity analysis under constraints. In E. Borgonovo, A. Saltelli, and S. Tarantola, editors, *Procedia Social and Behavioral Sciences*, volume 2, pages 7658–7659, Milan, Italy, 2010.

[62] V. Ginot, S. Gaba, R. Beaudouin, F. Aries, and H. Monod. Combined use of local and ANOVA-based global sensitivity analyses for the investigation of a stochastic dynamic model : Application to the case study of an individual-based model of a fish population. *Ecological Modelling*, 193(3-4) :479–491, 2006.

[63] V. Ginot and H. Monod. Explorer les modèles par simulation : application aux analyses de sensibilité. In F. Amblard and D. Phan, editors, *Modélisation et Simulation Multi-agents, applications pour les Sciences de l'Homme et de la Société*, chapter 3, pages 75–100. Lavoisier (Hermès Science), Paris, 2006.

[64] V. Ginot and H. Monod. Exploring models by simulation. In Frédéric Amblard and Denis Phan, editors, *Agent-based modelling and simulation in the social and human sciences*, GEMAS Studies in Social Analysis, chapter 3, pages 63–91. Bardwell Press, 2007.

[65] B. Goffinet, J.-P. Amigues, Y. Brunet, F. Clément, F. Courtois, G. Della Valle, L. Di Piotro, M. Duru, R. Faivre, P. Faverdin, C. Fourichon, A. Franc, V. Ginot, J.-J. Godon, F. Hospital, S. Lardon, R. Martin-Clouaire, H. Monod, H. Seegers, H. Sinoquet, J. Traas, G. Trystram, J.-P. Vila, and D. Wallach. La modélisation à l'INRA. Technical report, INRA, 2005.

[66] S. Guénette, T. Lauck, and C. Clark. Marine reserves : From Beverton and Holt to present. *Reviews in Fish Biology and Fisheries*, 8 :251–272, 1998.

[67] J.H. Halton. On the efficiency of certain quasi-random sequences of points in evaluating multi-dimensional integrals. *Numerische Mathematik*, 2 :84–90, 1960.

[68] J.M. Hammersley. Monte Carlo methods for solving multivariable problems. *Annals of the New York Academy of Sciences*, 86 :844–874, 1960.

[69] T. Hastie and R. Tibshirani. *Generalized additive models*. Chapman and Hall, London, 1990.

[70] T. Hastie, R. Tibshirani, and J. Friedman. *The elements of statistical learning : Data Mining, inference, and prediction*. Springer Series in Statistics, 2nd ed., 2009.

[71] J.C. Helton. Uncertainty and sensitivity analysis techniques for use in performance assesment for radioactive waste disposal. *Reliability Engineering and System Safety*, 42 :327–367, 1993.

[72] J.C. Helton and F.J. Davis. Latin hypercube sampling and the propagation of uncertainty in analyses of complex systems. *Reliability Engineering and System Safety*, 81 :23–69, 2003.

[73] J.C. Helton, J.D. Johnson, C.J. Salaberry, and C.B. Storlie. Survey of sampling-based methods for uncertainty and sensitivity analysis. *Reliability Engineering and System Safety*, 91 :1175–1209, 2006.

[74] W. Hoeffding. A class of statistics with asymptotically normal distributions. *Annals of Mathematical Statistics*, 19 :293–325, 1948.

[75] J.A. Hoeting, D. Madigan, A.E. Raftery, and C.T. Volinsky. Bayesian model averaging : A tutorial. *Statistical Science*, 14 :382–417, 1999.

[76] D.S. Holland. A bio-economic model of marine sancturaies on gorges bank. *Canadian Journal of Fisheries and Aquatic Sciences*, 57 :1307–1319, 2000.

[77] T. Homma and A. Saltelli. Importance measures in global sensitivity analysis of non linear models. *Reliability Engineering and System Safety*, 52 :1–17, 1996.

[78] C. Hussein, M. Verdoit-Jarraya, J. Pastor, A. Ibrahim, G. Saragoni, D. Pelletier, S. Mahévas, and P. Lenfant. Assessing the impact of artisanal and recreational fishing and protection on a white seabream (Diplodus sargus sargus) population in the north-western Mediterranean sea, using a simulation model. Part 2 : Sensitivity analysis and management measures. *Fisheries Research*, 108(1) :174–183, 2011.

[79] C. Hussein, M. Verdoit-Jarraya, J. Pastor, A. Ibrahim, G. Saragoni, D. Pelletier, S. Mahévas, and P. Lenfant. Assessing the impact of artisanal and recreational fishing and protection on a white seabream (Diplodus sargus sargus) population in the north-western mediterranean sea using a simulation model. part 1 : Parameterization and simulations. *Fisheries Research*, 108(1) :163–173, 2011.

[80] B. Iooss. Revue sur l'analyse de sensibilité globale de modèles numériques. *Journal de la Société Française de Statistique*, 152(1) :3–25, 2011.

[81] B. Iooss, L. Boussouf, V. Feuillard, and A. Marrel. Numerical studies of the metamodel fitting and validation processes. *International Journal of Advances in Systems and Measurements*, 3 :11–21, 2010.

[82] B. Iooss, F. Van Dorpe, and N. Devictor. Response surfaces and sensitivity analyses for an environmental model of dose calculations. *Reliability Engineering and System Safety*, 91 :1241–1251, 2006.

[83] B. Iooss, A-L. Popelin, G. Blatman, C. Ciric, F. Gamboa, S. Lacaze, and M. Lamboni. Some new insights in derivative-based global sensitivity measures. In *Proceedings of the ESREL 2012 Conference*, pages 1094–1104, Helsinki, Finland, June 2012.

[84] B. Iooss and M. Ribatet. Global sensitivity analysis of computer models with functional inputs. *Reliability Engineering and System Safety*, 94 :1194–1204, 2009.

[85] T. Ishigami and T. Homma. An importance quantification technique in uncertainty analysis for computer models. Report JAERI-M 89-111, Japan Atomic Energy Research Institute, 1989.

[86] J. Jacques, C. Lavergne, and N. Devictor. Sensitivity analysis in presence of model uncertainty and correlated inputs. *Reliability Engineering and System Safety*, 91 :1126–1134, 2006.

[87] A. Janon, Th. Klein, A. Lagnoux-Renaudie, M. Nodet, and C. Prieur. Asymptotic normality and efficiency of two sobol index estimators. Technical report, MOISE - INRIA Grenoble Rhône-Alpes, 2012.

[88] A. Janon, M. Nodet, and C. Prieur. Certified reduced-basis solutions of viscous burgers equation parametrized by initial and boundary values. *ESAIM : Mathematical Modelling and Numerical Analysis*, 47(2) :317–348, 2013.

[89] M.J.W. Jansen, W.A.H. Rossing, and R.A. Daamen. Monte Carlo estimation of uncertainty contributions from several independent multivariate sources. In J. Gasman and G. van Straten, editors, *Predictability and Non-Linear Modelling in Natural Sciences and Economics*, pages 334–343. Kluwer, 1994.

[90] M.-H. Jeuffroy and S. Recous. Azodyn : A simple model simulating the date of nitrogen deficiency for decision support in wheat fertilisation. *European Journal of Agronomy*, 10 :129–144, 1999.

[91] R. Jin, W. Chen, and A. Sudjianto. An efficient algorithm for constructing optimal design of computer experiments. *Journal of Statistical Planning and Inference*, 134 :268–287, 2005.

[92] M.E. Johnson, L.M. Moore, and D. Ylvisaker. Minimax and maximin distance design. *Journal of Statistical Planning and Inference*, 26 :131–148, 1990.

[93] A. Jourdan. Planification d'expériences numériques. *Revue MODULAD*, 33 :63–73, 2005.

[94] M.C. Kennedy and A. O'Hagan. Bayesian calibration of computer models. *Journal of the Royal Statistical Society : Series B*, 63 :425–464, 2001.

[95] J.P.C. Kleijnen. Sensitivity analysis and related analyses : a review of some statistical techniques. *Journal of Statistical Computation and Simulation*, 57 :111–142, 1997.

[96] J.P.C. Kleijnen. Experimental design for sensitivity analysis, optimization, and validation of simulations models. In J. Banks, editor, *Handbook of simulation. Principles, Methodology, Advances, Applications and Practice*. Engineering and Management Press, 1998.

[97] J.P.C Kleijnen. An overview of the design and analysis of simulation experiments for sensitivity analysis. *European Journal of Operational Research*, 164(2) :287–300, 2005.

[98] J.P.C. Kleijnen. *Design and analysis of simulation experiments*. Springer, 2008.

[99] J.P.C. Kleijnen and J.C. Helton. Statistical analyses of scatterplots to identify important factors in large-scale simulations, 1 : Review and comparison of techniques. *Reliability Engineering and System Safety*, 65 :147–185, 1999.

[100] J.P.C. Kleijnen and R.G. Sargent. A methodology for fitting and validating metamodels in simulation. *European Journal of Operational Research*, 120 :14–29, 2000.

[101] D.E. Knuth. *The art of computer programming*, volume 2. Addison-Wesley, Boston, third edition, 1998.

[102] A. Kobilinsky. Les plans factoriels. In J.J. Droesbeke, J. Fine, and G. Saporta, editors, *Plans d'Expériences : Applications à l'Entreprise*, chapter 3, pages 69–209. Technip, Paris, 1997.

[103] J.R. Koehler and A.B. Owen. Computer experiments. In S. Ghosh and C.R. Rao, editors, *Design and analysis of experiments*, volume 13 of *Handbook of statistics*. Elsevier, 1996.

[104] S.B.M. Kraak, F.C. Buisman, M. Dickey-Collas, J.J. Poos, M.A. Pastoors, J.G.P. Smit, J. A.E. van Oostenbrugge, and N. Daan. The effect of management choices on the sustainability and economic performance of a mixed fishery : A simulation study. *ICES Journal of Marine Science*, 65(4) :697–712, 2008.

[105] G. Kraus, D. Pelletier, J. Dubreuil, C. Moellmann, H. -H Hinrichsen, F. Bastardie, Y. Vermard, and S. Mahévas. A model-based evaluation of marine protected areas as fishery management tool for a stock facing strong environmental variability - the example of eastern baltic cod (Gadus morhua callarias l.). *ICES Journal of Marine Science*, 66 :109–121, 2009.

[106] D. Kurowicka and R. Cooke. *Uncertainty analysis with high dimensional dependence modelling*. Wiley, 2006.

[107] M. Lamboni, B. Iooss, A-L. Popelin, and F. Gamboa. Derivative-based global sensitivity measures : General links with sobol' indices

and numerical tests. *Mathematics and Computers in Simulation*, 87 :45–54, 2013.

[108] M. Lamboni, D. Makowski, S. Lehuger, B. Gabrielle, and H. Monod. Multivariate global sensitivity analysis for dynamic crop models. *Fields Crop Research*, 113 :312–320, 2009.

[109] M. Lamboni, H. Monod, and D. Makowski. Multivariate sensitivity analysis to measure global contribution of input factors in dynamic models. *Reliability Engineering and System Safety*, 96 :450–459, 2011.

[110] A. M. Law and W.D. Kelton. *Simulation modeling and analysis*. McGraw-Hill. MCGraw-Hill, Boston, 2000.

[111] S. Lehuta. *Management impact on the pelagic fishery of the bay of Biscay : What is certain ? How to describe ?* PhD thesis, Agrocampus-ouest, 2010.

[112] S. Lehuta, S. Mahévas, P. Petitgas, and D. Pelletier. Combining sensitivity and uncertainty analysis to evaluate the impact of management measures with ISIS-Fish : marine protected areas for the bay of biscay anchovy (Engraulis encrasicolus) fishery. *ICES Journal of Marine Science*, 67(5) :1063–1075, 2010.

[113] S. Lehuta, P. Petitgas, S. Mahévas, M. Huret, Y. Vermard, A. Uriarte, and N. R. Record. Selection and validation of a complex fishery model using an uncertainty hierarchy. *Fisheries Research*, 143 :57–66, 2013.

[114] M. Lemaire. *Structural reliability*. Wiley, 2009.

[115] P. Lemaître, E. Sergienko, A. Arnaud, N. Bousquet, F. Gamboa, and B. Iooss. Density modification based reliability sensitivity analysis. *Journal of Statistical Computation and Simulation, soumis*, 2013.

[116] C. Lemieux. *Monte Carlo and quasi-Monte Carlo sampling*. Springer, 2009.

[117] G. Li, H. Rabitz, P.E. Yelvington, O.O. Oluwole, F. Bacon, C.E. Kolb, and J. Schoendorf. Global sensitivity analysis for systems with independent and/or correlated inputs. *Journal of Physical Chemistry*, 114 :6022–6032, 2010.

[118] L. Lilburne and S. Tarantola. Sensitivity analysis of spatial models. *International Journal of Geographical Information Science*, 23 :151–168, 2009.

[119] D.K.J. Lin. A new class of supersaturated design. *Technometrics*, 35 :28–31, 1993.

[120] Y. Lin and H. Zhang. Component selection and smoothing in smoothing spline analysis of variance models. *Annals of Statistics*, 34 :2272–2297, 2006.

[121] H.O. Madsen, S. Krenk, and N.C. Lind, editors. *Methods of structural safety*. Prentice Hall, 1986.

[122] D. R. Magarey, T. B. Sutton, and Thayer C. L. A simple generic infection model for foliar fungal plant pathogens. *Phytopathology*, 95 :92–100, 2005.

[123] S. Mahévas, L. Bellanger, and V. Trenkel. Cluster analysis of linear model coefficients under contiguity constraints for identifying spatial and temporal fishing effort patterns. *Fisheries Research*, 93(1-2) :29–38, 2008.

[124] S. Mahévas and D. Pelletier. ISIS-Fish, a generic and spatially explicit simulation tool for evaluating the impact of management measures on fisheries dynamics. *Ecological Modelling*, 171(1-2) :65–84, 2004.

[125] S. Mahévas, V. Trenkel, M. Doray, and A. Peyronnet. Hake catchability by the French trawler fleet in the Bay of Biscay : estimating technical and biological components. *ICES Journal Of Marine Science*, 68(1) :107–118, 2011.

[126] S. Mahévas, Y. Vermard, T. Hutton, A. Iriondo, A. Jadaud, C.D. Maravelias, A. Punzo, J. Sacchi, A. Tidd, E. Tsitsika, M. Paul, N. Goascoz, S. Mortreux, and D. Roos. An investigation of human vs. technology-induced variation in catchability for a selection of european fishing fleets. *ICES Journal Of Marine Science*, 68(10) :2252–2263, 2011.

[127] D. Makowski, C. Naud, H. Monod, M.-H. Jeuffroy, and A. Barbottin. Global sensitivity analysis for calculating the contribution of genetic parameters to the variance of crop model prediction. *Reliability Engineering and System Safety*, 91 :1142–1147, 2006.

[128] B.F.J. Manly. *Randomization, Bootstrap and Monte Carlo Methods in Biology, 2nd edition*. Chapman & Hall, 1997.

[129] P. Marchal, C. Francis, P. Lallemand, S. Lehuta, S. Mahévas, K. Stokes, and Y. Vermard. Catch-quota balancing in mixed-fisheries : a bio-economic modelling approach applied to the new zealand hoki (Macruronus novaezelandiae) fishery. *Aquatic Living Resources*, 22(4) :483–498, 2009.

[130] P. Marchal, L.R. Little, and O. Thébaud. Quota allocation in mixed fisheries : a bioeconomic modelling approach applied to the channel flatfish fisheries. *ICES Journal of Marine Science*, 68(7) :1580–1591, 2011.

[131] A. Marrel. *Mise en œuvre et exploitation du métamodèle processus gaussien pour l'analyse de modèles numériques - Application à un code de transport hydrogéologique*. Thèse de l'INSA Toulouse, 2008.

[132] A. Marrel, B. Iooss, M. Jullien, B. Laurent, and E. Volkova. Global sensitivity analysis for models with spatially dependent outputs. *Environmetrics*, 22 :383–397, 2011.

[133] A. Marrel, B. Iooss, B. Laurent, and O. Roustant. Calculations of the sobol indices for the gaussian process metamodel. *Reliability Engineering and System Safety*, 94 :742–751, 2009.

[134] A. Marrel, B. Iooss, S. Da Veiga, and M. Ribatet. Global sensitivity analysis of stochastic computer models with joint metamodels. *Statistics and Computing*, 22 :833–847, 2012.

[135] M. D. McKay, R. J. Beckman, and W. J. Conover. A comparison of three methods for selecting values of input variables. *Technometrics*, 21(21) :239–245, 1979.

[136] H. Monod. ECmexico2012, package support pour l'école-chercheurs Mexico (Valpré, 4 au 8 juin 2012). Technical report, INRA, Unité MIA Jouy-en-Josas et réseau Mexico, 2012.

[137] H. Monod, A. Bouvier, and A. Kobilinsky. *A quick guide to PLANOR, an R library for the automatic generation of regular fractional factorial designs*. CRAN, 2013. Published : Documentation d'un package R accessible sur le Web.

[138] H. Monod, C. Naud, and D. Makowski. Uncertainty and sensitivity analysis for crop models. In D. Wallach, D. Makowski, and J. W. Jones, editors, *Working with Dynamic Crop Models : Evaluation, Analysis, Parameterization, and Applications*, pages 55–100. Elsevier, 2006.

[139] D.C. Montgomery. *Design and analysis of experiments*. John Wiley & Sons, 6th edition, 2004.

[140] M. D. Morris. Factorial sampling plans for preliminary computational experiments. *Technometrics*, 33 :161–174, 1991.

[141] M.D. Morris and J. Mitchell. Exploratory designs for computationnal experiments. *Journal of Statistical Planning and Inference*, 43 :381–402, 1995.

[142] N. Munier-Jolain, B. Chauvel, and J. Gasquez. Longterm modelling of weed control strategies : Analysis of threshold-based options for weed species with contrasted competitive abilities. *Weed Research*, 42 :107–122, 2002.

[143] S. Murawski, S.E. Wigley, M. Fogarty, P.J. Rago, and D.G. Mountain. Effort distribution and catch patterns adjacent to temperate MPAs. *ICES Journal of Marine Science*, 62 :1150–1167, 2005.

[144] R. H. Myers, D. C. Montgomery, and C. M. Anderson-Cook. *Response Surface Methodology : Process and Product Optimization Using Designed Experiments*. Wiley Series in Probability and Statistics. Wiley, 2009.

[145] H. Niederreiter. *Random number generation and quasi-Monte Carlo methods*, volume 63 of *SIAM CBMS-NSF Regional Conference Series in Applied Mathematics*. SIAM, Philadelphia, 1992.

[146] J.E. Oakley and A. O'Hagan. Probabilistic sensitivity analysis of complex models : A bayesian approach. *Journal of the Royal Statistical Society, Series B*, 66 :751–769, 2004.

[147] J.E. Oakley and A. O'Hagan. Uncertainty in prior elicitations : a nonparametric approach. *Biometrika*, 94 :427–441, 2007.

[148] Open TURNS. Open TURNS version 1.0 - Reference guide. Software, EDF-EADS-PhiMeca, 2012.

[149] A.B. Owen. Variance and discrepancy with alternative scramblings. *ACM Transactions on Modeling and Computer Simulation*, 13 :363–378, 1993.

[150] F. Pappenberger, M. Ratto, and V. Vandenberghe. Review of sensitivity analysis methods. In P.A. Vanrolleghem, editor, *Modelling aspects of water framework directive implementation*, pages 191–265. IWA Publishing, 2010.

[151] M. A Pastoors, J. J Poos, S. B.M Kraak, and M. A.M Machiels. Validating management simulation models and implications for communicating results to stakeholders. *ICES Journal of Marine Science*, 64(4) :818–824, 2007.

[152] D. Pelletier and S. Mahévas. Spatially explicit fisheries simulation models for policy evaluation. *Fish and Fisheries*, 6(4) :307–349, 2005.

[153] D. Pelletier, S. Mahévas, H. Drouineau, Y Vermard, O. Thebaud, O. Guyader, and B. Poussin. Evaluation of the bioeconomic sustainability of multi-species multi-fleet fisheries under a wide range of policy options using ISIS-Fish. *Ecological Modelling*, 220(7) :1013–1033, 2009.

[154] P. Petitgas and S. Vaz. Investigating the interaction between population spatial organisationand population dynamics using an age-structured multi-site matrix model on anchovy in biscay. In *ICES Document*. CM 2005/L :23, 2005.

[155] B. Preuss. Paramétrage du modèle de dynamique de la pêcherie professionnelle dans le lagon sud-ouest de la Nouvelle-Calédonie. Technical report, ZoNéCo, Nouméa, Nouvelle Calédonie, 2011.

[156] L. Pronzato and W. Müller. Design of computer experiments : space filling and beyond. *Statistics and Computing*, 22 :681–701, 2012.

[157] G. Pujol, B. Iooss, and A. Janon. The R package "sensitivity", version 1.6-1. Technical report, CRAN, 2012.

[158] A. E Punt and G. P Donovan. Developing management procedures that are robust to uncertainty : lessons from the international whaling commission. *ICES Journal of Marine Science*, 64(4) :603–612, 2007.

[159] G. Quesnel, R. Duboz, and E. Ramat. TheVirtualLaboratoryEnvironment –An operational framework for multi-modelling, simulation and analysis of complex dynamical systems. *Simulation Modelling Practice and Theory*, 17 :641–653, April 2009.

[160] R Development Core Team. *R : A Language and Environment for Statistical Computing*. R Foundation for Statistical Computing, Vienna, Austria, 2012. ISBN 3-900051-07-0.

[161] H. Rabitz, O.F. Alis, J. Shorter, and K. Shim. Efficient input-output model representations. *Computer Physics Communications*, 117 :11–20, 1999.

[162] A.E. Raftery, T. Gneiting, F. Balabdaoui, and M. Polakowski. Using bayesian model averaging to calibrate forecast ensembles. *Monthly Weather Review*, 133 :1155–1174, 2005.

[163] E. Ramat and P. Preux. Virtual laboratory environment (VLE) : An software environment oriented agent and object for modeling and simulation of complex systems. *Journal of Simulation Practice and Theory*, 11 :45–55, 2003.

[164] C. R. Rao. Factorial experiments derivable from combinatorial arrangements of arrays. *Journal of the Royal Statistical Society supplement*, 9 :128–139, 1947.

[165] B. Richmond. STELLA, users guide. Hight-Performance systems. Technical report, Dartmouth College, 1985.

[166] D. Rocklin. *Des modèles et des indicateurs pour évaluer la performance d'aires marines protégées pour la gestion des zones côtières. Application à la Réserve Naturelle des Bouches de Bonifacio (Corse)*. PhD thesis, Université de Montpellier 2, Montpellier, 2010.

[167] O. Roustant, D. Ginsbourger, and Y. Deville. DiceKriging, DiceOptim : two r packages for the analysis of computer experiments by kriging-based metamodeling and optimization. *Journal of Statistical Software*, 51, Issue 1, 2012.

[168] R.Y. Rubinstein. *Simulation and the Monte Carlo method*. Wiley, 1981.

[169] J. Sacks, W.J. Welch, T.J. Mitchell, and H.P. Wynn. Design and analysis of computer experiments. *Statistical Science*, 4 :409–435, 1989.

[170] N. Saint-Geours, C. Lavergne, J-S. Bailly, and F. Grelot. Analyse de sensibilité globale d'un modèle spatialisé pour l'évaluation économique du risque d'inondation. *Journal de la Société Française de Statistique*, 152 :49–71, 2011.

[171] A. Saltelli. What is sensitivity analysis ? In A. Saltelli, K. Chan, and E.M. Scott, editors, *Sensitivity analysis*, pages 3–14. Wiley, 2000.

[172] A. Saltelli. Making best use of model evaluations to compute sensitivity indices. *Computer Physics Communication*, 145 :280–297, 2002.

[173] A. Saltelli and P. Annoni. How to avoid a perfunctory sensitivity analysis. *Environmental Modelling & Software*, 25 :1508–1517, 2010.

[174] A. Saltelli, P. Annoni, I. Azzini, F. Campolongo, M. Ratto, and S. Tarantola. Variance based sensitivity analysis of model output. design and estimator for the total sensitivity index. *Computer Physics Communication*, 181 :259–270, 2010.

[175] A. Saltelli, K. Chan, and E.M. Scott, editors. *Sensitivity Analysis*. Wiley Series in Probability and Statistics. Wiley, 2000.

[176] A. Saltelli, M. Ratto, T. Andres, F. Campolongo, J. Cariboni, D. Gatelli, M. Saisana, and S.Tarantola. *Global Sensitivity Analysis : The Primer*. Wiley, New York, 2008.

[177] A. Saltelli, M. Ratto, S. Tarantola, and F. Campolongo. Sensitivity analysis practices : Strategies for model-based inference. *Reliability Engineering and System Safety*, 91 :1109–1125, 2006.

[178] A. Saltelli and S. Tarantola. On the relative importance of input factors in mathematical models : Safety assessment for nuclear waste disposal. *Journal of American Statistical Association*, 97 :702–709, 2002.

[179] A. Saltelli, S. Tarantola, and F. Campolongo. Sensitivity analysis as an ingredient of modelling. *Statistical Science*, 15(4) :377–395, 2000.

[180] A. Saltelli, S. Tarantola, F. Campolongo, and M. Ratto. *Sensitivity analysis in practice : A guide to assessing scientific models*. Wiley, 2004.

[181] A. Saltelli, S. Tarantola, and K. Chan. A quantitative, model-independent method for global sensitivity analysis of model output. *Technometrics*, 41 :39–56, 1999.

[182] Jr R.C. Sanders, J.L. Forsyth, and K.F. Philbrook. *3-D Model Maker*. US Patent, 1995.

[183] T. Santner, B. Williams, and W. Notz. *The design and analysis of computer experiments*. Springer, 2003.

[184] G. Saporta. *Probabilité, Analyse des Données et Statistique*. Technip, Paris, 2nd edition, 2006.

[185] G. Saporta. *Probabilité, Analyse des Données et Statistique*. Technip, Paris, 3rd edition, 2011.

[186] F. Satterthwaite. Random balance experimentation. *Technometrics*, 1 :111–137, 1959.

[187] M. Schonlau and W.J. Welch. Screening the input variables to a computer model. In A. Dean and S. Lewis, editors, *Screening - Methods for experimentation in industry, drug discovery and genetics*. Springer, 2006.

[188] M. Sergent, B. Corre, and D. Dupuy. Comparison of different screening methods. In *VI Colloquium Chemiometricum Mediterraneum*, Saint Maximin La Sainte Baume, France, September 2007.

[189] T.W. Simpson, D.K.J. Lin, and W. Chen. Sampling strategies for computer experiments : Design and analysis. *International Journal of Reliability and Applications*, 2 :209–240, 2001.

[190] T.W. Simpson, J.D. Peplinski, P.N. Kock, and J.K. Allen. Metamodel for computer-based engineering designs : Survey and recommandations. *Engineering with Computers*, 17 :129–150, 2001.

[191] M.D. Smith and J.E. Wilen. Economic impacts of marine reserves : The importance of spatial behavior. *Journal of Environmental Economics and Management*, 46(2) :183–206, 2003.

[192] I.M. Sobol'. On the distributions of points in a cube and the approximate evaluation of integrals. *USSR Computational Mathematics and Mathematical Physics*, 7 :86–112, 1967.

[193] I.M. Sobol'. Uniformly distributed sequences with additional uniformity properties. *Computational Mathematics and Mathematical Physics*, 16 :236–242, 1976.

[194] I.M. Sobol'. Sensitivity estimates for non linear mathematical models. *Mathematical Modelling and Computational Experiments*, 1 :407–414, 1993.

[195] I.M. Sobol' and S. Kucherenko. Derivative based global sensitivity measures and their links with global sensitivity indices. *Mathematics and Computers in Simulation*, 79 :3009–3017, 2009.

[196] I.M. Sobol, S. Tarantola, D. Gatelli, S. Kucherenko, and W. Mauntz. Estimating the approximation error when fixing unessential factors in global sensitivity analysis. *Reliability Engineering and System Safety*, 92 :957–960, 2007.

[197] M. Stein. Large sample properties of simulations using latin hypercube sampling. *Technometrics*, 29 :143–151, 1987.

[198] C.B. Storlie and J.C. Helton. Multiple predictor smoothing methods for sensitivity analysis : Description of techniques. *Reliability Engineering and System Safety*, 93 :28–54, 2008.

[199] C.B. Storlie, L.P. Swiler, J.C. Helton, and C.J. Salaberry. Implementation and evaluation of nonparametric regression procedures for sensitivity analysis of computationally demanding models. *Reliability Engineering and System Safety*, 94 :1735–1763, 2009.

[200] B. Sudret. Global sensitivity analysis using polynomial chaos expansion. *Reliability Engineering and System Safety*, 93 :964–979, 2008.

[201] B. Tang. Orthogonal array-based latin hypercubes. *Journal of the American Statistical Association*, 88 :1392–1397, 1993.

[202] S. Tarantola, D. Gatelli, and T. Mara. Random balance designs for the estimation of first order global sensitivity indices. *Reliability Engineering and System Safety*, 91 :717–727, 2006.

[203] M. Tenenhaus. *La régression PLS. Théorie et Pratique*. Technip, 1998.

[204] J-Y. Tissot and C. Prieur. Bias correction method for the estimation of sensitivity indices based on random balance designs. *Reliability Engineering and System Safety*, 107 :205–213, 2012.

[205] A. Uriarte, P. Prouzet, and B. Villamor. Bay of Biscay and Ibero Atlantic anchovy populations and their fisheries. *Scientia Marina*, 60 :237–255, 1996.

[206] V. Vapnik. *Statistical Learning Theory*. Wiley, 1998.

[207] S. Vaz, P. Petitgas, P. Beillois, and J. Massé. Time and spatial variations of anchovy biometric parameters in the bay of Biscay from 1983 to 2002. In *ICES Document*. ICES CM 2002/0 :27, 2002.

[208] W.N Venables and B.D Ripley. *Modern Applied Statistics with S.* Springer, 2002.

[209] N. Villa-Vialaneix, M. Follador, M. Ratto, and A. Leip. A comparison of eight metamodeling techniques for the simulation of $N_2O$ fluxes and N leaching from corn crops. *Environmental Modelling & Software*, 34 :51–66, 2012.

[210] E. Volkova, B. Iooss, and F. Van Dorpe. Global sensitivity analysis for a numerical model of radionuclide migration from the RRC "Kurchatov Institute" radwaste disposal site. *Stochastic Environmental Research and Risk Assesment*, 22 :17–31, 2008.

[211] G. Wang and S. Shan. Review of metamodeling techniques in support of engineering design optimization. *Journal of Mechanical Design*, 129 :370–380, 2007.

[212] G. S. Watson. A study of the group screening method. *Technometrics*, 3(3) :371–388, 1961.

[213] H. Weyl. Mean motion. *American Journal of Mathematics*, 60 :889–896, 1938.

[214] S.S. Wilks. Determination of sample sizes for setting tolerance limits. *Annals of Mathematical Statistics*, 12 :91–96, 1941.

[215] S. Wood. *Generalized Additive Models : An introduction with R.* CRC/Chapman \& Hall. Chapman & Hall/CRC, 2006.

[216] C. Xu and G. Gertner. Extending a global sensitivity analysis technique to models with correlated parameters. *Computational Statistics and Data Analysis*, 51 :5579–5590, 2007.

[217] Z. Yuan and Y. Yang. Combining linear regression models : When and how ? *Journal of the American Statistical Association*, 100 :1202–1214, 2005.